丛书总主编　陈宜瑜
丛书副总主编　于贵瑞　何洪林

中国生态系统定位观测与研究数据集

湖泊湿地海湾生态系统卷

海南三亚站
（2007—2015）

周伟华　主编

中国农业出版社
北　京

图书在版编目（CIP）数据

中国生态系统定位观测与研究数据集．湖泊湿地海湾
生态系统卷．海南三亚站：2007-2015／陈宜瑜总主编；
周伟华主编．—北京：中国农业出版社，2022.6
ISBN 978-7-109-29363-2

Ⅰ．①中…　Ⅱ．①陈…　②周…　Ⅲ．①生态系—统计
数据—中国②沼泽化地—生态系统—统计数据—三亚—
2007-2015　Ⅳ．①Q147②P942.663.078

中国版本图书馆 CIP 数据核字（2022）第 068503 号

ZHONGGUO SHENGTAI XITONG DINGWEI GUANCE YU YANJIU SHUJUJI

中国农业出版社出版
地址：北京市朝阳区麦子店街 18 号楼
邮编：100125
责任编辑：李昕昱　　文字编辑：黄璟冰
版式设计：李　文　　责任校对：刘丽香
印刷：中农印务有限公司
版次：2022 年 6 月第 1 版
印次：2022 年 6 月北京第 1 次印刷
发行：新华书店北京发行所
开本：889mm×1194mm　1/16
印张：19.25
字数：540 千字
定价：98.00 元

丛书指导委员会

顾　　问	孙鸿烈	蒋有绪	李文华	孙九林		
主　　任	陈宜瑜					
委　　员	方精云	傅伯杰	周成虎	邵明安	于贵瑞	傅小峰	王瑞丹
	王树志	孙　命	封志明	冯仁国	高吉喜	李　新	廖方宇
	廖小罕	刘纪远	刘世荣	周清波			

丛书编委会

主　　编　陈宜瑜
副 主 编　于贵瑞　何洪林
编　　委　（按拼音顺序排列）

白永飞	曹广民	常瑞英	陈德祥	陈　隽	陈　欣	戴尔阜
范泽鑫	方江平	郭胜利	郭学兵	何志斌	胡　波	黄　晖
黄振英	贾小旭	金国胜	李　华	李新虎	李新荣	李玉霖
李　哲	李中阳	林露湘	刘宏斌	潘贤章	秦伯强	沈彦俊
石　蕾	宋长春	苏　文	隋跃宇	孙　波	孙晓霞	谭支良
田长彦	王安志	王　兵	王传宽	王国梁	王克林	王　堃
王清奎	王希华	王友绍	吴冬秀	项文化	谢　平	谢宗强
辛晓平	徐　波	杨　萍	杨自辉	叶　清	于　丹	于秀波
曾凡江	占车生	张会民	张秋良	张硕新	赵　旭	周国逸
周　桔	朱安宁	朱　波	朱金兆			

中国生态系统定位观测与研究数据集
湖泊湿地海湾生态系统卷·海南三亚站

编 委 会

主　　编　周伟华
副 主 编　黄　晖　董俊德
编写人员　张燕英　李　涛　陈永强　周国伟
　　　　　冯敬宾　陈衍岛

进入 20 世纪 80 年代以来，生态系统对全球变化的反馈与响应、可持续发展成为生态系统生态学研究的热点，通过观测、分析、模拟生态系统的生态学过程，可为实现生态系统可持续发展提供管理与决策依据。长期监测数据的获取与开放共享已成为生态系统研究网络的长期性、基础性工作。

国际上，美国长期生态系统研究网络（US LTER）于 2004 年启动了 Eco Trends 项目，依托 US LTER 站点积累的观测数据，发表了生态系统（跨站点）长期变化趋势及其对全球变化响应的科学研究报告。英国环境变化网络（UK ECN）于 2016 年在 *Ecological Indicators* 发表专辑，系统报道了 UK ECN 的 20 年长期联网监测数据推动了生态系统稳定性和恢复力研究，并发表和出版了系列的数据集和数据论文。长期生态监测数据的开放共享、出版和挖掘越来越重要。

在国内，国家生态系统观测研究网络（National Ecosystem Research Network of China，简称 CNERN）及中国生态系统研究网络（Chinese Ecosystem Research Network，简称 CERN）的各野外站在长期的科学观测研究中积累了丰富的科学数据，这些数据是生态系统生态学研究领域的重要资产，特别是 CNERN/CERN 长达 20 年的生态系统长期联网监测数据不仅反映了中国各类生态站水分、土壤、大气、生物要素的长期变化趋势，同时也能为生态系统过程和功能动态研究提供数据支撑，为生态学模型的验证和发展、遥感产品地面真实性检验提供数据支撑。通过集成分析这些数据，CNERN/CERN 内外的科研人员发表了很多重要科研成果，支撑了国家生态文明建设的重大需求。

近年来，数据出版已成为国内外数据发布和共享，实现"可发现、可访问、可理解、可重用"（即 FAIR）目标的重要手段和渠道。CNERN/CERN 继 2011 年出版"中国生态系统定位观测与研究数据集"丛书后再次出版新一期数据集丛书，旨在以出版方式提升数据质量、明确数据知识产权，推动融合专业理论或知识的更高层级的数据产品的开发挖掘，促进 CNERN/CERN 开放共享由数据服务向知识服务转变。

该丛书包括农田生态系统、草地与荒漠生态系统、森林生态系统以及湖泊湿地海湾生态系统共 4 卷（51 册）以及森林生态系统图集 1 册，各册收集了野外台站的观测样地与观测设施信息，水分、土壤、大气和生物联网观测数据以及特色研究数据。本次数据出版工作必将促进 CNERN/CERN 数据的长期保存、开放共享，充分发挥生态长期监测数据的价值，支撑长期生态学以及生态系统生态学的科学研究工作，为国家生态文明建设提供支撑。

2021 年 7 月

科学数据是科学发现和知识创新的重要依据与基石。大数据时代，科技创新越来越依赖于科学数据综合分析。2018 年 3 月，国家颁布了《科学数据管理办法》，提出要进一步加强和规范科学数据管理，保障科学数据安全，提高开放共享水平，更好地为国家科技创新、经济社会发展提供支撑，标志着我国正式在国家层面加强和规范科学数据管理工作。

随着全球变化、区域可持续发展等生态问题的日趋严重以及物联网、大数据和云计算技术的发展，生态学进入"大科学、大数据"时代，生态数据开放共享已经成为推动生态学科发展创新的重要动力。

国家生态系统观测研究网络（National Ecosystem Research Network of China，简称 CNERN）是一个数据密集型的野外科技平台，各野外台站在长期的科学研究中，积累了丰富的科学数据。2011 年，CNERN 组织出版了"中国生态系统定位观测与研究数据集"丛书。该丛书共 4 卷、51 册，系统收集整理了 2008 年以前的各野外台站元数据，观测样地信息与水分、土壤、大气和生物监测以及相关研究成果的数据。该丛书的出版，拓展了 CNERN 生态数据资源共享模式，为我国生态系统研究、资源环境的保护利用与治理以及农、林、牧、渔业相关生产活动提供了重要的数据支撑。

2009 年以来，CNERN 又积累了 10 年的观测与研究数据，同时国家生态科学数据中心于 2019 年正式成立。中心以 CNERN 野外台站为基础，生态系统观测研究数据为核心，拓展部门台站、专项观测网络、科技计划项目、科研团队等数据来源渠道，推进生态科学数据开放共享、产品加工和分析应用。为了开发特色数据资源产品、整合与挖掘生态数据，国家生态科学数据中心立足国家野外生态观测台站长期监测数据，组织开展了新一版的观测与研究数据集的出版工作。

本次出版的数据集主要围绕"生态系统服务功能评估""生态系统过程与变化"等主题进行了指标筛选，规范了数据的质控、处理方法，并参考数据论文的体例进行编写，以翔实地展现数据产生过程，拓展数据的应用范围。

该丛书包括农田生态系统、草地与荒漠生态系统、森林生态系统以及湖泊湿地海湾生态系统共 4 卷（51 册）以及图集 1 本，各册收集了野外台站的观测样地与观测设施信息，水分、土壤、大气和生物联网观测数据以及特色研究数据。该套丛书的再一次出版，必将更好地发挥野外台站长期观测数据的价值，推动我国生态科学数据的开放共享和科研范式的转变，为国家生态文明建设提供支撑。

2021 年 8 月

海南三亚海洋生态系统国家野外科学观测研究站（简称三亚站）位于海南省三亚市最南端的鹿回头半岛，濒临珊瑚礁—红树林海区，生态系统特色明显。三亚站长期以来承担着三亚湾及其邻近海域海洋生态环境监测、研究、示范及热带海洋生物资源综合研究与开发任务，已在三亚湾开展了 20 余年的长期科学观测研究，积累了丰富的科学数据。这些长期观测数据不仅反映了三亚热带典型海湾生态系统的长期变化趋势，同时也为三亚湾特色生态系统（如：珊瑚礁生态系统）的生态过程和功能动态研究提供数据支撑。

在国家科技基础条件平台的支持下，2011 年国家生态系统观测研究网络（CNERN）出版了"中国生态系统定位观测与研究数据集"丛书，三亚站汇编并出版了《湖泊湿地海湾生态系统卷：海南三亚站（1998—2006）》一书。作为该数据集的延续，国家生态科学数据中心在科技部基础司、平台中心以及中国科学院网信办和科发局指导下，立足国家野外生态观测台站长期监测数据，组织开展了新的观测与研究数据集的出版工作，围绕"生态系统服务功能评估""生态系统过程与变化"等主题筛选了指标，规范了数据的质量控制、处理方法，并参考数据论文的体例进行编写。"中国生态系统定位观测与研究数据集"丛书的再次出版，将会更好地促进生态系统观测研究网络数据的长期保存、开放共享，充分发挥生态长期监测数据的价值，推动我国生态科学数据的开放共享和科研范式的

2

转变，为国家生态文明建设提供支撑。

《中国生态系统定位观测与研究数据集·湖泊湿地海湾生态系统卷·海南三亚站（2007—2015）》编写过程中得到全站职工的鼎力相助和无私奉献。第一章由张燕英、周伟华负责撰写；第二章由张燕英、陈衍岛、周伟华负责撰写；第三章的水文和水物理要素由陈永强负责整编，水化学要素由周国伟负责整编，沉积物化学要素由张燕英负责整编，水体生物要素由李涛、冯敬宾、周伟华、陈永强整编，整个章节由周伟华负责统稿；第四章由陈衍岛负责撰写。全书由黄晖、董俊德指导，周伟华具体负责审核、统稿、修订和校准。虽然已对数据进行了精细的统计计算和校核，力求合理准确，然而书中错误之处在所难免，敬请批评指正。

本书可供大专院校、科研院所从事海洋科学、生态科学以及相关领域研究的广大科技工作者参考和引用。若数据使用过程中存在疑虑，或需使用其他时间序列的数据，请直接联系三亚海洋生态系统国家野外科学观测研究站，进行数据申请。

最后，在本数据集汇编完成之际，衷心感谢多年来持之以恒完成监测任务的观测人员，正是他们的不辞劳苦和默默付出，为三亚站获得了宝贵的第一手长期观测资料，奠定了本数据集的基础。

编　者
2022 年 6 月

CONTENTS 目录

台站介绍

1.1 概述

中国科学院海南热带海洋生物实验站（简称三亚站）始建于 1979 年，隶属于中国科学院南海海洋研究所。三亚站从 1986 年开始监测海洋生态与环境，于 1996 年开始系统进行海洋生物和生态环境因子的调查和研究，在 1998—1999 年完成了热带三亚湾海洋生态与环境的系统监测和研究，于 1999 年被列为国家重点野外试验台站（试点站），于 2002 年加入了中国科学院生态系统研究网络，在 2006 年正式成为国家野外海洋科学观测与研究站。三亚站建站历史悠久，属中国生态系统研究网络（CERN）的台站之一，站内设有"海南省热带海洋生物技术重点实验室"，与香港科技大学、中国科学院深海科学与工程研究所共建的"三亚海洋科学综合（联合）实验室"。目标是成为具有国际水平的长久性科学观测与研究基地、先进科学技术成果试验、示范和推广的基地、优秀科学人才的培养基地和高度开放的国内、国际学术交流基地。

1.1.1 自然概括

三亚站位于海南省三亚市最南端的鹿回头半岛（$109°28'$E，$18°13'$N），属于热带海洋性季风气候，5—10 月为雨季，11 月至翌年 4 月为旱季。夏季盛行西南季风，冬季盛行东北季风，风向转换具有爆发性的突变过程，中间的过渡期较短。全年以东、东北偏东、东北风为最多。年均温 25.5 ℃，海拔高度 1.5～5.0 m，全年无霜，年均降雨量 1 279 mm，年均日照时数 2 588 h，年均蒸发量 1 950.7 mm，站区主要植被类型为灌木、人工乔木，站区主要土壤类型为珊瑚沙。

三亚站有 120 km² 的三亚湾水域观测场，三亚湾终年水温较高（22.30～28.85 ℃）。湾口开阔，只在东、北两面被陆地包围，水体交换良好，是一个大型的开阔港湾。在季风和内部涌流的作用下，海水各层次之间有很好的混合流动。湾口及东部有西瑁洲岛、东瑁洲岛和鹿回头半岛。外海水影响明显，盐度常年较高（32.80～34.25）。陆地径流量小，在三亚湾的入海河流主要有三亚河和烧旗河。三亚河全长 31 km，流域面积 337 km²，多年平均径流量 5.86 m³/s，是目前三亚市的主要城市水源，也是三亚湾陆源污染物的主要来源。烧旗河长 10 多 km，集水面积较小，只有几十平方公里。

1.1.2 社会经济状况

三亚站所在的海南省三亚市是著名的旅游城市，随着观光旅游业的发展，其经济活动日益频繁、城市化发展迅速。在 1989 年三亚建成地级市以前，人口不足 10 万人，至 2018 年末全市户籍人口为 61.46 万人。三亚湾沿岸是海南省国际旅游岛重点建设地区，也是海南省重点旅游景区。2018 年，三亚市生产总值 595.51 亿元，其中第三产业增加值 408.99 亿元，对经济增长的贡献为 82.6%。全市共有 A 级及以上景区 14 处，其中，AAAAA 景区 3 处，AAAA 景区 5 处。2018 年，三亚市接待游客总人数 2 242.57 万人次，全年旅游总收入 514.73 亿元。

1.1.3 代表区域与生态系统

三亚站是我国已建成并稳定运行的唯一的热带海洋临海实验站，有 120 km² 的三亚湾水域观测场，三亚站在三亚湾观测场设置了 13 个观测站点，涵盖三亚河渡口、河口及近岸海域、海湾中部和珊瑚礁区及外湾。三亚湾及周围海域分布着珊瑚礁、红树林、岩礁等多种海岸类型，尤其是在热带海岸生长的珊瑚礁和红树林，形成了热带海域特有的生态系统，具有特殊的资源价值和生态意义，对沿海地区的社会和经济可持续发展显得尤为重要。三亚站在观测场中设有珊瑚礁试验样区，三亚河沿岸设有红树林实验样地，监测和研究热带海湾生态系统、珊瑚礁生态系统和红树林生态系统。

1.2 研究方向

1.2.1 重点学科方向

三亚站以海洋生物学、海洋生态学和环境科学为主要依托学科方向，研究三亚湾及邻近海域生态系统的结构、功能及其资源的可持续利用，针对热带典型珊瑚礁和海草床生态系统进行保护恢复技术研发与示范工作。开展热带海洋生物的实验生物学、品种选育等研究。进行热带典型生态系统的健康评估，为其健康管理和决策提供科技支撑。三亚站的学科方向是中国科学院南海海洋研究所（简称南海所）学科方向的重要组成部分，三亚站是南海所开展临海实验研究的主要技术平台，是一艘不需返航的"热带海洋科学调查船"，为我国的热带海洋科学研究提供独一无二的技术平台。

1.2.2 主要研究领域

针对热带海湾生态系统资源与环境、人与自然和谐发展的关键科学问题，探究自然与人类活动双重作用下热带海湾生态系统的结构、功能变化特征和长期演变趋势，围绕热带海洋典型生态系统健康和可持续发展开展长期监测、研究和示范工作，三亚站的主要研究领域涵盖以下 4 个方面。

1.2.2.1 三亚湾及邻近海域生态系统的结构、功能及对人类活动和气候变化的响应及演替规律

开展长时间序列监测，研究三亚湾及邻近海域海洋生态环境的变动与人类活动的关系。诊断分析驱动海洋生态系统演变的关键因子，甄别气候变化、海洋污染、海岸工程和生境丧失等环境压力对珊瑚礁和海草床生态系统的影响及效应，筛选表征近海生态系统变化的关键指标，揭示多重压力下海洋生态系统的演变规律。开展生源要素循环与生态系统的耦合分析，揭示海域富营养化进程及其对珊瑚礁和海草床生态系统衰退的驱动机制；揭示海岸带开发对重要海洋生物栖息环境及其生态系统服务功能的影响机制。在分析珊瑚礁和海草床生态系统演变关键过程与机制的基础上，探索其结构和功能的演变趋势，对典型珊瑚礁和海草床生态系统演变情况做出短、中、长期预测。建立基于生态安全的热带海洋与海岸带生态环境管理模式，为海洋环境保护与生态安全提供服务。

1.2.2.2 热带海洋生态系统保护恢复技术研发与示范

研究和开发适合受剧烈人为活动影响受损严重的热带海洋生态系统的保护恢复技术，主要研究三亚近岸珊瑚礁生态系统框架生物造礁石珊瑚的人工培育关键技术，包括人工繁殖、幼虫培养、附苗、培壮等配套技术和设施；基于无性繁殖的，包括无性繁殖、插杆粘贴、人工基质附着板的造礁石珊瑚移植培植技术，设计建立造礁石珊瑚苗圃培育体系；集成造礁石珊瑚无性和有性繁殖技术、礁区浅海高效底播和放流技术；开发基于人工生物礁技术的礁区三维结构重构技术；建立适合受剧烈人为活动影响受损严重的典型珊瑚礁生态系统生态恢复的相关技术规范和技术指标体系；综合集成珊瑚礁礁体生态修复技术、造礁石珊瑚的培植和移植固着技术，构建近海珊瑚礁生态系统的修复技术框架，并用于近岸珊瑚礁生态恢复实验示范。

1.2.2.3　热带海洋生物的实验生物学和品种选育

进行与海洋生态修复和提高生物多样性相关的关键热带海洋生物物种，如砗磲、贻贝、马蹄螺以及大型钙化珊瑚藻、大型褐藻、红藻等框架海洋生物的实验生物学、地理分布特征、环境适应性和生态修复中的作用研究，进行上述海洋生物品种的优化选育、人工繁殖技术、增殖放流技术及技术集成研究，促进海洋生态环境的修复和海洋生境的修复。同时针对贝类功能基因和基因组学、新品种培育等遗传与养殖重大基础问题开展研究。

1.2.2.4　热带典型海洋生态系统健康评估

健康的海洋生态系统是实现海洋可持续发展的基础，实现对其准确的评估能够为海洋功能规划、开发利用和管理决策提供重要的科学支撑和依据。气候变化和人类活动等造成全球珊瑚严重退化死亡，相关研究已成为国际热点。同时，基于我国"一带一路"政策框架下的"保护海洋生态系统健康，推动区域海洋环境保护"的理念，重点开展热带典型生态系统健康评估工作。搜集整理相关热带典型海洋生态系统调查数据和文献资料，通过参考、借鉴、类比等方法广泛收集相关指标、参数，筛选出关键性的指标，构建健康评估指标体系，形成统一、规范化的评估标准和评估方法，并根据现有调查资料对三亚热带典型生态系统开展健康评估，形成健康评估报告。通过与政府管理决策以及政策制定的紧密结合，从资源与环境平衡角度，最大化地实现科学、有效的海洋管理与开发，为管理决策提供有效的信息与建议。

1.3　研究成果

近年来，三亚站共承担 198 项科研任务，合同经费约 45 977 万元。其中，国家级项目或课题 98 项，经费 22 226 万元，包括国家 973 计划项目 3 项，国家重点研发计划项目 1 项，国家科技基础专项 1 项，国家基金重点项目 2 项，国家杰出青年科学基金 1 项，国家优秀青年基金 1 项，中国科学院百人计划 1 项。通过上述项目的实施，在海洋微生物学、珊瑚礁生态学、造护礁生物人工繁殖技术、海草生理生态学研究等方面取得了有特色的科学进展。

近年来，三亚站共出版专著 7 部，公开发表论文 323 篇，其中，科学引文索引（SCI）论文 250 篇，获授权发明专利 77 项，获国家技术发明二等奖、中国专利优秀奖和海洋科学技术奖二等奖各 1 项。

1.4　支撑条件

1.4.1　野外观测试验样地与设施

三亚站已建成自动气象观测站、海洋生物繁育岸基实验基地、三亚湾水域观测场、珊瑚礁试验样区、红树林实验样地等野外设施，能够满足国家野外研究台站长期、连续和规范观测的需要。

1.4.2　基础设施

三亚站在鹿回头路 28 号拥有实验室和办公室共 7 层 32 间 4 043 m^2，根据功能划分为珊瑚、藻类、海草、贝类、微生物和基础生物生产力实验室，干仪器室、湿仪器室、阅览室、气象室、鉴定分析室、科普展厅、档案室、标本室、党支部和会议室等；站内临海建有岸基试验场和气象观测场，面积达 1 800 m^2。拥有先进仪器设备共计 202 台，总价值 1 060 万元，包括气相色谱、荧光显微镜、气象梯度监测系统、全自动水质分析仪、多普勒测流系统、总有机碳测定仪、多参数水质监测仪、温盐深仪、紫外可见分光光度计、超纯水系统、荧光计、数字生物网口流量计、滴定仪、浊度仪、超净工作台、超低温冰箱、光照培养箱、恒温培养箱、水下光量子仪、高速冷冻离心机等。主要用于海洋水物理、水文、水化学、沉积物、微生物、浮游生物、底栖生物、生产力等研究，运行维护良好，仪器标定规范。

三亚站实验和监测数据全部在 CERN 共享台站挂网运行，台站 7×24 h 并网运行。所有 CERN台站的注册用户均可查阅样例数据，并根据需要申请数据，为相关研究提供服务。

三亚站拥有生活公寓楼 51 间，共 2 052 m²，生活用房均配置了良好的生活必需设施，拥有 1 辆野外考察用车，配有专职驾驶人员。

第 2 章

主要样地与观测设施

2.1 概述

三亚站在三亚湾海域设立 13 个观测站点，涵盖三亚河渡口、河口及近岸海域、海湾中部珊瑚礁区及外湾海域，对观测站点进行海湾水文要素、海湾水化学要素和海湾生物要素的季度调查。三亚站区内设自动气象观测站，进行气象要素的长期监测。根据站长期试验与科研任务的需求，在鹿回头珊瑚礁保护区核心区设有珊瑚礁试验样区，在三亚河沿岸红树林保护区内设有红树林实验样地，对热带典型珊瑚礁生态系统和红树林生态系统进行长期研究（表 2-1）。

表 2-1 三亚站主要观测场及观测设施

类型	观测场名称	观测场代码	监测指标
联网长期观测	三亚湾站海湾综合观测 1 号观测站	SYB01	水文要素、水化学要素、生物要素
	三亚湾站海湾综合观测 2 号观测站	SYB02	水文要素、水化学要素、生物要素
	三亚湾站海湾综合观测 3 号观测站	SYB03	水文要素、水化学要素、生物要素
	三亚湾站海湾综合观测 4 号观测站	SYB04	水文要素、水化学要素、生物要素
	三亚湾站海湾综合观测 5 号观测站	SYB05	水文要素、水化学要素、生物要素
	三亚湾站海湾综合观测 6 号观测站	SYB06	水文要素、水化学要素、生物要素
	三亚湾站海湾综合观测 7 号观测站	SYB07	水文要素、水化学要素、生物要素
	三亚湾站海湾综合观测 8 号观测站	SYB08	水文要素、水化学要素、生物要素
	三亚湾站海湾综合观测 9 号观测站	SYB09	水文要素、水化学要素、生物要素
	三亚湾站海湾综合观测 10 号观测站	SYB10	水文要素、水化学要素、生物要素
	三亚湾站海湾综合观测 11 号观测站	SYB11	水文要素、水化学要素、生物要素
	三亚湾站海湾综合观测 12 号观测站	SYB12	水文要素、水化学要素、生物要素
	三亚湾站海湾综合观测 13 号观测站	SYB13	水文要素、水化学要素、生物要素
联网长期观测	三亚站综合气象要素观测场	SYBQX01	温度、湿度、气压、风速风向、降雨、辐射等
生态系统研究与实验	三亚湾站珊瑚礁试验样区	SYBSY01	珊瑚生物学，珊瑚生态系学和微生物学研究
	三亚湾站红树林试验样地	SYBSY02	红树林生态系统微生物和沉积物研究

2.2 主要样地介绍

2.2.1 三亚湾水域综合观测场

三亚站在三亚湾 120 km² 海域设立 13 个观测站点（SYB01～SYB13），对站点进行海湾水文要素、海湾水化学要素和海湾生物要素的季度调查。每个季度进行一次系统的观测采样，对于水深＜10 m的站点采样层次设定为表层和底层，＞10 m 的站点采样层次设定为表层、中层和底层。具体的观测站位见图2-1。每年的12月至翌年2月，完成冬季航次；3—5月，完成春季航次；6—8月，完成夏季航次；9—11月完成秋季航次。

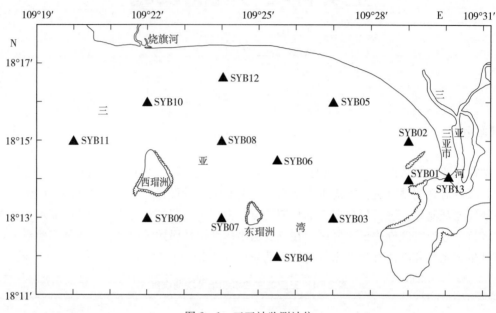

图2-1 三亚站监测站位

2.2.1.1 三亚湾站海湾综合观测1号观测站

样地代码：SYB01。

站点经纬度：109°29′E，18°14′N。

建立时间：2004年，永久使用。

观测站选址依据或代表性：该站点靠近鹿回头珊瑚礁保护区，对研究鹿回头珊瑚礁生态系统环境特征，以及人类活动对鹿回头珊瑚礁生态系统的影响，具有极其重要的作用。

样地监测项目及指标：水文要素（温度、盐度、透明度等）、水化学要素（营养盐、pH、溶解氧、生化需氧量、化学需氧量、总氮、总磷等）、生物要素（微生物、浮游植物、浮游动物、底栖动物、叶绿素、初级生产力等）。

2.2.1.2 三亚湾站海湾综合观测2号观测站

样地代码：SYB02。

站点经纬度：109°29′E，18°15′N。

建立时间：2004年，永久使用。

观测站选址依据或代表性：该站点位于凤凰岛码头附近，对研究工程建设和人类活动对海洋水域和生态系统的影响有重要作用。

样地监测项目及指标：水文要素（温度、盐度、透明度等）、水化学要素（营养盐、pH、溶解氧、生化需氧量、化学需氧量、总氮、总磷等）、生物要素（微生物、浮游植物、浮游动物、底栖动物、叶绿素、初级生产力等）。

2.2.1.3 三亚湾站海湾综合观测3号观测站

样地代码：SYB03。

站点经纬度：109°27′E，18°13′N。

建立时间：2004 年，永久使用。

观测站选址依据或代表性：该站点位于半开放型三亚湾的内侧，对研究外海与三亚湾的海水及物质流和能流等交换有重要意义。

样地监测项目及指标：水文要素（温度、盐度、透明度等）、水化学要素（营养盐、pH、溶解氧、生化需氧量、化学需氧量、总氮、总磷等）、生物要素（微生物、浮游植物、浮游动物、底栖动物、叶绿素、初级生产力等）。

2.2.1.4　三亚湾站海湾综合观测 4 号观测站

样地代码：SYB04。

站点经纬度：109°25′30″E，18°12′N。

建立时间：2004 年，永久使用。

观测站选址依据或代表性：SYB04 是三亚湾最南端的站点，靠近外海的外侧，可研究外海海域的基本海洋生态环境特征。

样地监测项目及指标：水文要素（温度、盐度、透明度等）、水化学要素（营养盐、pH、溶解氧、生化需氧量、化学需氧量、总氮、总磷等）、生物要素（微生物、浮游植物、浮游动物、底栖动物、叶绿素、初级生产力等）。

2.2.1.5　三亚湾站海湾综合观测 5 号观测站

样地代码：SYB05。

站点经纬度：109°27′E，18°16′N。

建立时间：2004 年，永久使用。

观测站选址依据或代表性：SYB05 是靠近三亚湾滨海大道的近岸站点，接近旅游度假区和生活区，可研究旅游开发对海域生态环境的影响。

样地监测项目及指标：水文要素（温度、盐度、透明度等）、水化学要素（营养盐、pH、溶解氧、生化需氧量、化学需氧量、总氮、总磷等）、生物要素（微生物、浮游植物、浮游动物、底栖动物、叶绿素、初级生产力等）。

2.2.1.6　三亚湾站海湾综合观测 6 号观测站

样地代码：SYB06。

站点经纬度：109°25′30″E，18°14′30″N。

建立时间：2004 年，永久使用。

观测站选址依据或代表性：SYB06 在三亚湾的中心区域，也是三亚湾水域的重要通道，设立此站有利于综合评价三亚湾生态环境状况。

样地监测项目及指标：水文要素（温度、盐度、透明度等）、水化学要素（营养盐、pH、溶解氧、生化需氧量、化学需氧量、总氮、总磷等）、生物要素（微生物、浮游植物、浮游动物、底栖动物、叶绿素、初级生产力等）。

2.2.1.7　三亚湾站海湾综合观测 7 号观测站

样地代码：SYB07。

站点经纬度：109°24′E，18°13′N。

建立时间：2004 年，永久使用。

观测站选址依据或代表性：该站点靠近东瑁岛，在东瑁岛与西瑁岛之间，位于东瑁岛珊瑚礁附近，可研究东瑁洲岛珊瑚礁生态环境状况。

样地监测项目及指标：水文要素（温度、盐度、透明度等）、水化学要素（营养盐、pH、溶解氧、生化需氧量、化学需氧量、总氮、总磷等）、生物要素（微生物、浮游植物、浮游动物、底栖动物、叶绿素、初级生产力等）。

2.2.1.8　三亚湾站海湾综合观测 8 号观测站

样地代码：SYB08。

站点经纬度：109°24′E，18°15′N。

建立时间：2004 年，永久使用。

观测站选址依据或代表性：SYB08 位于三亚湾的中心区域，三亚湾水域靠近西瑁州岛的重要通道，设立此站有利于综合评价三亚湾生态环境状况。

样地监测项目及指标：水文要素（温度、盐度、透明度等）、水化学要素（营养盐、pH、溶解氧、生化需氧量、化学需氧量、总氮、总磷等）、生物要素（微生物、浮游植物、浮游动物、底栖动物、叶绿素、初级生产力等）。

2.2.1.9　三亚湾站海湾综合观测 9 号观测站

样地代码：SYB09。

站点经纬度：109°22′E，18°13′N。

建立时间：2004 年，永久使用。

观测站选址依据或代表性：SYB09 位于西瑁洲岛的南侧的珊瑚礁保护区，接近外海深水水域，是监测西瑁洲岛珊瑚礁生态系统环境状况的代表性站点。

样地监测项目及指标：水文要素（温度、盐度、透明度等）、水化学要素（营养盐、pH、溶解氧、生化需氧量、化学需氧量、总氮、总磷等）、生物要素（微生物、浮游植物、浮游动物、底栖动物、叶绿素、初级生产力等）。

2.2.1.10　三亚湾站海湾综合观测 10 号观测站

样地代码：SYB10。

站点经纬度：109°22′E，18°16′N。

建立时间：2004 年，永久使用。

观测站选址依据或代表性：SYB10 位于西瑁洲岛的水上交通口，同时靠近天涯海角旅游区的附近，可研究人为活动对海湾水文和环境的影响。

样地监测项目及指标：水文要素（温度、盐度、透明度等）、水化学要素（营养盐、pH、溶解氧、生化需氧量、化学需氧量、总氮、总磷等）、生物要素（微生物、浮游植物、浮游动物、底栖动物、叶绿素、初级生产力等）。

2.2.1.11　三亚湾站海湾综合观测 11 号观测站

样地代码：SYB11。

站点经纬度：109°20′E，18°15′N。

建立时间：2004 年，永久使用。

观测站选址依据或代表性：SYB11 是三亚湾最西侧的站点，具有典型的热带海洋特征，可比较研究三亚湾湾内和湾外海洋生态环境。

样地监测项目及指标：水文要素（温度、盐度、透明度等）、水化学要素（营养盐、pH、溶解氧、生化需氧量、化学需氧量、总氮、总磷等）、生物要素（微生物、浮游植物、浮游动物、底栖动物、叶绿素、初级生产力等）。

2.2.1.12　三亚湾站海湾综合观测 12 号观测站

样地代码：SYB12。

站点经纬度：109°24′E，18°16′40″N。

建立时间：2004 年，永久使用。

观测站选址依据或代表性：SYB12 是三亚湾最北侧的站点，可研究热带典型海湾的生态环境特征。

样地监测项目及指标：水文要素（温度、盐度、透明度等）、水化学要素（营养盐、pH、溶解氧、生化需氧量、化学需氧量、总氮、总磷等）、生物要素（微生物、浮游植物、浮游动物、底栖动物、叶绿素、初级生产力等）。

2.2.1.13　三亚湾站海湾综合观测 13 号观测站

样地代码：SYB13。

站点经纬度：$109°30'E$，$18°14'3.6''N$。

建立时间：2007 年，永久使用。

观测站选址依据或代表性：SYB13 是三亚河入海口处的渡口，可研究三亚河对海域的排放和人类活动对海洋生态系统的影响。

样地监测项目及指标：水文要素（温度、盐度、透明度等）、水化学要素（营养盐、pH、溶解氧、生化需氧量、化学需氧量、总氮、总磷等）、生物要素（微生物、叶绿素、初级生产力等）。

三亚湾水域综合观测场监测目的：积累连续的时间序列基础资料，为预测热带海湾生态系统长期演变、热带海湾生态动力过程、热带海湾的生态系统功能及对人类活动的响应、热带典型珊瑚礁生态系统的环境演替规律、热带海湾生态系统健康评估、热带海洋生态系统保护和恢复技术等一系列前沿科学研究提供基础数据支撑；同时，为国家、地方政府和管理部门的咨询报告和建议，健康评估报告发布，近海生态系统管理对策与措施的制订等，提供重要的数据支撑。

2.2.2　气象观测场和观测设施

三亚站综合气象要素观测场位于海南省三亚市鹿回头（$109°28'30''E$，$18°13'1.2''N$），属于海湾水体观测场。海拔高度 3.5 m。土壤类型：土类，铁铝土；亚类，典型砖红壤，面积约 600 m^2。可监测指标有地温、气温、相对湿度、大气压、水汽压、海平面气压、风向、风速、降水、日照时数、总辐射、反射辐射、净辐射、光合有效辐射、紫外辐射（表 2-2）。

表 2-2　三亚站主要样地、观测设施一览表

类型	样地名称	样地代码	采样地与主要设施名称
永久样地	三亚站气象观测场	SYBQX01	风速传感器（2 套）、风向传感器、空气温湿度传感器、大气压力传感器、雨量、土壤温度探头（8 层）、日照时数总辐射、反射辐射、净辐射、光合有效辐射、紫外辐射计等

第3章

······□□□□□□□□□□□□□□□□□□□□□□□□□□□□□□□

联网长期观测数据

3.1 水文与水体物理要素

3.1.1 水体水文要素

3.1.1.1 概述

本部分数据为三亚站 2007—2015 年 13 个长期监测站点季度水体水文要素测定数据，包括水深、水色、透明度。

3.1.1.2 数据采集和处理方法

依据 CERN 观测规范和《海洋调查规范》（GB 12763—2007）采集水样，并分析、检测样品。

水深、水色和透明度采用直接测量法。

3.1.1.3 数据质量控制和评估

整理历年上报数据并进行质量控制，核实异常数据。质控方法包括：阈值检查、完整性检查、一致性检查等。

插补或删除原始的部分缺失数据或者异常数据，采用平均值法插补缺失值，插补数据以下划线标记，未插补的缺失值用"—"表示。

3.1.1.4 数据

具体数据见表 3-1。

表 3-1　水体水文要素

时间（年-月）	站位	水深/m	水色	透明度
2007-1	SYB01	9.00	11~12	3.00
2007-1	SYB02	7.00	5~6	2.60
2007-1	SYB03	20.00	4~5	4.50
2007-1	SYB04	25.00	5~6	4.80
2007-1	SYB05	9.00	4~5	2.00
2007-1	SYB06	15.00	4~5	2.50
2007-1	SYB07	20.00	4~5	4.00
2007-1	SYB08	10.00	4~5	3.00
2007-1	SYB09	30.00	4~5	5.00
2007-1	SYB10	10.00	4~5	2.80
2007-1	SYB11	20.00	4~5	3.00
2007-1	SYB12	8.00	4~5	2.50
2007-4	SYB01	10.00	4~5	1.80

（续）

时间（年‑月）	站位	水深/m	水色	透明度
2007 – 4	SYB02	7.00	5～6	3.30
2007 – 4	SYB03	20.00	4～5	8.00
2007 – 4	SYB04	25.00	4～5	9.00
2007 – 4	SYB05	9.00	3～4	5.00
2007 – 4	SYB06	15.00	4～5	6.00
2007 – 4	SYB07	20.00	4～5	8.50
2007 – 4	SYB08	10.00	4～5	5.80
2007 – 4	SYB09	30.00	4～5	8.00
2007 – 4	SYB11	21.00	4～5	8.50
2007 – 4	SYB10	8.00	4～5	3.50
2007 – 4	SYB12	8.00	4～5	4.00
2007 – 4	SYB13	3.00	—	1.00
2007 – 7	SYB01	9.00	4～5	5.20
2007 – 7	SYB02	7.00	4～5	5.50
2007 – 7	SYB03	20.00	3～4	6.20
2007 – 7	SYB04	25.00	3～4	9.30
2007 – 7	SYB05	8.00	4～5	4.60
2007 – 7	SYB06	15.00	3～4	5.00
2007 – 7	SYB07	20.00	3～4	7.50
2007 – 7	SYB08	10.00	4～5	8.20
2007 – 7	SYB09	25.00	3～4	9.00
2007 – 7	SYB10	9.00	3～4	7.80
2007 – 7	SYB11	19.00	3～4	8.00
2007 – 7	SYB12	8.00	4～5	4.50
2007 – 7	SYB13	6.00	15～16	3.00
2007 – 10	SYB01	9.00	6～7	1.50
2007 – 10	SYB02	7.00	5～6	3.00
2007 – 10	SYB03	20.00	4～5	4.00
2007 – 10	SYB04	25.00	4～5	4.50
2007 – 10	SYB05	8.00	4～5	4.20
2007 – 10	SYB06	15.00	4～5	4.00
2007 – 10	SYB07	20.00	4～5	3.50
2007 – 10	SYB08	10.00	4～5	5.00
2007 – 10	SYB09	25.00	4～5	5.00
2007 – 10	SYB10	8.00	4～5	4.20
2007 – 10	SYB11	18.00	3～4	5.50
2007 – 10	SYB12	8.00	4～5	4.00
2007 – 10	SYB13	5.00	15～16	0.50

（续）

时间（年-月）	站位	水深/m	水色	透明度
2008－1	SYB01	11.00	5～6	2.25
2008－1	SYB02	7.10	5～6	2.35
2008－1	SYB03	18.90	4～5	3.10
2008－1	SYB04	26.00	5～6	3.20
2008－1	SYB05	8.00	5	2.15
2008－1	SYB06	14.80	4～5	2.20
2008－1	SYB07	20.00	4～5	2.75
2008－1	SYB08	11.40	4～5	2.50
2008－1	SYB09	27.50	4～5	3.30
2008－1	SYB10	9.80	4～5	2.25
2008－1	SYB11	17.70	4～5	2.55
2008－1	SYB12	9.30	4～5	2.00
2008－5	SYB01	11.00	5～6	2.15
2008－5	SYB02	7.00	5～6	3.90
2008－5	SYB03	20.00	4	5.50
2008－5	SYB04	25.00	5	7.25
2008－5	SYB05	9.00	5	4.25
2008－5	SYB06	15.00	5	6.00
2008－5	SYB07	21.00	5	7.25
2008－5	SYB08	13.00	4～5	6.40
2008－5	SYB09	28.00	5	6.50
2008－5	SYB10	10.00	5	6.75
2008－5	SYB11	19.00	4～5	7.25
2008－5	SYB12	7.00	5	4.00
2008－8	SYB01	11.00	4～5	3.50
2008－8	SYB02	8.00	4～5	4.65
2008－8	SYB03	20.00	3～4	6.85
2008－8	SYB04	27.00	3～4	8.40
2008－8	SYB05	9.00	4～5	4.25
2008－8	SYB06	16.00	3～4	5.25
2008－8	SYB07	23.00	3～4	5.75
2008－8	SYB08	12.50	4～5	5.70
2008－8	SYB09	28.00	3～4	7.00
2008－8	SYB10	10.00	3～4	6.00
2008－8	SYB11	18.00	3～4	5.20
2008－8	SYB12	7.50	4～5	3.25
2008－10	SYB01	11.00	4～5	1.25
2008－10	SYB02	6.00	4～5	2.10

（续）

时间（年-月）	站位	水深/m	水色	透明度
2008 - 10	SYB03	19.00	4～5	3.00
2008 - 10	SYB04	25.00	3～4	3.00
2008 - 10	SYB05	8.00	4～5	3.10
2008 - 10	SYB06	12.00	4～5	2.80
2008 - 10	SYB07	20.50	4～5	2.50
2008 - 10	SYB08	12.00	3～4	3.00
2008 - 10	SYB09	27.00	4～5	3.40
2008 - 10	SYB10	11.00	3～4	2.70
2008 - 10	SYB11	18.00	3～4	3.45
2008 - 10	SYB12	6.00	3～4	3.00
2009 - 1	SYB01	11.00	16～17	1.50
2009 - 1	SYB02	7.10	4～5	2.10
2009 - 1	SYB03	18.90	4	1.70
2009 - 1	SYB04	26.00	4～5	1.60
2009 - 1	SYB05	8.00	4	2.30
2009 - 1	SYB06	14.80	3～4	1.90
2009 - 1	SYB07	20.00	5	1.50
2009 - 1	SYB08	11.40	3～4	2.00
2009 - 1	SYB09	27.50	4～5	1.60
2009 - 1	SYB10	9.80	4	1.70
2009 - 1	SYB11	17.70	3	2.10
2009 - 1	SYB12	9.30	4～5	1.50
2009 - 1	SYB13	7.00	—	0.90
2009 - 4	SYB01	11.00	2～3	2.50
2009 - 4	SYB02	7.00	4～5	4.50
2009 - 4	SYB03	20.00	4～5	3.00
2009 - 4	SYB04	25.00	4～5	5.50
2009 - 4	SYB05	9.00	3～4	3.50
2009 - 4	SYB06	15.00	4～5	6.00
2009 - 4	SYB07	21.00	4～5	6.00
2009 - 4	SYB08	13.00	4～5	7.00
2009 - 4	SYB09	28.00	4～5	5.00
2009 - 4	SYB10	10.00	4～5	5.00
2009 - 4	SYB11	19.00	4～5	11.00
2009 - 4	SYB12	7.00	4～5	4.00
2009 - 4	SYB13	7.00	—	0.80
2009 - 8	SYB01	11.00	4～5	1.80
2009 - 8	SYB02	8.00	4～5	3.80

（续）

时间（年-月）	站位	水深/m	水色	透明度
2009 - 8	SYB03	20.00	2～3	7.50
2009 - 8	SYB04	27.00	2～3	7.50
2009 - 8	SYB05	9.00	3～4	3.90
2009 - 8	SYB06	16.00	3～4	5.50
2009 - 8	SYB07	23.00	3～4	4.00
2009 - 8	SYB08	12.50	3～4	3.20
2009 - 8	SYB09	28.00	3～4	5.00
2009 - 8	SYB10	10.00	3～4	4.20
2009 - 8	SYB11	18.00	3～4	2.40
2009 - 8	SYB12	7.50	3～4	2.00
2009 - 8	SYB13	6.15	15～16	0.80
2009 - 11	SYB01	11.00	5～6	1.00
2009 - 11	SYB02	6.00	3～4	1.20
2009 - 11	SYB03	19.00	4～5	2.00
2009 - 11	SYB04	25.00	4～5	1.50
2009 - 11	SYB05	8.00	5～6	2.00
2009 - 11	SYB06	12.00	4～5	1.60
2009 - 11	SYB07	20.50	4～5	1.50
2009 - 11	SYB08	12.00	5～6	1.00
2009 - 11	SYB09	27.00	4～5	1.80
2009 - 11	SYB10	11.00	5～6	1.20
2009 - 11	SYB11	18.00	4～5	1.40
2009 - 11	SYB12	6.00	5～6	2.50
2009 - 11	SYB13	4.50	5～6	0.90
2010 - 1	SYB01	10.30	10～11	1.70
2010 - 1	SYB02	6.75	5～6	1.60
2010 - 1	SYB03	20.00	3～4	3.00
2010 - 1	SYB04	26.00	4～5	3.50
2010 - 1	SYB05	8.70	4～5	3.20
2010 - 1	SYB06	14.80	4～5	3.20
2010 - 1	SYB07	21.50	4～5	3.20
2010 - 1	SYB08	10.80	4～5	3.00
2010 - 1	SYB09	28.00	4～5	3.40
2010 - 1	SYB10	9.70	4	3.70
2010 - 1	SYB11	17.80	4	2.70
2010 - 1	SYB12	6.90	5～6	4.00
2010 - 1	SYB13	6.40	5～6	0.80
2010 - 4	SYB01	11.00	4～5	2.50

（续）

时间（年-月）	站位	水深/m	水色	透明度
2010 - 4	SYB02	7.00	5~6	1.80
2010 - 4	SYB03	20.00	5~6	5.80
2010 - 4	SYB04	25.00	4~5	6.50
2010 - 4	SYB05	9.00	4~5	2.30
2010 - 4	SYB06	15.00	4~5	3.00
2010 - 4	SYB07	21.00	4~5	4.00
2010 - 4	SYB08	13.00	5~6	4.60
2010 - 4	SYB09	28.00	4~5	4.00
2010 - 4	SYB10	10.00	4~5	3.00
2010 - 4	SYB11	19.00	5~6	3.80
2010 - 4	SYB12	7.00	5~6	2.90
2010 - 4	SYB13	6.80	5~6	0.60
2010 - 7	SYB01	11.00	6~7	1.50
2010 - 7	SYB02	6.20	4~5	2.60
2010 - 7	SYB03	19.30	4~5	4.00
2010 - 7	SYB04	26.00	4~5	4.00
2010 - 7	SYB05	7.70	5~6	2.80
2010 - 7	SYB06	15.00	4~5	5.20
2010 - 7	SYB07	21.00	4~5	4.50
2010 - 7	SYB08	11.00	5~6	5.50
2010 - 7	SYB09	27.80	4~5	4.50
2010 - 7	SYB10	9.60	5~6	6.00
2010 - 7	SYB11	17.90	5~6	8.00
2010 - 7	SYB12	6.30	5~6	3.50
2010 - 7	SYB13	7.60	5~6	0.50
2010 - 10	SYB01	10.00	8~9	0.80
2010 - 10	SYB02	6.00	8~9	1.20
2010 - 10	SYB03	19.00	8~9	2.80
2010 - 10	SYB04	26.00	5~6	4.00
2010 - 10	SYB05	8.30	6~7	1.30
2010 - 10	SYB06	15.00	6~7	2.50
2010 - 10	SYB07	22.00	6~7	3.50
2010 - 10	SYB08	11.70	6~7	2.50
2010 - 10	SYB09	28.00	4~5	3.50
2010 - 10	SYB10	10.00	6~7	2.50
2010 - 10	SYB11	18.00	5~6	3.20
2010 - 10	SYB12	7.50	6~7	2.00
2010 - 10	SYB13	8.50	5~6	0.40

（续）

时间（年-月）	站位	水深/m	水色	透明度
2011 - 1	SYB01	9.90	7～8	1.60
2011 - 1	SYB02	6.40	5～6	1.50
2011 - 1	SYB03	19.00	4～5	2.60
2011 - 1	SYB04	25.00	4～5	2.80
2011 - 1	SYB05	8.60	4～5	2.80
2011 - 1	SYB06	14.60	4～5	3.50
2011 - 1	SYB07	19.10	4～5	3.20
2011 - 1	SYB08	11.00	4～5	4.60
2011 - 1	SYB09	27.70	4～5	3.50
2011 - 1	SYB10	9.60	4	4.20
2011 - 1	SYB11	17.80	4～5	4.00
2011 - 1	SYB12	6.90	5～6	3.00
2011 - 1	SYB13	6.20	17	0.80
2011 - 4	SYB01	10.50	6～7	2.40
2011 - 4	SYB02	7.00	5～6	3.10
2011 - 4	SYB03	18.20	5～6	5.00
2011 - 4	SYB04	25.50	4～5	6.50
2011 - 4	SYB05	8.80	5～6	4.50
2011 - 4	SYB06	15.00	4～5	3.00
2011 - 4	SYB07	20.60	4～5	5.50
2011 - 4	SYB08	11.30	5～6	7.00
2011 - 4	SYB09	28.70	4～5	3.50
2011 - 4	SYB10	10.60	4～5	5.50
2011 - 4	SYB11	18.10	5～6	4.50
2011 - 4	SYB12	7.90	5～6	5.00
2011 - 4	SYB13	7.10	16	1.00
2011 - 7	SYB01	10.90	6～7	6.00
2011 - 7	SYB02	6.30	4～5	4.00
2011 - 7	SYB03	19.30	4～5	6.50
2011 - 7	SYB04	25.80	4～5	10.00
2011 - 7	SYB05	8.70	5～6	5.00
2011 - 7	SYB06	14.80	4～5	7.00
2011 - 7	SYB07	21.40	4～5	7.50
2011 - 7	SYB08	11.70	5～6	9.50
2011 - 7	SYB09	23.00	5～6	8.00
2011 - 7	SYB10	10.20	5～6	8.80
2011 - 7	SYB11	18.30	5～6	7.50
2011 - 7	SYB12	7.80	5～6	6.00

（续）

时间（年-月）	站位	水深/m	水色	透明度
2011 - 7	SYB13	5.60	18	1.00
2011 - 11	SYB01	8.10	11~12	1.30
2011 - 11	SYB02	6.40	8~9	1.50
2011 - 11	SYB03	19.00	8~9	2.00
2011 - 11	SYB04	25.70	5~6	3.70
2011 - 11	SYB05	8.50	6~7	1.80
2011 - 11	SYB06	15.00	6~7	3.90
2011 - 11	SYB07	20.70	6~7	3.90
2011 - 11	SYB08	11.00	6~7	3.20
2011 - 11	SYB09	28.10	4~5	3.50
2011 - 11	SYB10	9.70	6~7	2.80
2011 - 11	SYB11	11.00	5~6	3.80
2011 - 11	SYB12	7.30	6~7	2.90
2011 - 11	SYB13	8.40	17~18	1.50
2012 - 2	SYB01	10.10	4~5	3.50
2012 - 2	SYB02	6.50	6	4.00
2012 - 2	SYB03	18.60	5	5.00
2012 - 2	SYB04	25.20	4	12.00
2012 - 2	SYB05	8.40	5	4.00
2012 - 2	SYB06	14.50	5	10.00
2012 - 2	SYB07	20.70	4	13.00
2012 - 2	SYB08	10.90	5	7.00
2012 - 2	SYB09	28.20	5	10.00
2012 - 2	SYB10	9.60	4	6.00
2012 - 2	SYB11	17.60	5	9.00
2012 - 2	SYB12	7.00	6	4.00
2012 - 2	SYB13	7.70	17	1.50
2012 - 4	SYB01	10.40	6~7	5.00
2012 - 4	SYB02	7.00	6	3.00
2012 - 4	SYB03	18.90	6	3.50
2012 - 4	SYB04	25.40	5	10.50
2012 - 4	SYB05	8.60	5~6	3.50
2012 - 4	SYB06	14.90	5	7.00
2012 - 4	SYB07	25.40	4~5	6.50
2012 - 4	SYB08	11.60	5~6	6.00
2012 - 4	SYB09	28.10	5	5.00
2012 - 4	SYB10	10.70	4~5	5.50
2012 - 4	SYB11	18.20	5~6	5.00

（续）

时间（年-月）	站位	水深/m	水色	透明度
2012 - 4	SYB12	7.60	5～6	5.00
2012 - 4	SYB13	8.50	15	1.00
2012 - 9	SYB01	10.90	6	2.90
2012 - 9	SYB02	7.60	5	3.00
2012 - 9	SYB03	19.50	5	5.00
2012 - 9	SYB04	26.50	5	10.00
2012 - 9	SYB05	8.30	5	3.00
2012 - 9	SYB06	15.30	4～5	7.00
2012 - 9	SYB07	22.30	5	7.00
2012 - 9	SYB08	12.10	5	7.00
2012 - 9	SYB09	27.40	6	5.00
2012 - 9	SYB10	11.00	5	6.00
2012 - 9	SYB11	18.80	5	5.50
2012 - 9	SYB12	7.10	6	6.00
2012 - 9	SYB13	8.10	16	1.20
2012 - 11	SYB01	9.90	15	1.30
2012 - 11	SYB02	6.70	7	2.60
2012 - 11	SYB03	18.80	5	3.00
2012 - 11	SYB04	25.30	6	2.50
2012 - 11	SYB05	8.00	7	3.00
2012 - 11	SYB06	14.80	6～7	5.00
2012 - 11	SYB07	20.80	5～6	3.00
2012 - 11	SYB08	10.80	5	3.50
2012 - 11	SYB09	28.80	5	3.00
2012 - 11	SYB10	9.50	6	4.20
2012 - 11	SYB11	17.60	5	4.00
2012 - 11	SYB12	6.70	6	4.00
2012 - 11	SYB13	7.40	18	1.00
2013 - 1	SYB01	10.10	5	4.00
2013 - 1	SYB02	6.50	6	4.20
2013 - 1	SYB03	19.00	4	4.50
2013 - 1	SYB04	25.40	5	11.00
2013 - 1	SYB05	8.20	5	5.00
2013 - 1	SYB06	14.80	5	9.00
2013 - 1	SYB07	20.60	4	12.00
2013 - 1	SYB08	10.90	5	5.80
2013 - 1	SYB09	24.30	5	10.20
2013 - 1	SYB10	9.60	5	5.00
2013 - 1	SYB11	17.60	4	10.00
2013 - 1	SYB12	6.90	5	5.00

（续）

时间（年-月）	站位	水深/m	水色	透明度
2013 - 1	SYB13	7.80	17	1.20
2013 - 4	SYB01	10.10	6	4.20
2013 - 4	SYB02	6.60	5	3.70
2013 - 4	SYB03	18.50	4	6.00
2013 - 4	SYB04	25.20	4	11.50
2013 - 4	SYB05	8.30	5	4.00
2013 - 4	SYB06	14.60	4	5.50
2013 - 4	SYB07	25.20	4	7.00
2013 - 4	SYB08	11.00	4	6.00
2013 - 4	SYB09	27.50	5	9.00
2013 - 4	SYB10	9.90	5	6.80
2013 - 4	SYB11	17.70	11	8.30
2013 - 4	SYB12	6.90	6	4.00
2013 - 4	SYB13	7.20	17	0.70
2013 - 7	SYB01	11.30	15	2.50
2013 - 7	SYB02	6.20	7	1.30
2013 - 7	SYB03	18.90	7	1.80
2013 - 7	SYB04	25.10	5	2.50
2013 - 7	SYB05	8.30	6	1.30
2013 - 7	SYB06	14.30	6	2.00
2013 - 7	SYB07	20.60	5	3.50
2013 - 7	SYB08	10.80	6	2.10
2013 - 7	SYB09	26.00	6	2.90
2013 - 7	SYB10	9.70	7	2.60
2013 - 7	SYB11	17.70	6	2.70
2013 - 7	SYB12	6.90	7	1.70
2013 - 7	SYB13	8.40	20	0.20
2013 - 11	SYB01	12.00	6	2.60
2013 - 11	SYB02	7.00	7	3.10
2013 - 11	SYB03	20.10	4	4.30
2013 - 11	SYB04	25.90	5	4.20
2013 - 11	SYB05	8.50	7	3.20
2013 - 11	SYB06	15.10	6	3.10
2013 - 11	SYB07	21.10	4	4.50
2013 - 11	SYB08	11.60	5	5.50
2013 - 11	SYB09	26.30	6	3.80
2013 - 11	SYB10	10.60	5	4.20
2013 - 11	SYB11	18.20	5	3.50
2013 - 11	SYB12	7.50	5	2.60
2013 - 11	SYB13	6.40	17	0.80

（续）

时间（年-月）	站位	水深/m	水色	透明度
2014 - 1	SYB01	11.00	8	1.60
2014 - 1	SYB02	6.60	7	3.50
2014 - 1	SYB03	19.40	5	3.80
2014 - 1	SYB04	25.50	5	2.80
2014 - 1	SYB05	8.40	6	3.20
2014 - 1	SYB06	14.90	5	3.50
2014 - 1	SYB07	21.20	6	3.50
2014 - 1	SYB08	11.20	5	5.00
2014 - 1	SYB09	27.30	5	4.00
2014 - 1	SYB10	9.60	5	4.50
2014 - 1	SYB11	18.00	5	4.00
2014 - 1	SYB12	7.10	6	3.50
2014 - 1	SYB13	8.50	19	0.50
2014 - 4	SYB01	11.30	7	1.80
2014 - 4	SYB02	6.60	5	4.00
2014 - 4	SYB03	18.40	5	7.00
2014 - 4	SYB04	24.70	5	9.00
2014 - 4	SYB05	7.90	5	5.00
2014 - 4	SYB06	14.40	5	4.00
2014 - 4	SYB07	20.10	4	8.50
2014 - 4	SYB08	11.20	5	5.00
2014 - 4	SYB09	28.20	3	9.00
2014 - 4	SYB10	9.80	5	7.00
2014 - 4	SYB11	17.90	4	8.00
2014 - 4	SYB12	6.90	6	2.30
2014 - 4	SYB13	8.10	17	0.50
2014 - 7	SYB01	11.00	7	3.00
2014 - 7	SYB02	6.70	5	2.20
2014 - 7	SYB03	19.00	4	4.60
2014 - 7	SYB04	25.80	5	4.10
2014 - 7	SYB05	8.70	5	2.60
2014 - 7	SYB06	14.90	5	3.00
2014 - 7	SYB07	20.80	6	5.50
2014 - 7	SYB08	11.40	5	5.00
2014 - 7	SYB09	28.20	5	9.00
2014 - 7	SYB10	10.10	5	5.00
2014 - 7	SYB11	17.90	3	7.00
2014 - 7	SYB12	7.50	6	5.00
2014 - 7	SYB13	8.50	16	0.60
2014 - 10	SYB01	13.70	8	1.10

（续）

时间（年-月）	站位	水深/m	水色	透明度
2014 - 10	SYB02	7.80	7	1.50
2014 - 10	SYB03	18.70	4	3.50
2014 - 10	SYB04	26.10	5	4.00
2014 - 10	SYB05	8.70	6	2.50
2014 - 10	SYB06	14.50	5	5.00
2014 - 10	SYB07	19.40	5	3.80
2014 - 10	SYB08	11.10	5	3.80
2014 - 10	SYB09	28.80	4	4.00
2014 - 10	SYB10	10.50	4	4.00
2014 - 10	SYB11	18.40	4	4.00
2014 - 10	SYB12	8.60	5	4.00
2014 - 10	SYB13	8.40	20	0.50
2015 - 1	SYB01	11.50	9	2.00
2015 - 1	SYB02	6.70	7	2.00
2015 - 1	SYB03	18.90	5	2.50
2015 - 1	SYB04	24.70	5	3.80
2015 - 1	SYB05	8.40	6	2.00
2015 - 1	SYB06	14.70	5	3.50
2015 - 1	SYB07	20.60	6	2.30
2015 - 1	SYB08	11.30	5	3.00
2015 - 1	SYB09	26.50	5	2.00
2015 - 1	SYB10	9.70	5	2.00
2015 - 1	SYB11	17.70	5	2.00
2015 - 1	SYB12	7.70	6	3.00
2015 - 1	SYB13	8.20	21	0.50
2015 - 4	SYB01	13.40	14	1.70
2015 - 4	SYB02	7.20	8	1.60
2015 - 4	SYB03	19.40	5	2.80
2015 - 4	SYB04	26.10	5	4.20
2015 - 4	SYB05	9.10	5	2.20
2015 - 4	SYB06	15.20	5	2.60
2015 - 4	SYB07	21.10	5	3.60
2015 - 4	SYB08	11.80	5	3.00
2015 - 4	SYB09	29.20	5	3.50
2015 - 4	SYB10	10.70	5	3.00
2015 - 4	SYB11	18.30	5	2.80
2015 - 4	SYB12	8.20	5	1.90
2015 - 4	SYB13	8.70	21	0.80
2015 - 7	SYB01	13.70	12	1.10
2015 - 7	SYB02	6.60	12	1.00

（续）

时间（年–月）	站位	水深/m	水色	透明度
2015 – 7	SYB03	18.80	7	2.20
2015 – 7	SYB04	25.40	6	2.50
2015 – 7	SYB05	8.60	9	1.50
2015 – 7	SYB06	14.50	7	2.00
2015 – 7	SYB07	20.70	6	2.40
2015 – 7	SYB08	11.20	6	2.00
2015 – 7	SYB09	26.90	5	2.70
2015 – 7	SYB10	9.70	5	2.20
2015 – 7	SYB11	17.70	5	2.10
2015 – 7	SYB12	7.00	8	1.90
2015 – 7	SYB13	8.10	21	0.80
2015 – 11	SYB01	13.80	11	1.40
2015 – 11	SYB02	6.80	7	2.00
2015 – 11	SYB03	19.50	5	3.30
2015 – 11	SYB04	25.90	4	2.90
2015 – 11	SYB05	8.30	6	2.30
2015 – 11	SYB06	14.80	6	3.10
2015 – 11	SYB07	21.50	5	3.60
2015 – 11	SYB08	11.10	6	3.90
2015 – 11	SYB09	26.60	5	3.10
2015 – 11	SYB10	9.90	6	3.60
2015 – 11	SYB11	18.20	5	3.20
2015 – 11	SYB12	7.40	7	2.10
2015 – 11	SYB13	7.90	20	0.70

3.1.2　水体水物理要素

3.1.2.1　概述

本部分数据为三亚站 2007—2015 年 13 个长期监测站点季度表层、中层和底层水体水物理要素测定数据，包括水温、盐度、悬浮体。

3.1.2.2　数据采集和处理方法

依据 CERN 观测规范和《海洋调查规范》（GB 12763—2007）分层次采集水样，并分析和检测样品。

水温和盐度采用直接测量法，悬浮体采用称量法。

3.1.2.3　数据质量控制和评估

整理历年上报数据并进行质量控制，核实异常数据。质控方法包括：阈值检查、完整性检查、一致性检查等。

插补或删除原始的部分缺失数据或者异常数据，采用平均值法插补缺失值，插补数据以下划线标记，未插补的缺失值用"—"表示。

3.1.2.4　数据

具体数据见表 3-2～表 3-4。

表 3-2　表层水体物理要素

时间（年-月）	站位	水温/℃	盐度/‰	悬浮体/（mg/L）
2007-1	SYB01	21.95	34.25	10.40
2007-1	SYB02	21.80	34.54	9.40
2007-1	SYB03	22.43	34.43	8.60
2007-1	SYB04	22.66	34.44	7.40
2007-1	SYB05	22.62	34.44	7.70
2007-1	SYB06	22.61	34.36	10.00
2007-1	SYB07	22.64	34.50	8.50
2007-1	SYB08	22.54	34.43	10.30
2007-1	SYB09	22.46	34.43	10.10
2007-1	SYB10	22.63	34.44	9.80
2007-1	SYB11	22.81	34.37	10.80
2007-1	SYB12	22.76	34.37	11.90
2007-4	SYB01	26.31	34.41	18.50
2007-4	SYB02	26.47	34.64	26.40
2007-4	SYB03	25.86	34.69	21.90
2007-4	SYB04	26.18	34.70	37.50
2007-4	SYB05	26.86	34.59	15.80
2007-4	SYB06	27.00	34.60	28.70
2007-4	SYB07	26.15	34.63	24.20
2007-4	SYB08	26.69	34.65	23.50
2007-4	SYB09	26.48	34.72	13.30
2007-4	SYB10	26.25	34.63	29.50
2007-4	SYB11	26.17	34.62	19.00
2007-4	SYB12	26.82	34.59	9.20
2007-7	SYB01	26.31	34.41	16.20
2007-7	SYB02	26.47	34.64	12.50
2007-7	SYB03	25.86	34.69	13.80
2007-7	SYB04	26.18	34.70	18.50
2007-7	SYB05	28.84	33.80	12.70
2007-7	SYB06	26.15	34.63	14.40
2007-7	SYB07	28.67	32.80	13.80
2007-7	SYB08	29.16	33.81	15.70
2007-7	SYB09	26.86	34.59	13.70
2007-7	SYB10	29.15	34.04	19.90
2007-7	SYB11	29.53	33.91	12.30

（续）

时间（年-月）	站位	水温/℃	盐度/‰	悬浮体/（mg/L）
2007 - 7	SYB12	29.91	33.85	15.10
2007 - 10	SYB01	26.85	32.88	10.60
2007 - 10	SYB02	27.03	33.80	10.80
2007 - 10	SYB03	27.02	33.66	9.00
2007 - 10	SYB04	27.22	33.75	9.90
2007 - 10	SYB05	27.26	33.79	8.40
2007 - 10	SYB06	27.23	33.75	7.70
2007 - 10	SYB07	27.22	33.87	11.00
2007 - 10	SYB08	27.19	33.65	6.30
2007 - 10	SYB09	27.33	33.63	7.60
2007 - 10	SYB10	27.57	33.53	10.80
2007 - 10	SYB11	27.41	33.56	7.90
2007 - 10	SYB12	27.89	24.52	12.70
2008 - 1	SYB01	23.85	34.63	6.40
2008 - 1	SYB02	23.80	34.71	5.80
2008 - 1	SYB03	23.52	34.19	6.10
2008 - 1	SYB04	23.70	34.25	6.60
2008 - 1	SYB05	23.83	34.78	5.80
2008 - 1	SYB06	23.96	34.70	4.60
2008 - 1	SYB07	23.74	34.29	4.50
2008 - 1	SYB08	24.06	34.68	6.10
2008 - 1	SYB09	23.71	34.38	5.30
2008 - 1	SYB10	23.86	34.51	4.30
2008 - 1	SYB11	23.78	34.41	7.60
2008 - 1	SYB12	24.03	34.61	4.50
2008 - 1	SYB13	23.96	34.62	17.80
2008 - 5	SYB01	28.04	34.45	8.60
2008 - 5	SYB02	28.41	34.53	9.90
2008 - 5	SYB03	27.95	33.86	8.20
2008 - 5	SYB04	27.58	34.22	8.50
2008 - 5	SYB05	27.90	34.45	9.70
2008 - 5	SYB06	28.29	34.12	8.50
2008 - 5	SYB07	27.44	34.26	8.40
2008 - 5	SYB08	27.46	34.03	8.20
2008 - 5	SYB09	27.50	34.19	9.80

（续）

时间（年-月）	站位	水温/℃	盐度/‰	悬浮体/（mg/L）
2008－5	SYB10	27.36	34.16	7.30
2008－5	SYB11	27.74	34.14	5.40
2008－5	SYB12	28.55	34.36	5.50
2008－5	SYB13	29.55	33.88	24.00
2008－8	SYB01	28.01	33.51	9.70
2008－8	SYB02	28.51	33.93	8.50
2008－8	SYB03	29.52	34.13	8.50
2008－8	SYB04	29.63	34.29	9.50
2008－8	SYB05	28.23	33.94	9.90
2008－8	SYB06	29.44	34.19	9.00
2008－8	SYB07	28.46	33.37	9.70
2008－8	SYB08	27.32	34.02	8.60
2008－8	SYB09	27.03	34.19	9.90
2008－8	SYB10	27.92	34.02	8.10
2008－8	SYB11	26.14	34.19	7.50
2008－8	SYB12	28.52	33.77	9.00
2008－8	SYB13	27.75	26.69	19.60
2008－10	SYB01	27.63	34.09	19.00
2008－10	SYB02	27.69	34.41	11.70
2008－10	SYB03	27.42	34.09	14.20
2008－10	SYB04	27.55	34.05	16.00
2008－10	SYB05	27.67	34.26	22.80
2008－10	SYB06	27.60	34.19	21.60
2008－10	SYB07	27.54	34.19	18.20
2008－10	SYB08	27.49	34.02	17.40
2008－10	SYB09	27.68	34.05	16.60
2008－10	SYB10	27.84	33.98	21.80
2008－10	SYB11	27.74	33.88	17.80
2008－10	SYB12	28.05	33.97	21.20
2008－10	SYB13	27.67	17.93	17.60
2009－1	SYB01	21.25	32.16	32.40
2009－1	SYB02	21.01	33.67	23.80
2009－1	SYB03	21.90	33.72	29.40
2009－1	SYB04	22.03	33.71	31.80
2009－1	SYB05	21.85	33.65	20.90

（续）

时间（年-月）	站位	水温/℃	盐度/‰	悬浮体/（mg/L）
2009 - 1	SYB06	21.91	33.65	25.10
2009 - 1	SYB07	22.04	33.65	29.80
2009 - 1	SYB08	21.93	33.68	24.50
2009 - 1	SYB09	22.23	33.62	36.10
2009 - 1	SYB10	21.98	33.65	24.40
2009 - 1	SYB11	22.28	33.60	20.90
2009 - 1	SYB12	21.81	33.65	27.60
2009 - 1	SYB13	21.11	31.10	52.60
2009 - 4	SYB01	28.85	33.87	31.60
2009 - 4	SYB02	29.26	33.97	10.80
2009 - 4	SYB03	27.88	34.02	17.00
2009 - 4	SYB04	28.15	33.82	10.90
2009 - 4	SYB05	28.79	34.02	14.30
2009 - 4	SYB06	28.00	34.00	10.00
2009 - 4	SYB07	27.15	33.98	10.00
2009 - 4	SYB08	27.26	33.97	16.80
2009 - 4	SYB09	26.55	33.96	8.70
2009 - 4	SYB10	28.36	33.99	17.10
2009 - 4	SYB11	28.38	33.96	15.30
2009 - 4	SYB12	28.64	34.01	15.90
2009 - 4	SYB13	29.38	31.38	64.30
2009 - 8	SYB01	27.59	32.60	36.40
2009 - 8	SYB02	29.05	33.22	16.00
2009 - 8	SYB03	27.60	33.56	13.60
2009 - 8	SYB04	26.70	33.88	17.70
2009 - 8	SYB05	27.10	34.07	14.20
2009 - 8	SYB06	28.03	33.74	14.00
2009 - 8	SYB07	25.94	33.93	15.70
2009 - 8	SYB08	25.26	34.22	17.30
2009 - 8	SYB09	26.80	33.79	20.30
2009 - 8	SYB10	27.28	34.00	18.20
2009 - 8	SYB11	24.68	34.47	21.00
2009 - 8	SYB12	26.73	33.69	21.90
2009 - 8	SYB13	28.77	25.99	60.80
2009 - 11	SYB01	26.06	31.67	24.60

（续）

时间（年-月）	站位	水温/℃	盐度/‰	悬浮体/（mg/L）
2009 - 11	SYB02	26.36	33.19	25.00
2009 - 11	SYB03	26.62	33.22	29.20
2009 - 11	SYB04	26.89	33.45	32.80
2009 - 11	SYB05	26.85	33.32	26.20
2009 - 11	SYB06	26.85	33.31	26.40
2009 - 11	SYB07	26.90	33.55	30.40
2009 - 11	SYB08	26.88	33.28	45.80
2009 - 11	SYB09	26.98	33.20	28.20
2009 - 11	SYB10	27.30	33.07	27.60
2009 - 11	SYB11	27.08	33.24	32.00
2009 - 11	SYB12	27.31	33.07	28.60
2009 - 11	SYB13	27.38	28.88	25.00
2010 - 1	SYB01	23.44	34.22	21.20
2010 - 1	SYB02	23.63	34.38	23.00
2010 - 1	SYB03	24.12	34.46	39.20
2010 - 1	SYB04	24.37	34.50	15.60
2010 - 1	SYB05	23.51	34.46	19.80
2010 - 1	SYB06	24.27	34.62	70.60
2010 - 1	SYB07	24.28	34.47	24.80
2010 - 1	SYB08	24.22	34.51	19.20
2010 - 1	SYB09	24.37	34.52	25.40
2010 - 1	SYB10	24.11	34.55	23.20
2010 - 1	SYB11	24.27	34.50	21.80
2010 - 1	SYB12	24.03	34.54	22.80
2010 - 1	SYB13	23.81	33.79	25.80
2010 - 4	SYB01	26.32	34.16	38.80
2010 - 4	SYB02	26.39	34.34	36.40
2010 - 4	SYB03	26.45	34.32	35.80
2010 - 4	SYB04	26.47	34.37	31.00
2010 - 4	SYB05	26.84	34.24	34.00
2010 - 4	SYB06	26.30	34.36	33.80
2010 - 4	SYB07	26.37	34.35	33.80
2010 - 4	SYB08	26.59	34.32	26.80
2010 - 4	SYB09	26.40	34.33	32.00
2010 - 4	SYB10	26.78	34.28	38.80

（续）

时间（年-月）	站位	水温/℃	盐度/‰	悬浮体/（mg/L）
2010 - 4	SYB11	26.69	34.23	37.40
2010 - 4	SYB12	27.38	34.19	39.00
2010 - 4	SYB13	27.45	31.14	50.40
2010 - 7	SYB01	28.23	34.04	16.40
2010 - 7	SYB02	27.92	34.14	10.60
2010 - 7	SYB03	25.65	35.11	8.00
2010 - 7	SYB04	26.23	34.57	9.60
2010 - 7	SYB05	28.23	34.20	10.80
2010 - 7	SYB06	26.96	34.78	12.80
2010 - 7	SYB07	26.44	34.79	10.80
2010 - 7	SYB08	28.59	34.43	10.00
2010 - 7	SYB09	26.92	34.58	8.80
2010 - 7	SYB10	28.22	34.68	10.20
2010 - 7	SYB11	28.36	34.70	11.40
2010 - 7	SYB12	29.60	34.55	11.40
2010 - 7	SYB13	29.31	27.39	25.40
2010 - 10	SYB01	28.45	30.97	27.20
2010 - 10	SYB02	28.36	31.53	34.20
2010 - 10	SYB03	27.82	30.47	38.80
2010 - 10	SYB04	27.65	31.99	29.80
2010 - 10	SYB05	28.74	30.56	36.60
2010 - 10	SYB06	28.20	31.01	33.80
2010 - 10	SYB07	27.89	31.15	22.80
2010 - 10	SYB08	28.35	31.09	24.00
2010 - 10	SYB09	28.01	31.38	26.20
2010 - 10	SYB10	28.16	31.44	28.60
2010 - 10	SYB11	28.12	31.18	29.80
2010 - 10	SYB12	28.13	30.48	29.80
2010 - 10	SYB13	28.10	31.11	23.40
2011 - 1	SYB01	22.07	32.93	31.20
2011 - 1	SYB02	22.44	33.34	24.20
2011 - 1	SYB03	23.08	34.04	24.40
2011 - 1	SYB04	23.02	33.99	29.40
2011 - 1	SYB05	22.39	33.64	30.60
2011 - 1	SYB06	22.94	33.63	30.60

（续）

时间（年-月）	站位	水温/℃	盐度/‰	悬浮体/（mg/L）
2011 - 1	SYB07	23.02	33.98	31.40
2011 - 1	SYB08	22.83	33.79	28.80
2011 - 1	SYB09	23.02	33.96	26.80
2011 - 1	SYB10	23.14	33.50	24.40
2011 - 1	SYB11	23.33	33.73	28.20
2011 - 1	SYB12	23.22	33.69	25.20
2011 - 1	SYB13	22.40	31.80	37.40
2011 - 4	SYB01	26.18	33.72	27.20
2011 - 4	SYB02	27.21	33.35	29.60
2011 - 4	SYB03	25.72	34.08	19.80
2011 - 4	SYB04	25.95	33.70	29.00
2011 - 4	SYB05	26.32	33.92	21.80
2011 - 4	SYB06	25.96	34.47	29.60
2011 - 4	SYB07	25.89	34.36	25.20
2011 - 4	SYB08	25.93	34.01	25.00
2011 - 4	SYB09	25.79	34.48	30.80
2011 - 4	SYB10	25.97	34.35	23.20
2011 - 4	SYB11	25.68	33.76	24.00
2011 - 4	SYB12	26.36	34.17	26.00
2011 - 4	SYB13	26.67	31.82	30.20
2011 - 7	SYB01	28.97	33.65	25.00
2011 - 7	SYB02	28.67	34.17	34.00
2011 - 7	SYB03	27.60	33.46	28.20
2011 - 7	SYB04	28.08	33.99	38.20
2011 - 7	SYB05	28.88	34.13	28.20
2011 - 7	SYB06	29.40	34.02	32.00
2011 - 7	SYB07	28.75	34.13	31.20
2011 - 7	SYB08	28.39	34.10	30.00
2011 - 7	SYB09	28.52	34.05	32.00
2011 - 7	SYB10	29.08	34.03	25.40
2011 - 7	SYB11	28.24	34.02	15.20
2011 - 7	SYB12	28.78	34.08	46.40
2011 - 7	SYB13	29.80	30.94	35.40
2011 - 11	SYB01	26.52	32.42	23.40
2011 - 11	SYB02	26.88	32.74	16.20

（续）

时间（年-月）	站位	水温/℃	盐度/‰	悬浮体/（mg/L）
2011 - 11	SYB03	25.92	32.62	27.80
2011 - 11	SYB04	26.34	33.66	20.20
2011 - 11	SYB05	26.93	33.14	19.80
2011 - 11	SYB06	26.93	33.55	30.40
2011 - 11	SYB07	26.45	33.76	21.40
2011 - 11	SYB08	26.27	33.46	20.00
2011 - 11	SYB09	26.49	33.53	23.40
2011 - 11	SYB10	26.60	33.39	14.80
2011 - 11	SYB11	26.27	33.46	25.00
2011 - 11	SYB12	26.75	33.19	20.60
2011 - 11	SYB13	26.65	26.64	18.20
2012 - 2	SYB01	24.09	33.30	33.40
2012 - 2	SYB02	24.41	33.40	49.00
2012 - 2	SYB03	23.51	33.97	56.10
2012 - 2	SYB04	23.33	34.07	55.40
2012 - 2	SYB05	24.72	33.72	25.00
2012 - 2	SYB06	23.72	33.89	24.80
2012 - 2	SYB07	23.37	33.89	46.90
2012 - 2	SYB08	23.38	33.39	31.50
2012 - 2	SYB09	23.59	34.14	54.40
2012 - 2	SYB10	23.99	33.45	27.50
2012 - 2	SYB11	23.95	33.60	34.50
2012 - 2	SYB12	24.50	33.83	32.40
2012 - 2	SYB13	24.95	29.61	43.00
2012 - 4	SYB01	28.37	32.97	43.04
2012 - 4	SYB02	29.02	34.00	39.74
2012 - 4	SYB03	27.75	34.01	29.64
2012 - 4	SYB04	28.01	34.09	31.14
2012 - 4	SYB05	28.45	34.14	33.24
2012 - 4	SYB06	28.01	34.24	38.74
2012 - 4	SYB07	28.01	34.09	29.14
2012 - 4	SYB08	28.23	33.51	30.94
2012 - 4	SYB09	26.09	34.90	35.14
2012 - 4	SYB10	28.55	33.47	32.04
2012 - 4	SYB11	28.39	33.58	22.94

（续）

时间（年-月）	站位	水温/℃	盐度/‰	悬浮体/（mg/L）
2012 - 4	SYB12	29.08	33.68	33.24
2012 - 4	SYB13	29.79	28.60	75.33
2012 - 9	SYB01	29.31	31.53	6.60
2012 - 9	SYB02	29.70	33.54	8.60
2012 - 9	SYB03	29.00	33.42	3.40
2012 - 9	SYB04	28.80	33.76	6.00
2012 - 9	SYB05	29.73	33.56	11.80
2012 - 9	SYB06	29.78	33.75	2.80
2012 - 9	SYB07	28.80	33.39	6.00
2012 - 9	SYB08	29.17	33.10	10.40
2012 - 9	SYB09	29.14	33.54	6.60
2012 - 9	SYB10	29.36	32.88	9.40
2012 - 9	SYB11	29.31	33.63	5.40
2012 - 9	SYB12	29.68	33.30	12.20
2012 - 9	SYB13	29.95	29.65	18.40
2012 - 11	SYB01	27.46	30.22	21.00
2012 - 11	SYB02	27.08	32.75	24.20
2012 - 11	SYB03	26.85	33.20	12.20
2012 - 11	SYB04	26.47	33.23	12.60
2012 - 11	SYB05	28.21	33.34	25.40
2012 - 11	SYB06	27.62	33.59	8.20
2012 - 11	SYB07	27.46	33.69	17.80
2012 - 11	SYB08	27.30	33.55	22.80
2012 - 11	SYB09	27.41	33.69	29.80
2012 - 11	SYB10	27.61	33.55	26.20
2012 - 11	SYB11	27.62	33.56	21.20
2012 - 11	SYB12	27.90	33.56	28.20
2012 - 11	SYB13	27.00	27.49	29.60
2013 - 1	SYB01	23.58	34.42	35.60
2013 - 1	SYB02	23.63	35.28	73.80
2013 - 1	SYB03	23.71	35.44	87.80
2013 - 1	SYB04	24.00	35.40	81.40
2013 - 1	SYB05	23.65	35.32	19.40
2013 - 1	SYB06	23.63	35.37	19.00
2013 - 1	SYB07	24.05	35.35	62.40

（续）

时间（年-月）	站位	水温/℃	盐度/‰	悬浮体/（mg/L）
2013 - 1	SYB08	23.96	35.33	34.20
2013 - 1	SYB09	23.98	35.34	82.00
2013 - 1	SYB10	24.02	35.37	30.60
2013 - 1	SYB11	24.09	35.29	40.80
2013 - 1	SYB12	23.76	35.37	39.60
2013 - 1	SYB13	24.62	31.64	48.60
2013 - 4	SYB01	26.96	35.27	58.88
2013 - 4	SYB02	27.74	34.89	49.88
2013 - 4	SYB03	27.02	35.10	39.48
2013 - 4	SYB04	26.90	34.70	33.28
2013 - 4	SYB05	28.36	35.06	44.68
2013 - 4	SYB06	26.97	35.37	47.88
2013 - 4	SYB07	26.90	34.70	33.08
2013 - 4	SYB08	26.58	35.34	36.88
2013 - 4	SYB09	26.38	35.32	39.48
2013 - 4	SYB10	27.12	35.34	40.88
2013 - 4	SYB11	27.03	34.81	21.88
2013 - 4	SYB12	27.76	35.44	40.48
2013 - 4	SYB13	28.74	33.20	120.45
2013 - 7	SYB01	27.65	30.81	14.00
2013 - 7	SYB02	27.76	32.09	1.20
2013 - 7	SYB03	27.16	27.24	2.60
2013 - 7	SYB04	28.17	29.72	1.20
2013 - 7	SYB05	27.20	32.39	2.80
2013 - 7	SYB06	27.05	32.23	1.80
2013 - 7	SYB07	28.00	32.74	1.40
2013 - 7	SYB08	27.39	32.23	1.20
2013 - 7	SYB09	27.64	32.80	5.00
2013 - 7	SYB10	27.36	31.35	2.20
2013 - 7	SYB11	27.25	32.43	2.80
2013 - 7	SYB12	26.95	31.44	2.00
2013 - 7	SYB13	26.81	29.40	38.00
2013 - 11	SYB01	27.58	33.28	9.00
2013 - 11	SYB02	27.86	33.05	0.88
2013 - 11	SYB03	27.03	32.72	1.83

（续）

时间（年-月）	站位	水温/℃	盐度/‰	悬浮体/（mg/L）
2013－11	SYB04	25.85	33.55	3.00
2013－11	SYB05	27.70	33.28	88.13
2013－11	SYB06	26.89	32.81	1.63
2013－11	SYB07	27.15	33.43	6.36
2013－11	SYB08	27.09	33.64	6.83
2013－11	SYB09	26.69	33.66	55.62
2013－11	SYB10	27.39	33.49	80.87
2013－11	SYB11	27.26	33.46	51.25
2013－11	SYB12	27.73	33.42	73.63
2013－11	SYB13	27.34	28.34	54.00
2014－1	SYB01	21.99	33.38	135.60
2014－1	SYB02	21.82	34.23	308.20
2014－1	SYB03	21.91	34.32	132.60
2014－1	SYB04	21.86	34.28	81.10
2014－1	SYB05	22.19	34.14	136.80
2014－1	SYB06	22.22	34.30	171.60
2014－1	SYB07	22.06	34.30	156.90
2014－1	SYB08	22.03	33.30	74.90
2014－1	SYB09	21.71	34.55	67.40
2014－1	SYB10	22.05	33.42	144.40
2014－1	SYB11	22.06	34.21	70.30
2014－1	SYB12	22.15	34.21	90.75
2014－1	SYB13	21.28	28.82	133.40
2014－4	SYB01	28.29	33.83	135.60
2014－4	SYB02	28.26	34.20	308.20
2014－4	SYB03	27.81	34.17	132.60
2014－4	SYB04	27.93	34.18	81.10
2014－4	SYB05	28.34	34.12	136.80
2014－4	SYB06	28.52	34.20	171.60
2014－4	SYB07	27.74	34.20	156.90
2014－4	SYB08	28.14	34.29	74.90
2014－4	SYB09	27.85	34.16	67.40
2014－4	SYB10	28.17	34.19	144.40
2014－4	SYB11	27.96	34.31	70.30
2014－4	SYB12	28.93	34.27	90.75

（续）

时间（年-月）	站位	水温/℃	盐度/‰	悬浮体/（mg/L）
2014 - 4	SYB13	29.35	31.53	133.40
2014 - 7	SYB01	28.21	34.71	84.00
2014 - 7	SYB02	28.96	34.89	163.30
2014 - 7	SYB03	27.64	34.98	266.80
2014 - 7	SYB04	27.83	35.00	263.40
2014 - 7	SYB05	28.24	35.07	121.25
2014 - 7	SYB06	27.25	35.02	236.40
2014 - 7	SYB07	27.43	35.00	149.38
2014 - 7	SYB08	27.91	35.19	65.75
2014 - 7	SYB09	27.86	34.89	58.50
2014 - 7	SYB10	28.55	35.03	45.25
2014 - 7	SYB11	28.45	35.05	61.25
2014 - 7	SYB12	28.88	35.06	61.63
2014 - 7	SYB13	29.01	32.75	121.00
2014 - 10	SYB01	28.11	32.52	53.33
2014 - 10	SYB02	28.10	33.24	59.70
2014 - 10	SYB03	28.16	33.22	64.56
2014 - 10	SYB04	28.04	33.17	73.20
2014 - 10	SYB05	27.63	33.10	107.11
2014 - 10	SYB06	28.33	33.30	100.63
2014 - 10	SYB07	28.07	33.40	80.56
2014 - 10	SYB08	28.20	33.01	47.10
2014 - 10	SYB09	28.25	33.58	63.50
2014 - 10	SYB10	28.30	33.22	62.30
2014 - 10	SYB11	28.51	33.53	13.90
2014 - 10	SYB12	28.41	33.80	71.25
2014 - 10	SYB13	28.59	25.43	74.33
2015 - 1	SYB01	22.77	33.30	44.30
2015 - 1	SYB02	22.64	33.81	17.30
2015 - 1	SYB03	21.89	33.90	38.40
2015 - 1	SYB04	21.94	33.90	18.10
2015 - 1	SYB05	23.15	33.65	20.60
2015 - 1	SYB06	22.84	33.89	47.50
2015 - 1	SYB07	22.24	33.85	16.40
2015 - 1	SYB08	22.53	33.93	58.50

（续）

时间（年-月）	站位	水温/℃	盐度/‰	悬浮体/（mg/L）
2015 - 1	SYB09	22.32	33.90	67.70
2015 - 1	SYB10	22.77	33.53	11.40
2015 - 1	SYB11	22.48	33.67	18.10
2015 - 1	SYB12	23.25	33.65	32.50
2015 - 1	SYB13	23.71	30.45	89.20
2015 - 4	SYB01	26.62	33.96	41.00
2015 - 4	SYB02	27.01	33.85	32.40
2015 - 4	SYB03	26.19	34.02	38.40
2015 - 4	SYB04	26.32	34.01	45.00
2015 - 4	SYB05	26.99	33.95	45.00
2015 - 4	SYB06	26.28	34.05	47.50
2015 - 4	SYB07	26.01	33.99	56.40
2015 - 4	SYB08	26.79	33.99	41.30
2015 - 4	SYB09	26.35	33.94	46.40
2015 - 4	SYB10	26.61	33.90	94.80
2015 - 4	SYB11	26.65	33.77	40.20
2015 - 4	SYB12	27.19	33.97	47.40
2015 - 4	SYB13	27.79	32.54	37.50
2015 - 7	SYB01	27.73	30.25	11.60
2015 - 7	SYB02	29.57	31.95	17.30
2015 - 7	SYB03	27.17	32.26	14.80
2015 - 7	SYB04	26.93	33.29	22.20
2015 - 7	SYB05	30.09	31.19	20.20
2015 - 7	SYB06	28.64	31.69	13.70
2015 - 7	SYB07	26.70	33.37	32.00
2015 - 7	SYB08	27.16	33.11	16.13
2015 - 7	SYB09	27.44	33.06	19.25
2015 - 7	SYB10	26.55	33.48	18.40
2015 - 7	SYB11	27.16	33.07	19.70
2015 - 7	SYB12	28.46	31.60	22.60
2015 - 7	SYB13	30.24	13.66	37.40
2015 - 11	SYB01	27.39	30.48	24.13
2015 - 11	SYB02	27.50	33.24	43.75
2015 - 11	SYB03	27.32	33.49	37.50
2015 - 11	SYB04	27.41	33.51	40.75

（续）

时间（年-月）	站位	水温/℃	盐度/‰	悬浮体/（mg/L）
2015 - 11	SYB05	27.62	33.33	44.88
2015 - 11	SYB06	27.64	33.46	41.50
2015 - 11	SYB07	27.53	33.53	49.25
2015 - 11	SYB08	27.77	33.50	85.38
2015 - 11	SYB09	27.69	33.53	39.50
2015 - 11	SYB10	28.10	33.57	39.63
2015 - 11	SYB11	27.68	33.57	57.50
2015 - 11	SYB12	28.18	33.49	41.00
2015 - 11	SYB13	27.65	22.99	31.88

表 3 - 3　中层水体物理要素

时间（年-月）	站位	水温/℃	盐度/‰	悬浮体/（mg/L）
2007 - 1	SYB03	22.24	34.49	7.40
2007 - 1	SYB04	22.58	34.36	9.40
2007 - 1	SYB06	22.61	34.36	10.20
2007 - 1	SYB07	22.43	34.43	8.40
2007 - 1	SYB09	22.44	34.50	8.70
2007 - 1	SYB11	22.78	34.37	12.30
2007 - 4	SYB03	24.93	34.71	12.30
2007 - 4	SYB04	24.67	34.70	22.80
2007 - 4	SYB06	26.21	34.63	10.20
2007 - 4	SYB07	25.24	34.65	20.10
2007 - 4	SYB09	25.65	34.67	13.00
2007 - 4	SYB11	26.11	34.70	20.00
2007 - 7	SYB03	24.93	34.71	16.20
2007 - 7	SYB04	24.67	34.70	14.40
2007 - 7	SYB06	25.24	34.65	15.20
2007 - 7	SYB07	28.62	32.70	14.10
2007 - 7	SYB09	26.25	34.63	16.80
2007 - 7	SYB11	29.19	33.96	10.00
2007 - 10	SYB03	26.95	33.69	7.80
2007 - 10	SYB04	27.12	33.83	7.50
2007 - 10	SYB06	27.20	33.81	4.90
2007 - 10	SYB07	27.14	33.88	7.90

（续）

时间（年-月）	站位	水温/℃	盐度/‰	悬浮体/（mg/L）
2007 - 10	SYB09	27.24	33.72	7.80
2007 - 10	SYB11	27.31	33.65	8.20
2008 - 1	SYB03	23.52	34.20	4.70
2008 - 1	SYB04	23.70	34.29	7.60
2008 - 1	SYB06	23.65	34.77	5.40
2008 - 1	SYB07	23.71	34.36	4.90
2008 - 1	SYB09	23.70	34.44	7.40
2008 - 1	SYB11	23.71	34.37	7.10
2008 - 5	SYB03	24.50	33.95	9.50
2008 - 5	SYB04	25.37	33.75	9.60
2008 - 5	SYB06	26.20	33.62	9.10
2008 - 5	SYB07	27.02	33.97	8.30
2009 - 5	SYB09	27.29	34.11	7.20
2008 - 5	SYB11	27.52	34.09	4.70
2008 - 8	SYB03	25.65	34.50	9.50
2008 - 8	SYB04	25.21	34.59	10.00
2008 - 8	SYB06	28.09	34.46	9.30
2008 - 8	SYB07	26.60	33.56	11.50
2008 - 8	SYB09	26.59	34.50	12.50
2008 - 8	SYB11	25.46	34.25	7.40
2008 - 10	SYB03	27.32	34.13	19.60
2008 - 10	SYB04	27.38	34.23	20.80
2008 - 10	SYB06	27.59	34.23	22.40
2008 - 10	SYB07	27.46	34.22	19.60
2008 - 10	SYB09	27.61	34.08	21.80
2008 - 10	SYB11	27.57	33.99	21.00
2009 - 1	SYB03	21.85	33.72	26.60
2009 - 1	SYB04	22.04	33.72	31.10
2009 - 1	SYB06	21.91	33.65	28.90
2009 - 1	SYB07	22.05	33.67	30.50
2009 - 1	SYB09	22.21	33.64	35.60
2009 - 1	SYB11	22.29	33.62	12.70
2009 - 4	SYB03	26.46	33.94	12.00
2009 - 4	SYB04	26.19	33.90	9.70
2009 - 4	SYB06	26.02	33.94	9.20

（续）

时间（年-月）	站位	水温/℃	盐度/‰	悬浮体/（mg/L）
2009 - 4	SYB07	26.31	33.96	9.90
2009 - 4	SYB09	25.99	33.94	18.80
2009 - 4	SYB11	27.49	33.99	15.30
2009 - 8	SYB03	23.63	34.29	19.70
2009 - 8	SYB04	23.16	34.47	18.90
2009 - 8	SYB06	23.91	34.26	15.20
2009 - 8	SYB07	23.49	34.42	18.10
2009 - 8	SYB09	23.53	34.37	21.10
2009 - 8	SYB11	24.29	34.53	18.50
2009 - 11	SYB03	26.58	33.25	28.00
2009 - 11	SYB04	26.86	33.43	43.80
2009 - 11	SYB06	26.81	33.39	28.20
2009 - 11	SYB07	26.81	33.54	42.00
2009 - 11	SYB09	26.87	33.36	33.00
2009 - 11	SYB11	27.04	33.31	37.40
2010 - 1	SYB03	24.13	34.47	23.20
2010 - 1	SYB04	24.38	34.51	26.20
2010 - 1	SYB06	24.28	34.61	20.40
2010 - 1	SYB07	24.30	34.49	13.40
2010 - 1	SYB09	24.39	34.55	23.00
2010 - 1	SYB11	24.28	34.50	3.00
2010 - 4	SYB03	26.46	34.36	29.00
2010 - 4	SYB04	26.32	34.35	35.80
2010 - 4	SYB06	26.33	34.41	30.60
2010 - 4	SYB07	26.20	34.34	39.00
2010 - 4	SYB09	26.29	34.35	39.60
2010 - 4	SYB11	26.43	34.32	39.60
2010 - 7	SYB03	23.91	35.06	14.80
2010 - 7	SYB04	24.07	34.95	9.60
2010 - 7	SYB06	25.15	34.87	8.60
2010 - 7	SYB07	25.19	34.81	7.60
2010 - 7	SYB09	24.98	34.87	9.60
2010 - 7	SYB11	26.80	34.50	13.00
2010 - 10	SYB03	27.89	31.62	40.60
2010 - 10	SYB04	27.93	32.57	28.20

（续）

时间（年-月）	站位	水温/℃	盐度/‰	悬浮体/（mg/L）
2010 - 10	SYB06	27.92	32.50	34.60
2010 - 10	SYB07	27.82	32.28	31.20
2010 - 10	SYB09	28.18	32.84	29.20
2010 - 10	SYB11	28.06	31.27	33.80
2011 - 1	SYB03	23.08	34.03	22.80
2011 - 1	SYB04	23.03	33.99	28.80
2011 - 1	SYB06	22.92	33.76	29.40
2011 - 1	SYB07	23.04	33.97	26.60
2011 - 1	SYB09	23.02	33.96	27.40
2011 - 1	SYB11	23.28	33.67	21.80
2011 - 4	SYB03	25.73	34.47	26.80
2011 - 4	SYB04	25.81	34.32	29.60
2011 - 4	SYB06	25.79	34.30	32.40
2011 - 4	SYB07	25.80	34.28	29.40
2011 - 4	SYB09	25.69	34.52	28.60
2011 - 4	SYB11	25.90	34.29	27.00
2011 - 7	SYB03	21.19	34.76	37.00
2011 - 7	SYB04	22.02	34.78	29.60
2011 - 7	SYB06	25.91	33.93	51.00
2011 - 7	SYB07	22.78	34.68	32.60
2011 - 7	SYB09	22.31	34.62	31.00
2011 - 7	SYB11	24.54	34.49	59.80
2011 - 11	SYB03	26.25	33.71	26.20
2011 - 11	SYB04	26.37	33.69	24.40
2011 - 11	SYB06	26.51	33.62	20.60
2011 - 11	SYB07	26.35	33.68	21.80
2011 - 11	SYB09	26.36	33.66	37.00
2011 - 11	SYB11	26.41	33.50	39.80
2012 - 2	SYB03	23.64	34.26	50.8
2012 - 2	SYB04	23.32	34.22	45.6
2012 - 2	SYB06	23.47	34.08	49.2
2012 - 2	SYB07	23.36	34.19	49.4
2012 - 2	SYB09	23.37	34.26	46.4
2012 - 2	SYB11	23.86	34.02	28.1
2012 - 4	SYB03	27.67	34.10	29.34

（续）

时间（年-月）	站位	水温/℃	盐度/‰	悬浮体/（mg/L）
2012 - 4	SYB04	27.00	33.31	39.14
2012 - 4	SYB06	27.40	33.92	34.74
2012 - 4	SYB07	27.00	33.31	32.64
2012 - 4	SYB09	25.49	34.88	34.84
2012 - 4	SYB11	27.24	33.89	30.04
2012 - 9	SYB03	28.60	33.49	5.80
2012 - 9	SYB04	29.13	33.55	3.60
2012 - 9	SYB06	28.92	33.79	5.40
2012 - 9	SYB07	28.94	33.64	7.80
2012 - 9	SYB09	28.94	33.63	8.80
2012 - 9	SYB11	29.09	33.61	12.60
2012 - 11	SYB03	27.27	33.79	10.20
2012 - 11	SYB04	27.32	33.78	15.60
2012 - 11	SYB06	27.46	33.63	12.20
2012 - 11	SYB07	27.38	33.76	16.80
2012 - 11	SYB09	27.40	33.76	18.40
2012 - 11	SYB11	27.41	33.60	22.40
2013 - 1	SYB03	23.72	35.41	78.80
2013 - 1	SYB04	24.01	35.39	62.40
2013 - 1	SYB06	23.55	35.37	69.00
2013 - 1	SYB07	24.04	35.37	72.20
2013 - 1	SYB09	23.93	35.35	65.40
2013 - 1	SYB11	24.04	35.30	34.40
2013 - 4	SYB03	26.89	35.25	31.88
2013 - 4	SYB04	26.29	35.18	48.68
2013 - 4	SYB06	26.39	35.14	37.08
2013 - 4	SYB07	26.29	35.18	35.88
2013 - 4	SYB09	25.28	35.23	41.08
2013 - 4	SYB11	26.27	35.38	33.08
2013 - 7	SYB03	27.46	33.50	1.00
2013 - 7	SYB04	25.50	34.10	4.60
2013 - 7	SYB06	27.44	33.46	1.20
2013 - 7	SYB07	27.40	33.19	0.80
2013 - 7	SYB09	27.25	33.34	4.00
2013 - 7	SYB11	27.22	33.42	3.00

（续）

时间（年-月）	站位	水温/℃	盐度/‰	悬浮体/（mg/L）
2013 - 11	SYB03	27.13	33.33	1.50
2013 - 11	SYB04	27.15	33.45	0.87
2013 - 11	SYB06	27.27	33.41	1.75
2013 - 11	SYB07	27.16	33.50	2.12
2013 - 11	SYB09	27.23	33.48	1.87
2013 - 11	SYB11	27.16	33.41	66.00
2014 - 1	SYB03	21.92	34.33	80.50
2014 - 1	SYB04	21.93	34.29	72.70
2014 - 1	SYB06	22.11	34.28	83.30
2014 - 1	SYB07	22.13	34.32	110.00
2014 - 1	SYB09	22.18	34.29	81.10
2014 - 1	SYB11	22.17	34.23	78.60
2014 - 4	SYB03	26.67	34.25	80.50
2014 - 4	SYB04	27.91	34.22	72.70
2014 - 4	SYB06	28.25	34.17	83.30
2014 - 4	SYB07	27.71	34.19	110.00
2014 - 4	SYB09	27.04	34.19	81.10
2014 - 4	SYB11	28.02	34.22	78.60
2014 - 7	SYB03	26.48	35.01	165.38
2014 - 7	SYB04	26.55	35.08	175.43
2014 - 7	SYB06	26.78	35.12	153.50
2014 - 7	SYB07	26.65	35.06	148.50
2014 - 7	SYB09	26.71	35.03	16.25
2014 - 7	SYB11	27.34	35.18	53.25
2014 - 10	SYB03	28.15	33.30	50.11
2014 - 10	SYB04	27.91	33.31	83.90
2014 - 10	SYB06	28.32	33.41	92.22
2014 - 10	SYB07	27.99	33.49	90.78
2014 - 10	SYB09	28.16	33.63	67.30
2014 - 10	SYB11	28.50	33.54	25.30
2015 - 1	SYB03	21.88	33.97	17.30
2015 - 1	SYB04	22.02	33.95	16.50
2015 - 1	SYB06	22.47	33.92	33.20
2015 - 1	SYB07	22.23	33.94	17.50
2015 - 1	SYB09	22.25	33.95	21.00

（续）

时间（年-月）	站位	水温/℃	盐度/‰	悬浮体/（mg/L）
2015 - 1	SYB11	22.31	33.95	32.80
2015 - 4	SYB03	26.15	34.03	49.70
2015 - 4	SYB04	26.22	34.04	41.60
2015 - 4	SYB06	26.06	34.06	36.80
2015 - 4	SYB07	26.10	34.03	46.50
2015 - 4	SYB09	26.20	34.01	47.80
2015 - 4	SYB11	26.33	33.99	29.40
2015 - 7	SYB03	23.77	34.21	19.90
2015 - 7	SYB04	23.18	34.20	10.90
2015 - 7	SYB06	24.15	34.00	17.20
2015 - 7	SYB07	23.68	34.01	14.25
2015 - 7	SYB09	24.41	33.95	13.88
2015 - 7	SYB11	23.93	34.13	31.13
2015 - 11	SYB03	27.41	33.63	35.50
2015 - 11	SYB04	27.52	33.64	50.00
2015 - 11	SYB06	27.52	33.49	54.63
2015 - 11	SYB07	27.56	33.61	29.80
2015 - 11	SYB09	27.70	33.57	40.13
2015 - 11	SYB11	27.65	33.58	47.13

表 3 - 4　底层水体物理要素

时间（年-月）	站位	水温/℃	盐度/‰	悬浮体/（mg/L）
2007 - 1	SYB01	21.83	34.47	8.50
2007 - 1	SYB02	21.70	34.53	9.50
2007 - 1	SYB03	22.01	34.48	18.10
2007 - 1	SYB04	22.57	34.43	8.70
2007 - 1	SYB05	22.54	34.43	9.20
2007 - 1	SYB06	22.52	34.43	11.80
2007 - 1	SYB07	22.44	34.50	9.70
2007 - 1	SYB08	22.56	34.51	11.90
2007 - 1	SYB09	22.41	34.50	7.90
2007 - 1	SYB10	22.02	34.55	10.10
2007 - 1	SYB11	22.75	34.44	16.20
2007 - 1	SYB12	22.71	34.37	11.90
2007 - 4	SYB01	25.59	34.67	24.40

（续）

时间（年-月）	站位	水温/℃	盐度/‰	悬浮体/（mg/L）
2007 - 4	SYB02	25.75	34.61	18.90
2007 - 4	SYB03	24.45	34.68	37.30
2007 - 4	SYB04	24.19	34.74	22.10
2007 - 4	SYB05	26.71	34.66	21.10
2007 - 4	SYB06	25.21	34.65	23.20
2007 - 4	SYB07	24.79	34.70	30.20
2007 - 4	SYB08	25.73	34.68	14.30
2007 - 4	SYB09	24.51	34.76	11.00
2007 - 4	SYB10	26.20	34.70	12.80
2007 - 4	SYB11	25.83	34.68	8.90
2007 - 4	SYB12	26.78	34.66	30.80
2007 - 7	SYB01	25.59	34.67	18.20
2007 - 7	SYB02	25.75	34.61	15.50
2007 - 7	SYB03	24.45	34.68	14.10
2007 - 7	SYB04	24.19	34.74	15.40
2007 - 7	SYB05	22.99	34.16	14.60
2007 - 7	SYB06	24.79	34.70	16.40
2007 - 7	SYB07	25.70	33.40	14.00
2007 - 7	SYB08	23.97	34.14	15.50
2007 - 7	SYB09	25.83	34.68	16.00
2007 - 7	SYB10	22.29	34.49	15.60
2007 - 7	SYB11	23.53	34.27	13.20
2007 - 7	SYB12	25.74	33.94	19.30
2007 - 10	SYB01	26.91	33.94	11.00
2007 - 10	SYB02	26.70	33.96	10.80
2007 - 10	SYB03	26.92	33.72	10.40
2007 - 10	SYB04	27.11	33.91	10.90
2007 - 10	SYB05	27.19	33.89	10.40
2007 - 10	SYB06	27.14	33.89	9.00
2007 - 10	SYB07	27.12	33.90	8.70
2007 - 10	SYB08	27.15	33.70	5.20
2007 - 10	SYB09	27.18	33.82	8.90
2007 - 10	SYB10	27.40	33.62	8.40

（续）

时间（年-月）	站位	水温/℃	盐度/‰	悬浮体/（mg/L）
2007 - 10	SYB11	27. 31	33. 66	11. 90
2007 - 10	SYB12	27. 53	33. 61	7. 70
2008 - 1	SYB01	23. 58	34. 67	6. 70
2008 - 1	SYB02	23. 64	34. 66	12. 90
2008 - 1	SYB03	23. 52	34. 20	3. 90
2008 - 1	SYB04	23. 70	34. 24	7. 80
2008 - 1	SYB05	23. 74	34. 75	6. 50
2008 - 1	SYB06	23. 60	34. 74	12. 00
2008 - 1	SYB07	23. 71	34. 37	5. 50
2008 - 1	SYB08	23. 75	34. 71	6. 50
2008 - 1	SYB09	23. 72	34. 48	7. 50
2008 - 1	SYB10	23. 67	34. 43	5. 50
2008 - 1	SYB11	23. 70	34. 39	11. 30
2008 - 1	SYB12	23. 81	34. 65	5. 60
2008 - 1	SYB13	23. 97	34. 58	15. 60
2008 - 5	SYB01	26. 32	34. 03	10. 80
2008 - 5	SYB02	26. 87	34. 12	11. 50
2008 - 5	SYB03	24. 39	33. 86	8. 60
2008 - 5	SYB04	24. 71	33. 98	11. 50
2008 - 5	SYB05	27. 17	34. 14	9. 60
2008 - 5	SYB06	24. 94	34. 07	7. 30
2008 - 5	SYB07	25. 72	33. 97	8. 50
2008 - 5	SYB08	25. 95	33. 86	7. 20
2010 - 5	SYB09	25. 99	34. 04	9. 60
2008 - 5	SYB10	27. 29	34. 12	6. 40
2008 - 5	SYB11	27. 50	33. 99	4. 90
2008 - 5	SYB12	28. 37	34. 12	4. 30
2008 - 5	SYB13	28. 94	34. 06	22. 40
2008 - 8	SYB01	24. 49	34. 46	15. 90
2008 - 8	SYB02	27. 74	34. 42	11. 10
2008 - 8	SYB03	24. 58	34. 59	11. 60
2008 - 8	SYB04	23. 45	34. 65	24. 10
2008 - 8	SYB05	27. 53	34. 36	10. 10

（续）

时间（年-月）	站位	水温/℃	盐度/‰	悬浮体/（mg/L）
2008 - 8	SYB06	24.78	34.58	13.50
2008 - 8	SYB07	25.10	33.94	29.90
2008 - 8	SYB08	24.24	34.39	9.50
2008 - 8	SYB09	25.22	34.59	12.40
2008 - 8	SYB10	25.37	34.56	9.50
2008 - 8	SYB11	24.81	34.46	10.60
2008 - 8	SYB12	27.80	33.70	11.10
2008 - 8	SYB13	27.21	32.91	24.00
2008 - 10	SYB01	27.60	34.26	32.20
2008 - 10	SYB02	27.64	34.48	30.40
2008 - 10	SYB03	27.30	34.17	23.00
2008 - 10	SYB04	27.34	34.34	18.20
2008 - 10	SYB05	27.56	34.27	21.00
2008 - 10	SYB06	27.60	34.26	22.00
2008 - 10	SYB07	27.45	34.25	21.00
2008 - 10	SYB08	27.43	34.07	17.60
2008 - 10	SYB09	27.60	34.14	16.20
2008 - 10	SYB10	27.78	34.02	17.60
2008 - 10	SYB11	27.58	34.00	19.60
2008 - 10	SYB12	28.04	34.01	24.00
2008 - 10	SYB13	27.97	34.35	20.00
2009 - 1	SYB01	20.94	33.56	25.70
2009 - 1	SYB02	20.94	33.67	26.70
2009 - 1	SYB03	21.86	33.71	30.50
2009 - 1	SYB04	22.04	33.71	35.60
2009 - 1	SYB05	21.19	33.69	22.70
2009 - 1	SYB06	21.92	33.66	28.70
2009 - 1	SYB07	22.03	33.68	31.90
2009 - 1	SYB08	21.94	33.69	26.90
2009 - 1	SYB09	22.11	33.68	30.90
2009 - 1	SYB10	21.98	33.65	29.10
2009 - 1	SYB11	22.00	33.68	14.50
2009 - 1	SYB12	21.79	33.66	30.20

（续）

时间（年-月）	站位	水温/℃	盐度/‰	悬浮体/（mg/L）
2009－1	SYB13	20.80	33.24	25.40
2009－4	SYB01	25.52	34.05	35.60
2009－4	SYB02	27.42	33.93	15.60
2009－4	SYB03	25.75	33.91	11.40
2009－4	SYB04	25.39	33.97	10.50
2009－4	SYB05	26.71	34.01	18.10
2009－4	SYB06	25.80	33.99	10.80
2009－4	SYB07	25.70	33.96	10.50
2009－4	SYB08	25.74	34.03	16.60
2009－4	SYB09	25.81	33.95	12.40
2009－4	SYB10	26.63	34.00	15.30
2009－4	SYB11	26.45	34.00	16.50
2009－4	SYB12	27.43	34.01	17.20
2009－4	SYB13	26.72	33.64	58.00
2009－8	SYB01	23.57	34.25	38.80
2009－8	SYB02	24.91	34.23	19.90
2009－8	SYB03	22.71	34.50	27.90
2009－8	SYB04	22.76	34.55	20.50
2009－8	SYB05	24.07	34.56	16.60
2009－8	SYB06	23.10	34.45	17.60
2009－8	SYB07	23.02	34.48	22.40
2009－8	SYB08	23.15	34.64	23.70
2009－8	SYB09	22.84	34.50	19.10
2009－8	SYB10	23.68	34.62	16.90
2009－8	SYB11	23.40	34.64	22.30
2009－8	SYB12	24.62	33.46	18.70
2009－8	SYB13	28.05	31.53	47.60
2009－11	SYB01	26.21	33.62	30.60
2009－11	SYB02	25.75	33.44	25.40
2009－11	SYB03	26.53	33.27	29.80
2009－11	SYB04	26.88	33.48	57.20
2009－11	SYB05	26.82	33.50	24.40
2009－11	SYB06	26.68	33.52	23.80

（续）

时间（年-月）	站位	水温/℃	盐度/‰	悬浮体/（mg/L）
2009 - 11	SYB07	26.79	33.54	45.40
2009 - 11	SYB08	26.87	33.32	57.60
2009 - 11	SYB09	26.75	33.49	37.40
2009 - 11	SYB10	27.01	33.21	51.20
2009 - 11	SYB11	27.03	33.32	53.80
2009 - 11	SYB12	27.01	33.21	31.60
2009 - 11	SYB13	28.11	33.24	41.40
2010 - 1	SYB01	23.44	34.25	12.80
2010 - 1	SYB02	23.66	34.43	26.20
2010 - 1	SYB03	24.13	34.48	21.00
2010 - 1	SYB04	24.38	34.52	24.80
2010 - 1	SYB05	23.41	34.45	23.60
2010 - 1	SYB06	24.29	34.61	15.40
2010 - 1	SYB07	24.31	34.51	24.40
2010 - 1	SYB08	24.22	34.51	20.80
2010 - 1	SYB09	24.31	34.55	28.20
2010 - 1	SYB10	24.11	34.55	25.40
2010 - 1	SYB11	24.28	34.51	22.60
2010 - 1	SYB12	24.04	34.53	26.60
2010 - 1	SYB13	23.70	33.93	25.00
2010 - 4	SYB01	26.20	34.30	36.60
2010 - 4	SYB02	26.04	34.38	42.20
2010 - 4	SYB03	26.11	34.46	34.40
2010 - 4	SYB04	26.10	34.32	45.40
2010 - 4	SYB05	26.50	34.35	34.80
2010 - 4	SYB06	26.21	34.41	38.40
2010 - 4	SYB07	26.07	34.34	43.80
2010 - 4	SYB08	26.42	34.35	38.80
2010 - 4	SYB09	26.26	34.36	43.60
2010 - 4	SYB10	26.46	34.33	31.60
2010 - 4	SYB11	26.40	34.34	41.60
2010 - 4	SYB12	26.55	34.33	30.00
2010 - 4	SYB13	26.85	32.21	43.80

（续）

时间（年-月）	站位	水温/℃	盐度/‰	悬浮体/（mg/L）
2010 - 7	SYB01	24.63	35.14	15.40
2010 - 7	SYB02	25.85	34.81	16.40
2010 - 7	SYB03	23.73	35.03	13.00
2010 - 7	SYB04	23.73	35.04	15.40
2010 - 7	SYB05	24.57	35.11	16.40
2010 - 7	SYB06	24.91	34.92	10.80
2010 - 7	SYB07	24.69	34.93	13.20
2010 - 7	SYB08	24.52	34.89	11.00
2010 - 7	SYB09	24.66	34.93	13.60
2010 - 7	SYB10	27.64	34.73	10.60
2010 - 7	SYB11	24.91	34.96	9.20
2010 - 7	SYB12	28.22	34.62	14.00
2010 - 7	SYB13	26.77	34.28	15.00
2010 - 10	SYB01	28.23	32.76	31.80
2010 - 10	SYB02	28.27	32.62	32.00
2010 - 10	SYB03	27.82	32.18	29.00
2010 - 10	SYB04	28.05	32.77	42.40
2010 - 10	SYB05	28.25	32.77	40.20
2010 - 10	SYB06	28.02	32.81	29.00
2010 - 10	SYB07	28.15	32.82	33.80
2010 - 10	SYB08	28.09	32.74	25.40
2010 - 10	SYB09	28.18	32.93	55.20
2010 - 10	SYB10	28.16	31.76	30.20
2010 - 10	SYB11	28.17	32.78	33.80
2010 - 10	SYB12	28.11	31.93	32.80
2010 - 10	SYB13	28.24	32.12	41.60
2011 - 1	SYB01	22.32	33.64	31.80
2011 - 1	SYB02	22.45	33.62	29.80
2011 - 1	SYB03	23.08	34.02	29.60
2011 - 1	SYB04	23.05	33.98	33.20
2011 - 1	SYB05	22.33	33.73	28.60
2011 - 1	SYB06	22.84	33.82	27.60
2011 - 1	SYB07	23.03	33.96	31.00

（续）

时间（年-月）	站位	水温/℃	盐度/‰	悬浮体/（mg/L）
2011 - 1	SYB08	22.83	33.77	30.40
2011 - 1	SYB09	23.03	33.96	29.60
2011 - 1	SYB10	23.08	33.75	28.00
2011 - 1	SYB11	23.04	33.74	24.40
2011 - 1	SYB12	23.17	33.75	30.40
2011 - 1	SYB13	22.45	32.85	44.40
2011 - 4	SYB01	26.10	34.31	28.00
2011 - 4	SYB02	26.06	34.25	29.00
2011 - 4	SYB03	25.69	34.47	26.40
2011 - 4	SYB04	25.68	34.46	30.20
2011 - 4	SYB05	26.07	34.23	25.00
2011 - 4	SYB06	25.78	34.36	38.20
2011 - 4	SYB07	25.73	34.49	28.60
2011 - 4	SYB08	25.94	34.32	26.40
2011 - 4	SYB09	25.65	34.49	30.60
2011 - 4	SYB10	25.96	34.26	28.80
2011 - 4	SYB11	25.86	34.38	22.40
2011 - 4	SYB12	26.36	34.33	25.20
2011 - 4	SYB13	26.43	34.11	21.80
2011 - 7	SYB01	25.04	34.03	32.40
2011 - 7	SYB02	26.80	34.29	30.00
2011 - 7	SYB03	20.99	34.83	38.20
2011 - 7	SYB04	20.69	35.07	39.00
2011 - 7	SYB05	24.43	35.17	25.80
2011 - 7	SYB06	21.68	34.81	36.00
2011 - 7	SYB07	21.50	34.98	34.60
2011 - 7	SYB08	23.50	34.55	31.60
2011 - 7	SYB09	21.35	34.84	34.00
2011 - 7	SYB10	25.43	34.23	28.00
2011 - 7	SYB11	22.24	34.82	20.60
2011 - 7	SYB12	27.85	34.08	7.60
2011 - 7	SYB13	28.82	32.08	32.60
2011 - 11	SYB01	26.40	33.60	21.40

（续）

时间（年-月）	站位	水温/℃	盐度/‰	悬浮体/（mg/L）
2011 - 11	SYB02	26.44	33.30	28.40
2011 - 11	SYB03	26.27	33.76	25.80
2011 - 11	SYB04	26.29	33.75	31.00
2011 - 11	SYB05	26.45	33.25	22.00
2011 - 11	SYB06	26.46	33.64	21.00
2011 - 11	SYB07	26.36	33.73	24.60
2011 - 11	SYB08	26.30	33.58	20.20
2011 - 11	SYB09	26.36	33.72	26.00
2011 - 11	SYB10	26.42	33.51	22.60
2011 - 11	SYB11	26.30	33.58	20.40
2011 - 11	SYB12	26.58	33.42	20.80
2011 - 11	SYB13	26.48	33.28	29.40
2012 - 2	SYB01	23.75	34.05	37.10
2012 - 2	SYB02	23.85	33.95	46.40
2012 - 2	SYB03	23.48	34.28	79.40
2012 - 2	SYB04	23.24	34.26	50.40
2012 - 2	SYB05	24.23	34.01	32.40
2012 - 2	SYB06	23.38	34.16	45.70
2012 - 2	SYB07	23.36	34.25	45.30
2012 - 2	SYB08	23.48	34.06	33.40
2012 - 2	SYB09	23.35	34.29	23.90
2012 - 2	SYB10	23.85	34.08	26.80
2012 - 2	SYB11	23.72	34.11	29.60
2012 - 2	SYB12	24.22	34.06	33.00
2012 - 2	SYB13	24.00	33.51	46.70
2012 - 4	SYB01	26.11	33.97	35.24
2012 - 4	SYB02	27.60	34.22	34.34
2012 - 4	SYB03	23.05	34.09	67.70
2012 - 4	SYB04	23.06	34.10	50.90
2012 - 4	SYB05	27.01	34.24	50.74
2012 - 4	SYB06	24.62	34.25	36.14
2012 - 4	SYB07	23.06	34.10	24.74
2012 - 4	SYB08	26.45	33.93	38.24

（续）

时间（年-月）	站位	水温/℃	盐度/‰	悬浮体/（mg/L）
2012－4	SYB09	25.34	34.87	35.04
2012－4	SYB10	26.76	33.98	32.34
2012－4	SYB11	25.72	34.02	30.74
2012－4	SYB12	27.38	34.08	34.74
2012－4	SYB13	28.29	33.63	34.04
2012－9	SYB01	29.19	33.56	10.80
2012－9	SYB02	28.98	33.82	9.40
2012－9	SYB03	27.84	33.83	6.20
2012－9	SYB04	27.80	33.95	10.40
2012－9	SYB05	28.94	33.92	10.20
2012－9	SYB06	28.84	33.80	1.40
2012－9	SYB07	28.57	33.75	4.80
2012－9	SYB08	29.11	33.65	12.20
2012－9	SYB09	28.95	33.64	5.60
2012－9	SYB10	29.06	33.66	10.40
2012－9	SYB11	28.67	33.74	4.20
2012－9	SYB12	29.62	33.29	11.20
2012－9	SYB13	29.83	33.33	6.00
2012－11	SYB01	27.37	33.59	23.60
2012－11	SYB02	27.32	33.59	28.20
2012－11	SYB03	27.27	33.83	13.00
2012－11	SYB04	27.32	33.83	16.60
2012－11	SYB05	26.90	33.24	27.40
2012－11	SYB06	27.25	33.73	13.80
2012－11	SYB07	27.37	33.80	26.60
2012－11	SYB08	27.29	33.65	27.40
2012－11	SYB09	27.36	33.80	6.80
2012－11	SYB10	27.42	33.65	7.80
2012－11	SYB11	27.34	33.67	21.80
2012－11	SYB12	27.56	33.62	14.00
2012－11	SYB13	26.84	33.14	17.40
2013－1	SYB01	23.65	35.33	42.40
2013－1	SYB02	23.57	35.24	63.00

（续）

时间（年-月）	站位	水温/℃	盐度/‰	悬浮体/（mg/L）
2013－1	SYB03	23.72	35.42	129.20
2013－1	SYB04	24.00	35.40	67.60
2013－1	SYB05	23.46	35.25	36.20
2013－1	SYB06	23.52	35.37	63.80
2013－1	SYB07	24.04	35.36	59.60
2013－1	SYB08	23.95	35.35	36.40
2013－1	SYB09	23.92	35.35	18.20
2013－1	SYB10	23.77	35.36	25.60
2013－1	SYB11	23.96	35.32	34.80
2013－1	SYB12	23.74	35.36	35.60
2013－1	SYB13	23.75	35.04	49.00
2013－4	SYB01	26.71	34.97	42.48
2013－4	SYB02	27.16	35.04	39.68
2013－4	SYB03	25.97	35.19	109.00
2013－4	SYB04	24.30	35.15	71.60
2013－4	SYB05	26.34	35.20	76.48
2013－4	SYB06	25.77	35.16	34.08
2013－4	SYB07	24.30	35.15	20.88
2013－4	SYB08	25.50	35.20	50.08
2013－4	SYB09	25.02	35.24	39.48
2013－4	SYB10	26.86	35.08	35.88
2013－4	SYB11	25.87	35.23	39.08
2013－4	SYB12	27.21	35.10	44.28
2013－4	SYB13	26.92	34.59	46.28
2013－7	SYB01	26.86	33.69	3.20
2013－7	SYB02	27.62	33.25	6.40
2013－7	SYB03	26.89	33.38	4.40
2013－7	SYB04	23.48	34.43	1.60
2013－7	SYB05	26.49	34.05	6.00
2013－7	SYB06	26.33	34.07	2.80
2013－7	SYB07	26.69	33.61	1.20
2013－7	SYB08	25.78	34.24	0.60
2013－7	SYB09	25.47	33.87	2.40

（续）

时间（年-月）	站位	水温/℃	盐度/‰	悬浮体/（mg/L）
2013－7	SYB10	27.19	33.06	3.80
2013－7	SYB11	25.28	34.21	5.00
2013－7	SYB12	27.31	32.82	5.00
2013－7	SYB13	27.41	33.29	47.60
2013－11	SYB01	27.09	33.46	2.09
2013－11	SYB02	27.22	33.35	1.31
2013－11	SYB03	26.92	33.72	1.00
2013－11	SYB04	26.98	33.68	3.75
2013－11	SYB05	27.35	33.22	70.13
2013－11	SYB06	27.12	33.51	0.62
2013－11	SYB07	27.12	33.54	0.63
2013－11	SYB08	27.26	33.38	3.00
2013－11	SYB09	27.23	33.50	3.67
2013－11	SYB10	27.24	33.39	85.00
2013－11	SYB11	27.15	33.43	60.63
2013－11	SYB12	27.45	33.32	48.25
2013－11	SYB13	27.19	33.00	70.63
2014－1	SYB01	21.61	34.21	88.75
2014－1	SYB02	21.69	33.98	137.40
2014－1	SYB03	21.92	34.32	73.77
2014－1	SYB04	21.91	34.30	71.60
2014－1	SYB05	22.04	34.20	82.40
2014－1	SYB06	22.02	34.30	173.98
2014－1	SYB07	22.13	34.31	135.30
2014－1	SYB08	22.09	34.30	80.30
2014－1	SYB09	22.18	34.29	135.98
2014－1	SYB10	22.16	34.30	71.20
2014－1	SYB11	22.18	34.25	81.70
2014－1	SYB12	22.17	34.23	88.75
2014－1	SYB13	21.78	34.04	90.37
2014－4	SYB01	28.14	34.21	88.75
2014－4	SYB02	28.10	34.21	137.40
2014－4	SYB03	26.06	34.28	73.77

（续）

时间（年-月）	站位	水温/℃	盐度/‰	悬浮体/（mg/L）
2014 - 4	SYB04	24.23	34.48	71.60
2014 - 4	SYB05	28.25	34.14	82.40
2014 - 4	SYB06	27.45	34.18	73.98
2014 - 4	SYB07	24.50	34.41	105.30
2014 - 4	SYB08	27.91	34.26	70.30
2014 - 4	SYB09	25.19	34.34	135.98
2014 - 4	SYB10	28.10	34.22	82.40
2014 - 4	SYB11	27.84	34.24	81.70
2014 - 4	SYB12	28.87	34.25	88.75
2014 - 4	SYB13	28.47	33.92	90.37
2014 - 7	SYB01	27.41	35.38	63.20
2014 - 7	SYB02	27.22	35.02	129.20
2014 - 7	SYB03	24.79	35.25	121.30
2014 - 7	SYB04	26.55	35.08	175.43
2014 - 7	SYB04	24.79	35.19	118.10
2014 - 7	SYB05	27.89	35.12	91.13
2014 - 7	SYB06	25.35	35.15	117.40
2014 - 7	SYB07	25.81	35.10	113.20
2014 - 7	SYB08	26.93	35.23	47.40
2014 - 7	SYB09	26.35	35.06	14.25
2014 - 7	SYB10	27.64	35.16	13.60
2014 - 7	SYB11	26.67	35.18	12.40
2014 - 7	SYB12	28.39	35.09	45.50
2014 - 7	SYB13	28.60	34.45	113.20
2014 - 10	SYB01	28.02	33.23	78.11
2014 - 10	SYB02	28.04	33.30	71.50
2014 - 10	SYB03	28.12	33.34	62.80
2014 - 10	SYB04	27.82	33.30	66.20
2014 - 10	SYB05	28.19	33.35	94.55
2014 - 10	SYB06	28.29	33.57	22.67
2014 - 10	SYB07	27.93	33.51	74.33
2014 - 10	SYB08	28.14	33.06	42.00
2014 - 10	SYB09	28.09	33.64	69.20
2014 - 10	SYB10	28.29	33.30	59.27

（续）

时间（年-月）	站位	水温/℃	盐度/‰	悬浮体/（mg/L）
2014－10	SYB11	28.50	33.53	16.83
2014－10	SYB12	28.41	33.80	71.25
2014－10	SYB13	28.27	29.63	67.22
2015－1	SYB01	21.95	33.94	20.20
2015－1	SYB02	22.14	33.85	38.60
2015－1	SYB03	21.87	33.97	18.40
2015－1	SYB04	21.96	33.96	15.70
2015－1	SYB05	22.44	33.87	36.70
2015－1	SYB06	22.14	33.94	58.40
2015－1	SYB07	22.20	33.94	49.70
2015－1	SYB08	22.33	33.96	33.20
2015－1	SYB09	22.24	33.95	33.40
2015－1	SYB10	22.30	33.94	11.10
2015－1	SYB11	22.29	33.96	20.40
2015－1	SYB12	22.65	33.86	46.10
2015－1	SYB13	22.57	33.28	44.10
2015－4	SYB01	26.29	34.01	53.40
2015－4	SYB02	27.01	33.85	32.40
2015－4	SYB03	26.11	34.06	47.10
2015－4	SYB04	26.09	34.04	33.00
2015－4	SYB05	26.48	34.00	47.30
2015－4	SYB06	26.01	34.05	58.10
2015－4	SYB07	26.08	34.04	75.40
2015－4	SYB08	26.28	34.03	46.40
2015－4	SYB09	26.19	34.01	40.50
2015－4	SYB10	26.56	33.99	36.40
2015－4	SYB11	26.25	34.01	30.20
2015－4	SYB12	27.14	33.98	46.00
2015－4	SYB13	26.60	33.86	40.80
2015－7	SYB01	23.10	34.22	19.00
2015－7	SYB02	24.55	33.95	11.40
2015－7	SYB03	22.23	34.47	19.20
2015－7	SYB04	22.28	34.48	21.30
2015－7	SYB05	23.95	34.05	16.25
2015－7	SYB06	22.95	34.19	26.63
2015－7	SYB07	22.87	34.38	38.25

（续）

时间（年-月）	站位	水温/℃	盐度/‰	悬浮体/（mg/L）
2015 - 7	SYB08	23.91	34.04	34.25
2015 - 7	SYB09	22.70	34.38	29.38
2015 - 7	SYB10	24.61	33.58	19.90
2015 - 7	SYB11	23.13	34.34	17.30
2015 - 7	SYB12	25.00	33.71	34.40
2015 - 7	SYB13	24.44	33.89	38.75
2015 - 11	SYB01	27.49	33.60	29.00
2015 - 11	SYB02	27.65	33.56	33.88
2015 - 11	SYB03	27.44	33.67	6.25
2015 - 11	SYB04	27.42	33.66	44.38
2015 - 11	SYB05	27.64	33.43	48.25
2015 - 11	SYB06	27.50	33.50	36.63
2015 - 11	SYB07	27.61	33.62	45.25
2015 - 11	SYB08	27.73	33.49	39.50
2015 - 11	SYB09	27.68	33.58	59.88
2015 - 11	SYB10	27.92	33.55	45.13
2015 - 11	SYB11	27.63	33.58	34.88
2015 - 11	SYB12	28.17	33.49	55.38
2015 - 11	SYB13	27.57	33.19	42.63

3.2　水体化学要素

3.2.1　表层水体化学要素

3.2.1.1　概述

本部分数据为三亚站 2007—2015 年 13 个长期监测站点季度表层水体化学要素测定数据，包括溶解氧浓度、pH、活性硅酸盐、活性磷酸盐、亚硝酸盐、硝酸盐、氨及部分氨基酸、总磷、总氮、化学需氧量、生化需氧量、碱度、总无机碳、溶解有机碳。

3.2.1.2　数据采集和处理方法

依据 CERN 观测规范和《海洋调查规范》（GB 12763—2007）采集水样，并分析和检测样品。

3.2.1.3　数据质量控制和评估

整理历年上报数据并进行质量控制，核实异常数据。质控方法包括：阈值检查、完整性检查、一致性检查等。

插补或删除原始的部分缺失数据或者异常数据，采用平均值法插补缺失值，插补数据以下划线标记，未插补的缺失值用"—"表示。

3.2.1.4　数据

具体数据见表 3 - 5。

表 3 - 5 表层水体化学要素

时间/(年-月)	站位	溶解氧浓度/(mg/L)	pH	活性硅酸盐/(mg/L)	活性磷酸盐/(mg/L)	亚硝酸盐/(mg/L)	硝酸盐/(mg/L)	氨及部分氨基酸/(mg/L)	总磷/(mg/L)	总氮/(mg/L)	化学需氧量/(mg/L)	生化需氧量/(mg/L)	碱度/(mg/L)	总无机碳/(mg/L)	溶解有机碳/(mg/L)
2007-1	SYB01	8.06	8.23	0.083	0.012	0.004 0	0.011	0.010	0.018	0.606	2.41	1.03	2.89	—	—
2007-1	SYB02	8.18	8.26	0.080	0.009	0.004 0	0.017	0.009	0.015	0.715	1.51	1.04	2.88	—	—
2007-1	SYB03	7.29	8.21	0.076	0.007	0.004 0	0.020	0.007	0.014	0.633	0.68	0.32	2.88	—	—
2007-1	SYB04	7.31	8.21	0.081	0.009	0.004 0	0.019	0.006	0.018	0.609	0.31	0.29	2.87	—	—
2007-1	SYB05	7.30	8.18	0.076	0.007	0.004 0	0.007	0.010	0.014	0.730	1.32	0.34	2.88	—	—
2007-1	SYB06	7.29	8.21	0.062	0.010	0.004 0	0.015	0.008	0.017	0.625	1.45	0.59	2.87	—	—
2007-1	SYB07	7.31	8.21	0.051	0.012	0.004 0	0.012	0.010	0.020	0.609	0.81	0.37	2.88	—	—
2007-1	SYB08	7.25	8.18	0.079	0.009	0.006 0	0.022	0.014	0.014	0.820	1.15	0.23	2.88	—	—
2007-1	SYB09	7.32	8.21	0.069	0.010	0.004 0	0.013	0.010	0.015	0.668	0.51	0.39	2.88	—	—
2007-1	SYB10	7.32	8.18	0.087	0.012	0.004 0	0.016	0.005	0.018	0.656	0.68	0.42	2.87	—	—
2007-1	SYB11	7.29	8.19	0.085	0.012	0.007 0	0.018	0.006	0.015	0.781	0.61	0.31	2.88	—	—
2007-1	SYB12	7.21	8.18	0.083	0.009	0.004 0	0.014	0.007	0.015	0.664	0.31	0.33	2.88	—	—
2007-1	SYB13	6.80	—	—	—	—	—	—	—	—	—	—	—	—	—
2007-4	SYB01	7.39	8.23	0.085	0.021	0.004 0	0.006	0.010	0.026	0.762	0.95	1.33	2.87	—	—
2007-4	SYB02	6.96	8.18	0.076	0.006	0.003 0	0.005	0.011	0.009	0.403	0.57	0.71	2.87	—	—
2007-4	SYB03	6.97	8.16	0.064	0.006	0.003 0	0.004	0.008	0.010	0.457	0.14	0.65	2.88	—	—
2007-4	SYB04	6.89	8.16	0.078	0.004	0.003 0	0.007	0.006	0.007	0.430	0.07	0.03	2.88	—	—
2007-4	SYB05	6.92	8.20	0.073	0.004	0.003 0	0.005	0.008	0.007	0.559	0.14	0.12	2.87	—	—
2007-4	SYB06	7.21	8.17	0.081	0.004	0.003 0	0.004	0.007	0.009	0.406	0.39	0.82	2.88	—	—
2007-4	SYB07	6.87	8.16	0.077	0.004	0.003 0	0.005	0.006	0.009	0.410	0.11	0.03	2.87	—	—
2007-4	SYB08	6.86	8.16	0.075	0.007	0.003 0	0.007	0.010	0.010	0.406	0.18	0.10	2.88	—	—
2007-4	SYB09	7.27	8.17	0.066	0.006	0.003 0	0.005	0.008	0.009	0.356	0.95	1.01	2.87	—	—
2007-4	SYB10	6.97	8.17	0.076	0.004	0.003 0	0.007	0.009	0.010	0.379	0.78	0.05	2.88	—	—
2007-4	SYB11	6.93	8.17	0.079	0.004	0.003 0	0.005	0.010	0.012	0.410	0.11	0.36	2.87	—	—
2007-4	SYB12	7.51	8.19	0.089	0.004	0.003 0	0.005	0.010	0.007	0.445	0.04	0.81	2.88	—	—
2007-4	SYB13	6.62	—	—	—	—	—	—	—	—	—	—	—	—	—

（续）

时间（年-月）	站位	溶解氧浓度/（mg/L）	pH	活性硅酸盐/（mg/L）	活性磷酸盐/（mg/L）	亚硝酸盐/（mg/L）	硝酸盐/（mg/L）	氨及部分氨基酸/（mg/L）	总磷/（mg/L）	总氮/（mg/L）	化学需氧量/（mg/L）	生化需氧量/（mg/L）	碱度/（mg/L）	总无机碳/（mg/L）	溶解有机碳/（mg/L）
2007-7	SYB01	6.88	8.14	0.045	0.018	0.008 0	0.024	0.007	0.038	2.035	1.51	1.60	2.88	—	—
2007-7	SYB02	6.84	8.16	0.044	0.010	0.006 0	0.010	0.004	0.015	0.988	1.11	0.08	2.88	—	—
2007-7	SYB03	6.75	8.17	0.047	0.009	0.004 0	0.015	0.008	0.018	0.723	0.51	0.23	2.89	—	—
2007-7	SYB04	6.67	8.17	0.046	0.009	0.005 0	0.019	0.006	0.015	0.699	0.61	0.26	2.88	—	—
2007-7	SYB05	6.89	8.20	0.044	0.014	0.005 0	0.012	0.006	0.024	0.688	0.64	0.43	2.86	—	—
2007-7	SYB06	6.76	8.18	0.049	0.012	0.007 0	0.016	0.003	0.021	0.781	0.75	0.34	2.88	—	—
2007-7	SYB07	6.81	8.17	0.050	0.012	0.004 0	0.019	0.006	0.023	0.707	0.93	0.18	2.87	—	—
2007-7	SYB08	6.62	8.16	0.048	0.010	0.005 0	0.016	0.006	0.017	0.758	2.19	0.09	2.87	—	—
2007-7	SYB09	6.76	8.15	0.058	0.010	0.004 0	0.018	0.006	0.017	0.645	1.54	0.91	2.88	—	—
2007-7	SYB10	6.52	8.16	0.043	0.012	0.007 0	0.010	0.003	0.020	1.215	1.33	0.25	2.88	—	—
2007-7	SYB11	6.53	8.15	0.050	0.015	0.006 0	0.007	0.008	0.018	0.758	0.82	0.41	2.89	—	—
2007-7	SYB12	6.71	8.19	0.053	0.014	0.004 0	0.015	0.012	0.018	0.684	0.82	0.51	2.88	—	—
2007-7	SYB13	11.21	—	—	—	—	—	—	—	—	—	—	—	—	—
2007-10	SYB01	6.70	7.99	0.118	0.004	0.012 0	0.060	0.023	0.012	0.891	2.16	1.25	2.88	—	6.78
2007-10	SYB02	6.06	8.03	0.091	0.004	0.003 0	0.018	0.014	0.009	0.500	2.45	0.75	2.89	—	—
2007-10	SYB03	6.72	8.17	0.077	0.004	0.008 0	0.028	0.022	0.007	0.406	1.94	0.26	2.88	—	6.09
2007-10	SYB04	6.56	8.17	0.076	0.004	0.007 0	0.024	0.016	0.007	0.473	2.12	0.18	2.88	—	—
2007-10	SYB05	7.02	8.22	0.092	0.004	0.003 0	0.020	0.014	0.010	0.477	1.44	0.38	2.89	—	4.53
2007-10	SYB06	6.92	8.21	0.080	0.004	0.004 0	0.013	0.010	0.010	0.414	1.08	0.32	2.89	—	2.57
2007-10	SYB07	6.59	8.21	0.088	0.004	0.005 0	0.019	0.018	0.007	0.445	0.79	0.17	2.88	—	4.07
2007-10	SYB08	6.75	8.25	0.089	0.006	0.003 0	0.014	0.016	0.009	0.508	1.91	0.17	2.88	—	4.07
2007-10	SYB09	6.76	8.21	0.084	0.004	0.005 0	0.014	0.011	0.007	0.492	2.01	0.52	2.88	—	4.45
2007-10	SYB10	6.85	8.20	0.094	0.004	0.003 0	0.019	0.015	0.009	0.449	2.34	0.72	2.87	—	3.97
2007-10	SYB11	6.75	8.21	0.080	0.004	0.003 0	0.011	0.018	0.007	0.496	2.08	0.28	2.89	—	3.71
2007-10	SYB12	7.05	—	—	—	—	—	—	—	—	—	—	—	—	3.14

（续）

时间/(年-月)	站位	溶解氧浓度/(mg/L)	pH	活性硅酸盐/(mg/L)	活性磷酸盐/(mg/L)	亚硝酸盐/(mg/L)	硝酸盐/(mg/L)	氨及部分氨基酸/(mg/L)	总磷/(mg/L)	总氮/(mg/L)	化学需氧量/(mg/L)	生化需氧量/(mg/L)	碱度/(mg/L)	总无机碳/(mg/L)	溶解有机碳/(mg/L)
2007-10	SYB13	12.88	—	—	—	—	—	—	—	—	—	—	—	—	—
2008-1	SYB01	7.28	8.19	0.074	0.007	0.0020	0.000	0.037	0.007	2.706	1.90	0.54	2.87	30.14	2.37
2008-1	SYB02	7.03	8.19	0.068	0.003	0.0020	0.002	0.028	0.009	1.265	1.72	0.76	2.88	30.36	2.28
2008-1	SYB03	6.95	8.19	0.075	0.000	0.0010	0.000	0.012	0.004	0.754	0.88	0.37	2.88	30.36	1.98
2008-1	SYB04	7.07	8.20	0.059	0.001	0.0010	0.000	0.014	0.004	0.754	0.62	0.37	2.88	30.36	1.92
2008-1	SYB05	7.17	8.22	0.065	0.000	0.0020	0.000	0.013	0.004	0.637	0.44	0.54	2.89	30.47	1.78
2008-1	SYB06	7.10	8.20	0.069	0.001	0.0010	0.000	0.009	0.002	0.602	0.81	0.61	2.87	30.25	1.91
2008-1	SYB07	7.12	8.20	0.069	0.002	0.0010	0.000	0.016	0.003	0.566	0.74	0.81	2.87	30.25	1.68
2008-1	SYB08	7.01	8.25	0.064	0.000	0.0010	0.000	0.012	0.005	0.586	0.59	0.56	2.88	29.92	2.03
2008-1	SYB09	7.00	8.20	0.075	0.001	0.0020	0.000	0.011	0.003	0.535	0.74	0.24	2.87	30.14	1.91
2008-1	SYB10	7.17	8.20	0.071	0.000	0.0020	0.000	0.008	0.001	0.613	0.37	0.35	2.89	30.47	2.10
2008-1	SYB11	7.06	8.22	0.076	0.000	0.0010	0.000	0.012	0.002	0.527	0.51	0.29	2.88	30.36	1.99
2008-1	SYB12	7.13	8.20	0.076	0.002	0.0010	0.000	0.010	0.004	0.535	0.45	0.63	2.89	30.47	1.85
2008-1	SYB13	7.84	—	0.091	0.008	0.0030	0.000	0.044	0.011	6.404	—	—	—	30.47	2.13
2008-5	SYB01	6.65	8.14	0.092	0.011	0.0030	0.000	0.033	0.016	3.721	2.32	1.07	2.50	30.25	2.58
2008-5	SYB02	6.62	8.20	0.080	0.002	0.0010	0.000	0.007	0.009	3.206	2.11	0.55	2.88	30.02	2.52
2008-5	SYB03	6.65	8.19	0.081	0.006	0.0010	0.001	0.004	0.009	0.754	1.05	0.87	2.87	29.81	2.27
2008-5	SYB04	6.88	8.19	0.077	0.002	0.0010	0.001	0.005	0.008	0.824	1.90	0.69	2.88	29.92	2.29
2008-5	SYB05	6.92	8.17	0.074	0.005	0.0010	0.001	0.010	0.009	0.855	0.77	0.61	2.88	30.36	2.84
2008-5	SYB06	7.17	8.18	0.077	0.004	0.0010	0.001	0.006	0.007	0.703	0.70	0.19	2.88	30.02	2.34
2008-5	SYB07	6.63	8.19	0.085	0.004	0.0010	0.001	0.006	0.009	0.824	0.59	0.38	2.87	29.81	2.19
2008-5	SYB08	6.76	8.14	0.080	0.004	0.0010	0.001	0.012	0.006	0.984	0.70	0.36	2.88	30.36	2.79
2008-5	SYB09	7.19	8.18	0.067	0.005	0.0010	0.000	0.007	0.010	0.688	0.59	0.86	2.88	29.92	2.21
2008-5	SYB10	6.75	8.14	0.064	0.003	0.0010	0.000	0.004	0.007	0.762	0.49	0.38	2.89	30.47	2.77
2008-5	SYB11	7.12	8.14	0.062	0.004	0.0010	0.000	0.005	0.009	0.586	0.35	0.51	2.88	—	2.45

（续）

时间（年-月）	站位	溶解氧浓度/(mg/L)	pH	活性硅酸盐/(mg/L)	活性磷酸盐/(mg/L)	亚硝酸盐/(mg/L)	硝酸盐/(mg/L)	氨及部分氨基酸/(mg/L)	总磷/(mg/L)	总氮/(mg/L)	化学需氧量/(mg/L)	生化需氧量/(mg/L)	碱度/(mg/L)	总无机碳/(mg/L)	溶解有机碳/(mg/L)
2008-5	SYB12	6.60	8.14	0.081	0.005	0.0010	0.001	0.005	0.011	0.695	0.49	0.32	2.88	—	2.35
2008-5	SYB13	7.04	—	0.090	0.008	0.0040	0.002	0.056	0.019	4.658	—	—	—	—	2.94
2008-8	SYB01	6.52	8.13	0.091	0.008	0.0040	0.000	0.019	0.012	1.109	1.35	0.93	2.65	27.85	2.23
2008-8	SYB02	6.80	8.16	0.087	0.005	0.0030	0.000	0.008	0.007	0.582	0.93	0.29	2.89	30.47	1.70
2008-8	SYB03	6.02	8.18	0.085	0.007	0.0020	0.000	0.009	0.010	0.520	1.10	0.06	2.87	29.81	2.58
2008-8	SYB04	6.49	8.17	0.098	0.006	0.0020	0.000	0.009	0.011	0.363	1.01	0.13	2.87	30.25	2.03
2008-8	SYB05	6.77	8.17	0.090	0.007	0.0010	0.000	0.009	0.010	0.383	1.43	0.35	2.87	30.25	1.89
2008-8	SYB06	6.58	8.18	0.085	0.008	0.0010	0.000	0.010	0.010	0.387	1.32	0.32	2.89	29.37	1.55
2008-8	SYB07	6.65	8.18	0.088	0.011	0.0020	0.000	0.013	0.017	0.430	0.97	0.25	2.88	29.58	1.93
2008-8	SYB08	6.83	8.17	0.081	0.010	0.0010	0.000	0.009	0.011	0.395	1.32	0.31	2.85	30.03	2.10
2008-8	SYB09	6.77	8.16	0.080	0.009	0.0020	0.000	0.007	0.013	0.321	1.32	0.47	2.87	30.25	1.86
2008-8	SYB10	6.92	8.19	0.085	0.004	0.0010	0.000	0.011	0.009	0.379	0.97	0.32	2.75	28.51	1.93
2008-8	SYB11	6.93	8.21	0.083	0.005	0.0010	0.000	0.013	0.008	0.313	0.62	0.44	2.75	28.62	2.21
2008-8	SYB12	6.51	8.19	0.080	0.004	0.0010	0.000	0.011	0.007	0.395	0.66	1.05	2.85	29.59	2.15
2008-8	SYB13	6.42	—	0.096	0.008	0.0030	0.004	0.056	0.020	3.901	—	—	—	0.00	2.37
2008-10	SYB01	6.11	7.98	0.243	0.014	0.0260	0.131	0.251	0.017	8.828	8.92	0.41	2.50	27.11	—
2008-10	SYB02	6.61	8.07	0.186	0.012	0.0100	0.043	0.087	0.016	1.746	1.96	0.32	2.73	29.15	—
2008-10	SYB03	6.54	8.09	0.072	0.004	0.0110	0.005	0.064	0.011	1.367	1.57	0.30	2.74	29.15	—
2008-10	SYB04	6.60	8.11	0.071	0.004	0.0080	0.004	0.031	0.009	1.066	1.31	0.07	2.85	29.15	—
2008-10	SYB05	6.77	8.17	0.084	0.002	0.0030	0.003	0.016	0.005	1.070	1.34	0.08	2.73	28.72	—
2008-10	SYB06	6.86	8.13	0.102	0.002	0.0050	0.007	0.030	0.004	1.207	1.49	0.18	2.73	28.72	—
2008-10	SYB07	6.61	8.13	0.100	0.005	0.0060	0.006	0.024	0.009	1.258	1.57	0.05	2.84	29.92	—
2008-10	SYB08	6.71	8.13	0.103	0.003	0.0070	0.005	0.025	0.009	1.211	2.99	0.11	2.84	29.92	—
2008-10	SYB09	6.68	8.13	0.115	0.002	0.0040	0.007	0.020	0.007	1.109	1.46	0.02	2.84	29.92	—
2008-10	SYB10	6.89	8.15	0.098	0.002	0.0010	0.002	0.022	0.008	0.918	1.92	0.18	2.73	28.72	—

（续）

时间（年-月）	站位	溶解氧浓度/(mg/L)	pH	活性硅酸盐/(mg/L)	活性磷酸盐/(mg/L)	亚硝酸盐/(mg/L)	硝酸盐/(mg/L)	氨及部分氨基酸/(mg/L)	总磷/(mg/L)	总氮/(mg/L)	化学需氧量/(mg/L)	生化需氧量/(mg/L)	碱度/(mg/L)	总无机碳/(mg/L)	溶解有机碳/(mg/L)
2008-10	SYB11	6.93	8.14	0.101	0.003	0.002 0	0.001	0.015	0.005	0.879	1.84	0.16	2.73	28.72	—
2008-10	SYB12	6.92	8.14	0.115	0.002	0.003 0	0.001	0.023	0.004	0.996	1.92	0.07	2.73	28.72	—
2008-10	SYB13	6.58	—	0.543	0.036	0.063 0	0.212	0.232	0.039	9.106	—	—	—	—	—
2009-1	SYB01	8.35	8.16	0.167	0.016	0.010 0	0.101	0.065	0.024	1.347	1.48	1.74	2.95	31.98	2.57
2009-1	SYB02	7.86	8.18	0.121	0.030	0.006 0	0.013	0.028	0.021	0.945	1.29	0.11	2.96	31.31	1.23
2009-1	SYB03	7.24	8.10	0.109	0.037	0.015 0	0.051	0.029	0.014	1.261	0.66	0.92	2.95	32.07	2.67
2009-1	SYB04	7.19	8.12	0.117	0.046	0.013 0	0.028	0.017	0.019	1.211	0.81	0.39	2.95	32.07	1.68
2009-1	SYB05	7.48	8.06	0.113	0.035	0.009 0	0.018	0.013	0.018	0.832	0.28	0.25	2.95	32.06	1.54
2009-1	SYB06	7.47	8.09	0.125	0.014	0.007 0	0.026	0.015	0.021	0.879	1.00	0.34	2.95	32.07	1.39
2009-1	SYB07	7.30	8.09	0.124	0.031	0.012 0	0.044	0.019	0.023	1.125	0.62	0.58	2.95	32.07	1.44
2009-1	SYB08	7.34	8.06	0.128	0.012	0.013 0	0.048	0.021	0.018	1.375	0.57	0.38	2.95	32.06	1.46
2009-1	SYB09	7.36	8.11	0.123	0.021	0.012 0	0.033	0.021	0.020	1.070	0.47	0.21	2.95	32.07	1.12
2009-1	SYB10	7.43	8.06	0.104	0.030	0.007 0	0.042	0.018	0.024	0.855	0.38	0.26	2.95	32.06	1.14
2009-1	SYB11	7.34	8.10	0.100	0.094	0.008 0	0.042	0.024	0.023	0.953	0.47	0.42	2.95	32.05	1.23
2009-1	SYB12	7.55	8.10	0.099	0.034	0.004 0	0.012	0.017	0.025	0.777	0.43	0.23	2.95	32.00	1.15
2009-1	SYB13	8.88	8.17	0.100	0.014	0.020 0	0.277	0.193	0.107	6.482	1.57	4.20	2.95	31.82	4.22
2009-4	SYB01	7.05	8.12	0.097	0.006	0.006 0	0.022	0.025	0.014	0.941	0.30	0.82	2.67	28.35	1.64
2009-4	SYB02	6.72	8.12	0.077	0.008	0.003 0	0.018	0.017	0.017	0.520	0.46	0.27	2.67	28.29	1.32
2009-4	SYB03	6.88	8.12	0.072	0.003	0.002 0	0.009	0.017	0.009	0.406	0.94	2.03	2.67	28.53	2.33
2009-4	SYB04	6.89	8.08	0.081	0.004	0.001 0	0.008	0.016	0.009	0.391	0.66	0.35	2.67	28.52	1.63
2009-4	SYB05	6.63	8.05	0.087	0.004	0.001 0	0.007	0.019	0.010	0.360	0.23	0.40	2.67	28.83	1.49
2009-4	SYB06	6.70	8.08	0.082	0.005	0.001 0	0.007	0.018	0.010	0.406	0.46	0.71	2.67	28.51	1.27
2009-4	SYB07	6.74	8.14	0.079	0.004	0.001 0	0.008	0.019	0.009	0.403	0.84	0.13	2.67	28.58	1.47
2009-4	SYB08	6.73	8.08	0.088	0.003	0.001 0	0.008	0.017	0.009	0.453	0.84	0.51	2.67	28.52	1.39
2009-4	SYB09	6.67	8.14	0.091	0.004	0.003 0	0.012	0.021	0.011	0.465	0.38	0.13	2.67	28.56	1.24

（续）

时间（年-月）	站位	溶解氧浓度/（mg/L）	pH	活性硅酸盐/（mg/L）	活性磷酸盐/（mg/L）	亚硝酸盐/（mg/L）	硝酸盐/（mg/L）	氨及部分氨基酸/（mg/L）	总磷/（mg/L）	总氮/（mg/L）	化学需氧量/（mg/L）	生化需氧量/（mg/L）	碱度/（mg/L）	总无机碳/（mg/L）	溶解有机碳/（mg/L）
2009-4	SYB10	6.64	8.12	0.085	0.004	0.001 0	0.007	0.019	0.010	0.399	0.89	0.08	2.67	28.34	1.71
2009-4	SYB11	6.66	8.13	0.080	0.005	0.005 0	0.023	0.028	0.012	0.730	0.51	0.07	2.67	28.36	1.44
2009-4	SYB12	6.68	8.13	0.082	0.003	0.001 0	0.008	0.017	0.009	0.403	0.66	0.07	2.67	28.35	1.76
2009-4	SYB13	10.17	8.36	0.136	0.026	0.012 0	0.081	0.044	0.050	3.795	1.68	6.35	2.67	27.92	2.78
2009-8	SYB01	7.31	8.08	0.091	0.004	0.009 0	0.039	0.031	0.009	1.636	1.97	2.47	2.64	28.15	5.34
2009-8	SYB02	6.78	8.04	0.140	0.011	0.003 0	0.035	0.026	0.021	1.004	1.16	0.46	2.64	28.44	—
2009-8	SYB03	6.43	8.00	0.112	0.004	0.001 0	0.010	0.025	0.010	0.524	1.34	0.44	2.64	28.93	—
2009-8	SYB04	6.47	7.94	0.117	0.007	0.002 0	0.010	0.031	0.014	0.488	1.70	0.02	2.64	28.79	—
2009-8	SYB05	6.71	8.07	0.112	0.004	0.001 0	0.013	0.025	0.009	0.399	0.99	0.48	2.64	28.80	—
2009-8	SYB06	6.52	8.00	0.108	0.003	0.002 0	0.009	0.028	0.009	0.563	1.43	0.39	2.64	28.63	—
2009-8	SYB07	6.32	7.98	0.100	0.006	0.006 0	0.025	0.027	0.009	1.012	0.45	0.30	2.64	28.94	3.24
2009-8	SYB08	6.43	8.04	0.100	0.004	0.007 0	0.033	0.025	0.008	1.164	1.16	0.15	2.64	28.50	—
2009-8	SYB09	6.54	7.99	0.093	0.006	0.002 0	0.012	0.023	0.012	0.485	1.08	0.14	2.64	28.65	—
2009-8	SYB10	6.73	8.10	0.102	0.004	0.001 0	0.005	0.019	0.009	0.371	0.18	0.71	2.54	27.42	—
2009-8	SYB11	6.02	8.03	0.095	0.003	0.001 0	0.010	0.020	0.008	0.422	0.72	1.38	2.54	27.59	—
2009-8	SYB12	6.53	8.07	0.098	0.003	0.001 0	0.012	0.019	0.007	0.371	1.43	0.68	2.54	27.26	—
2009-8	SYB13	6.95	7.96	0.257	0.027	0.035 0	0.287	0.323	0.061	9.234	3.58	2.62	2.33	24.80	—
2009-11	SYB01	5.64	8.00	0.097	0.007	0.014 0	0.072	0.036	0.013	1.777	0.80	0.26	2.66	29.34	2.70
2009-11	SYB02	6.44	8.06	0.093	0.010	0.006 0	0.032	0.025	0.020	1.179	0.75	0.92	2.66	28.79	3.38
2009-11	SYB03	6.46	8.08	0.089	0.004	0.004 0	0.036	0.027	0.010	0.820	1.55	0.86	2.66	28.59	1.85
2009-11	SYB04	6.12	8.08	0.085	0.004	0.005 0	0.025	0.021	0.014	1.074	1.20	0.10	2.66	28.65	2.21
2009-11	SYB05	6.99	8.09	0.089	0.005	0.003 0	0.016	0.017	0.010	0.852	0.31	0.40	2.66	28.66	2.12
2009-11	SYB06	6.32	8.08	0.089	0.004	0.003 0	0.014	0.021	0.013	0.723	0.49	0.08	2.66	28.67	1.79
2009-11	SYB07	6.19	8.09	0.084	0.005	0.003 0	0.017	0.027	0.014	0.754	0.84	0.20	2.66	28.39	2.11
2009-11	SYB08	6.25	8.11	0.080	0.004	0.001 0	0.008	0.017	0.012	0.742	0.58	0.03	2.66	28.37	1.74

（续）

时间（年-月）	站位	溶解氧浓度/（mg/L）	pH	活性硅酸盐/（mg/L）	活性磷酸盐/（mg/L）	亚硝酸盐/（mg/L）	硝酸盐/（mg/L）	氨及部分氨基酸/（mg/L）	总磷/（mg/L）	总氮/（mg/L）	化学需氧量/（mg/L）	生化需氧量/（mg/L）	碱度/（mg/L）	总无机碳/（mg/L）	溶解有机碳/（mg/L）
2009-11	SYB09	6.47	8.10	0.091	0.005	0.003 0	0.014	0.018	0.010	0.859	0.18	0.06	2.66	28.36	2.73
2009-11	SYB10	6.37	8.11	0.091	0.003	0.002 0	0.007	0.021	0.009	0.684	0.58	0.11	2.66	28.35	6.48
2009-11	SYB11	6.20	8.11	0.080	0.003	0.002 0	0.012	0.014	0.010	0.645	0.53	0.04	2.66	28.36	—
2009-11	SYB12	6.89	8.11	0.092	0.006	0.003 0	0.014	0.016	0.012	0.738	0.89	0.22	2.66	28.36	5.56
2009-11	SYB13	—	—	0.103	0.030	0.034 0	0.442	0.099	0.075	8.641	2.75	0.35	2.64	—	2.75
2010-1	SYB01	7.02	8.02	0.123	0.011	0.005 0	0.018	0.023	0.018	1.121	2.19	0.67	2.68	29.72	1.97
2010-1	SYB02	7.72	8.08	0.119	0.008	0.004 0	0.013	0.019	0.014	0.602	1.56	0.31	2.90	31.63	2.17
2010-1	SYB03	7.32	8.02	0.122	0.005	0.003 0	0.011	0.015	0.010	0.508	1.69	0.08	2.68	29.36	2.23
2010-1	SYB04	7.48	8.08	0.095	0.005	0.002 0	0.012	0.019	0.010	0.465	1.56	0.30	2.89	31.45	1.57
2010-1	SYB05	7.76	8.09	0.093	0.006	0.003 0	0.010	0.017	0.008	0.500	2.06	2.34	2.68	29.06	2.16
2010-1	SYB06	7.28	8.07	0.105	0.006	0.004 0	0.014	0.015	0.010	0.547	1.88	0.15	2.90	31.61	1.38
2010-1	SYB07	7.59	8.10	0.092	0.003	0.003 0	0.010	0.017	0.007	0.516	1.56	0.47	2.68	29.02	1.16
2010-1	SYB08	7.35	8.08	0.103	0.007	0.002 0	0.008	0.014	0.009	0.434	1.94	0.17	2.68	29.10	1.53
2010-1	SYB09	7.15	8.07	0.105	0.006	0.002 0	0.011	0.023	0.011	0.453	1.88	0.08	2.90	31.61	1.47
2010-1	SYB10	7.37	8.06	0.086	0.007	0.003 0	0.011	0.013	0.008	0.488	1.88	0.06	2.90	31.65	1.32
2010-1	SYB11	8.01	8.06	0.116	0.004	0.001 0	0.010	0.020	0.007	0.422	2.00	0.76	2.68	29.19	1.32
2010-1	SYB12	—	8.04	0.089	0.006	0.003 0	0.011	0.016	0.009	0.469	1.94	—	2.67	29.16	1.56
2010-1	SYB13	6.70	7.91	0.125	0.029	0.016 0	0.087	0.031	0.033	3.651	3.88	1.42	2.89	32.53	1.48
2010-4	SYB01	6.96	8.12	0.105	0.009	0.004 0	0.024	0.017	0.016	1.027	0.98	0.52	2.62	27.77	1.29
2010-4	SYB02	7.25	8.13	0.098	0.006	0.003 0	0.010	0.014	0.009	0.613	1.13	0.50	2.62	27.68	2.20
2010-4	SYB03	7.06	8.06	0.099	0.003	0.002 0	0.006	0.014	0.007	0.496	0.33	0.22	2.62	28.20	1.19
2010-4	SYB04	7.11	8.11	0.086	0.003	0.002 0	0.009	0.016	0.006	0.508	0.65	0.20	2.62	27.85	1.08
2010-4	SYB05	7.32	8.15	0.091	0.004	0.002 0	0.005	0.016	0.006	0.555	0.73	0.07	2.62	27.57	1.01
2010-4	SYB06	7.15	8.08	0.114	0.004	0.001 0	0.006	0.014	0.006	0.465	0.36	0.28	2.62	28.10	1.06
2010-4	SYB07	7.11	8.06	0.098	0.003	0.002 0	0.007	0.013	0.008	0.418	0.91	0.08	2.62	28.21	0.82

（续）

时间 （年-月）	站位	溶解氧浓度/ （mg/L）	pH	活性硅酸盐/ （mg/L）	活性磷酸盐/ （mg/L）	亚硝酸盐/ （mg/L）	硝酸盐/ （mg/L）	氨及部分氨 基酸/（mg/L）	总磷/ （mg/L）	总氮/ （mg/L）	化学需氧量/ （mg/L）	生化需氧量/ （mg/L）	碱度/ （mg/L）	总无机碳/ （mg/L）	溶解有机碳/ （mg/L）
2010-4	SYB08	7.11	8.12	0.090	0.003	0.002 0	0.007	0.013	0.005	0.516	0.22	0.10	2.62	27.77	1.03
2010-4	SYB09	7.13	8.06	0.099	0.005	0.001 0	0.006	0.016	0.009	0.520	0.62	0.01	2.62	28.20	0.70
2010-4	SYB10	7.16	8.13	0.094	0.004	0.003 0	0.009	0.014	0.005	0.418	0.29	0.16	2.62	27.74	1.16
2010-4	SYB11	7.10	8.12	0.088	0.003	0.001 0	0.006	0.015	0.006	0.461	0.29	0.10	2.62	27.71	0.77
2010-4	SYB12	7.21	8.11	0.105	0.004	0.002 0	0.009	0.014	0.007	0.477	0.87	0.07	2.62	27.84	0.74
2010-4	SYB13	8.18	7.90	0.149	0.022	0.013 0	0.051	0.029	0.037	3.897	1.67	5.09	2.62	29.30	1.74
2010-7	SYB01	7.48	8.04	0.135	0.011	0.009 0	0.039	0.037	0.020	1.632	0.96	0.73	2.41	25.91	0.90
2010-7	SYB02	7.84	8.08	0.115	0.007	0.004 0	0.011	0.022	0.011	0.555	0.32	0.11	2.41	25.71	1.82
2010-7	SYB03	7.80	8.10	0.130	0.006	0.004 0	0.016	0.019	0.009	0.606	0.67	0.36	2.42	25.72	2.84
2010-7	SYB04	7.88	8.08	0.114	0.006	0.003 0	0.012	0.021	0.010	0.508	0.53	0.16	2.42	25.88	4.70
2010-7	SYB05	7.85	8.09	0.107	0.007	0.003 0	0.021	0.020	0.010	0.566	0.13	0.15	2.42	25.52	0.96
2010-7	SYB06	7.77	8.06	0.112	0.006	0.003 0	0.014	0.022	0.010	0.551	0.53	0.18	2.41	25.87	6.69
2010-7	SYB07	7.42	8.10	0.110	0.006	0.004 0	0.010	0.019	0.011	0.449	0.67	0.22	2.41	25.61	4.93
2010-7	SYB08	7.54	8.10	0.111	0.007	0.001 0	0.016	0.020	0.009	0.481	0.11	0.17	2.41	25.33	1.37
2010-7	SYB09	7.38	8.11	0.091	0.005	0.002 0	0.016	0.017	0.009	0.488	0.45	0.33	2.42	25.37	6.13
2010-7	SYB10	7.01	8.11	0.120	0.005	0.004 0	0.010	0.018	0.008	0.586	0.29	0.77	2.41	25.26	2.01
2010-7	SYB11	7.53	8.13	0.118	0.004	0.003 0	0.013	0.018	0.008	0.520	0.51	0.09	2.41	25.10	1.68
2010-7	SYB12	8.22	8.13	0.114	0.008	0.026 0	0.011	0.019	0.011	0.535	0.13	0.01	2.41	25.10	3.45
2010-7	SYB13	12.18	7.71	0.153	0.028	0.011 0	0.091	0.067	0.038	5.720	5.65	8.29	1.97	23.02	1.99
2010-10	SYB01	5.75	8.11	0.139	0.013	0.011 0	0.040	0.031	0.017	2.097	1.52	0.40	2.08	22.47	1.21
2010-10	SYB02	7.25	8.20	0.105	0.014	0.006 0	0.036	0.031	0.016	1.832	0.67	1.94	2.51	26.42	1.10
2010-10	SYB03	6.65	8.16	0.116	0.007	0.004 0	0.024	0.022	0.009	0.809	1.14	0.31	2.51	26.48	1.41
2010-10	SYB04	6.71	8.13	0.114	0.007	0.006 0	0.018	0.023	0.011	0.754	0.34	0.07	2.30	24.40	1.07
2010-10	SYB05	7.22	8.18	0.101	0.008	0.003 0	0.015	0.019	0.012	0.723	0.34	0.94	2.51	26.40	1.25
2010-10	SYB06	6.60	8.21	0.109	0.003	0.003 0	0.020	0.026	0.011	0.676	0.34	0.25	2.51	26.35	1.14

（续）

时间（年-月）	站位	溶解氧浓度/（mg/L）	pH	活性硅酸盐/（mg/L）	活性磷酸盐/（mg/L）	亚硝酸盐/（mg/L）	硝酸盐/（mg/L）	氨及部分氨基酸/（mg/L）	总磷/（mg/L）	总氮/（mg/L）	化学需氧量/（mg/L）	生化需氧量/（mg/L）	碱度/（mg/L）	总无机碳/（mg/L）	溶解有机碳/（mg/L）
2010-10	SYB07	6.84	8.22	0.108	0.009	0.003 0	0.017	0.032	0.011	0.586	0.76	0.23	2.51	26.38	0.72
2010-10	SYB08	7.40	8.19	0.102	0.009	0.005 0	0.021	0.016	0.013	0.855	0.67	0.75	2.51	26.47	—
2010-10	SYB09	6.87	8.18	0.093	0.005	0.006 0	0.017	0.019	0.009	0.723	0.42	0.08	2.51	26.51	1.71
2010-10	SYB10	7.02	8.21	0.105	0.002	0.004 0	0.015	0.018	0.008	0.750	0.42	0.19	2.51	26.35	—
2010-10	SYB11	6.98	8.22	0.102	0.008	0.006 0	0.017	0.018	0.013	0.848	0.46	0.08	2.51	26.21	0.91
2010-10	SYB12	6.86	8.16	0.103	0.011	0.004 0	0.013	0.020	0.014	0.762	0.59	0.76	2.51	26.59	—
2010-10	SYB13	6.55	7.92	0.131	0.024	0.023 0	0.125	0.071	0.028	7.118	2.95	0.60	1.03	11.40	—
2011-1	SYB01	6.54	8.09	0.106	0.007	0.006 0	0.012	0.034	0.012	1.121	0.69	—	2.62	28.43	2.58
2011-1	SYB02	7.54	8.11	0.119	0.008	0.003 0	0.010	0.036	0.012	0.602	0.54	1.45	2.63	28.38	6.64
2011-1	SYB03	6.89	8.10	0.105	0.006	0.003 0	0.012	0.027	0.010	0.508	0.96	0.41	2.63	28.43	4.81
2011-1	SYB04	7.03	8.11	0.113	0.004	0.003 0	0.008	0.028	0.007	0.465	0.54	0.41	2.63	28.38	2.62
2011-1	SYB05	7.33	8.14	0.102	0.004	0.002 0	0.007	0.021	0.006	0.500	0.46	0.80	2.62	28.07	2.41
2011-1	SYB06	7.10	8.15	0.101	0.003	0.003 0	0.008	0.030	0.006	0.547	1.19	0.37	2.63	27.98	6.14
2011-1	SYB07	7.72	8.10	0.103	0.003	0.004 0	0.008	0.019	0.005	0.516	0.46	1.90	2.63	28.43	3.39
2011-1	SYB08	6.96	8.11	0.104	0.006	0.001 0	0.006	0.018	0.011	0.434	0.96	0.30	2.63	28.38	7.62
2011-1	SYB09	6.89	8.12	0.113	0.004	0.002 0	0.007	0.020	0.008	0.453	0.42	0.24	2.62	28.24	3.20
2011-1	SYB10	7.01	8.16	0.110	0.004	0.001 0	0.007	0.025	0.009	0.488	0.54	0.29	2.62	27.89	9.61
2011-1	SYB11	7.01	8.09	0.105	0.003	0.002 0	0.007	0.025	0.011	0.422	0.73	0.22	2.62	28.43	2.78
2011-1	SYB12	7.07	8.11	0.104	0.007	0.002 0	0.009	0.024	0.010	0.469	0.84	0.05	2.63	28.38	—
2011-1	SYB13	5.78	8.06	0.128	0.014	0.013 0	0.021	0.048	0.029	3.651	3.67	1.87	2.62	28.87	7.34
2011-4	SYB01	6.70	8.15	0.117	0.006	0.004 0	0.012	0.042	0.012	1.027	1.21	1.06	2.50	26.32	2.94
2011-4	SYB02	6.08	8.15	0.104	0.006	0.002 0	0.006	0.028	0.011	0.613	0.61	0.53	2.51	26.28	2.36
2011-4	SYB03	6.04	8.16	0.100	0.003	0.001 0	0.006	0.019	0.007	0.496	0.39	0.48	2.50	26.24	2.91
2011-4	SYB04	5.16	8.15	0.095	0.002	0.002 0	0.007	0.028	0.006	0.508	0.52	0.72	2.50	26.30	1.53
2011-4	SYB05	5.76	8.17	0.107	0.003	0.002 0	0.006	0.023	0.007	0.555	1.04	0.61	2.51	26.20	2.45

（续）

时间（年-月）	站位	溶解氧浓度/(mg/L)	pH	活性硅酸盐/(mg/L)	活性磷酸盐/(mg/L)	亚硝酸盐/(mg/L)	硝酸盐/(mg/L)	氨及部分氨基酸/(mg/L)	总磷/(mg/L)	总氮/(mg/L)	化学需氧量/(mg/L)	生化需氧量/(mg/L)	碱度/(mg/L)	总无机碳/(mg/L)	溶解有机碳/(mg/L)
2011-4	SYB06	5.58	8.15	0.100	0.003	0.002 0	0.007	0.028	0.008	0.465	0.56	0.18	2.50	26.30	2.74
2011-4	SYB07	5.63	8.17	0.105	0.004	0.002 0	0.008	0.029	0.008	0.418	0.56	0.18	2.50	26.17	6.89
2011-4	SYB08	6.44	8.18	0.107	0.003	0.001 0	0.006	0.020	0.009	0.516	0.78	0.33	2.51	26.12	2.57
2011-4	SYB09	5.69	8.17	0.100	0.000	0.001 0	0.005	0.022	0.004	0.520	0.48	0.18	2.51	26.23	5.17
2011-4	SYB10	6.31	8.16	0.100	0.002	0.002 0	0.006	0.021	0.007	0.418	1.21	0.06	2.51	26.28	2.30
2011-4	SYB11	6.51	8.19	0.102	0.002	0.001 0	0.005	0.021	0.005	0.461	0.26	0.37	2.50	26.04	1.60
2011-4	SYB12	5.81	8.18	0.091	0.004	0.002 0	0.006	0.025	0.008	0.477	0.61	0.05	2.51	26.11	4.66
2011-4	SYB13	5.33	8.13	0.131	0.012	0.010 0	0.017	0.052	0.027	3.897	1.60	2.30	2.51	26.86	3.36
2011-7	SYB01	6.23	8.08	0.119	0.014	0.011 0	0.035	0.056	0.024	1.632	0.64	0.26	2.58	27.59	1.98
2011-7	SYB02	6.90	8.14	0.125	0.009	0.006 0	0.019	0.022	0.015	0.555	2.77	0.78	2.58	27.18	1.98
2011-7	SYB03	6.32	8.14	0.114	0.008	0.005 0	0.015	0.024	0.014	0.606	1.81	0.09	2.58	27.18	2.29
2011-7	SYB04	6.66	8.11	0.116	0.007	0.004 0	0.013	0.025	0.011	0.508	1.49	0.41	2.58	27.38	2.69
2011-7	SYB05	6.43	8.16	0.118	0.008	0.004 0	0.016	0.030	0.009	0.567	1.60	0.07	2.58	26.95	1.67
2011-7	SYB06	6.87	8.14	0.115	0.007	0.003 0	0.013	0.022	0.009	0.551	1.44	0.04	2.58	26.84	3.69
2011-7	SYB07	6.25	8.15	0.117	0.006	0.005 0	0.013	0.024	0.011	0.449	0.53	0.14	2.58	27.05	2.24
2011-7	SYB08	6.28	8.14	0.110	0.008	0.003 0	0.013	0.026	0.011	0.481	0.80	0.37	2.58	26.84	1.67
2011-7	SYB09	6.18	8.17	0.122	0.008	0.005 0	0.015	0.021	0.012	0.488	0.64	0.23	2.58	27.14	1.20
2011-7	SYB10	6.18	8.12	0.115	0.006	0.004 0	0.014	0.015	0.009	0.586	1.65	0.29	2.57	26.57	2.57
2011-7	SYB11	6.19	8.15	0.111	0.007	0.004 0	0.015	0.020	0.009	0.520	2.93	0.17	2.58	27.28	1.31
2011-7	SYB12	6.52	8.09	0.116	0.008	0.004 0	0.015	0.024	0.013	0.535	1.17	0.17	2.58	27.05	1.41
2011-7	SYB13	7.81	8.17	0.144	0.021	0.020 0	0.079	0.081	0.033	5.720	1.87	2.70	2.58	27.35	1.88
2011-10	SYB01	5.25	8.15	0.120	0.014	0.008 0	0.012	0.035	0.026	2.097	1.05	5.25	2.78	29.21	2.28
2011-10	SYB02	5.80	8.16	0.115	0.009	0.007 0	0.019	0.031	0.013	1.832	1.69	0.05	2.78	29.29	2.40
2011-10	SYB03	6.52	8.14	0.119	0.010	0.005 0	0.014	0.024	0.015	0.809	0.91	0.29	2.78	29.22	1.42
2011-10	SYB04	6.58		0.111	0.008	0.006 0	0.014	0.026	0.013	0.754	1.46	0.10	2.78	29.40	2.11

（续）

时间（年-月）	站位	溶解氧浓度/(mg/L)	pH	活性硅酸盐/(mg/L)	活性磷酸盐/(mg/L)	亚硝酸盐/(mg/L)	硝酸盐/(mg/L)	氨及部分氨基酸/(mg/L)	总磷/(mg/L)	总氮/(mg/L)	化学需氧量/(mg/L)	生化需氧量/(mg/L)	碱度/(mg/L)	总无机碳/(mg/L)	溶解有机碳/(mg/L)
2011-10	SYB05	6.64	8.16	0.110	0.008	0.003 0	0.015	0.023	0.015	0.720	1.01	0.24	2.78	29.22	2.02
2011-10	SYB06	6.39	8.16	0.110	0.008	0.005 0	0.013	0.028	0.010	0.680	0.78	0.10	2.78	29.22	2.63
2011-10	SYB07	6.16	8.15	0.120	0.007	0.004 0	0.014	0.023	0.008	0.590	0.87	0.08	2.78	29.29	1.77
2011-10	SYB08	6.50	8.16	0.100	0.004	0.005 0	0.014	0.025	0.009	0.860	0.73	0.28	2.78	29.22	2.35
2011-10	SYB09	6.55	8.16	0.120	0.008	0.004 0	0.014	0.021	0.010	0.720	0.96	0.41	2.78	29.22	1.58
2011-10	SYB10	6.47	8.16	0.100	0.006	0.003 0	0.014	0.025	0.009	0.750	1.42	0.01	2.78	29.22	2.92
2011-10	SYB11	6.72	8.15	0.110	0.006	0.003 0	0.015	0.021	0.007	0.850	0.87	—	2.78	29.29	1.81
2011-10	SYB12	6.43	8.14	0.110	0.009	0.004 0	0.014	0.023	0.014	0.760	1.14	0.19	2.78	29.40	2.14
2011-10	SYB13	5.10	8.11	0.130	0.020	0.017 0	0.078	0.095	0.035	7.120	2.65	1.76	2.31	24.79	2.78
2012-2	SYB01	6.57	8.12	0.718	0.011	0.003 0	0.046	0.017	—	—	1.92	1.60	2.64	28.34	1.21
2012-2	SYB02	6.98	8.13	1.099	0.015	0.008 0	0.084	0.027	—	—	1.73	0.23	2.64	28.27	—
2012-2	SYB03	6.86	8.11	0.337	0.003	0.001 0	0.046	0.012	—	—	0.96	0.45	2.63	28.37	—
2012-2	SYB04	7.11	8.10	0.628	0.007	0.002 0	0.056	0.013	—	—	1.83	0.46	2.63	28.41	1.25
2012-2	SYB05	7.25	8.15	0.247	0.003	0.002 0	0.063	0.015	—	—	0.73	0.88	2.63	28.02	—
2012-2	SYB06	7.13	8.13	0.381	0.007	0.002 0	0.047	0.012	—	—	1.27	0.41	2.62	28.09	1.11
2012-2	SYB07	7.26	8.13	0.561	0.003	0.002 0	0.054	0.008	—	—	0.83	1.60	2.64	28.29	1.14
2012-2	SYB08	7.03	8.12	0.314	0.007	0.002 0	0.050	0.016	—	—	0.67	0.33	2.64	28.33	—
2012-2	SYB09	6.85	8.14	0.112	0.003	0.000 0	0.051	0.013	—	—	0.73	0.26	2.63	28.14	0.88
2012-2	SYB10	7.03	8.15	0.179	0.003	0.001 0	0.059	0.017	—	—	0.37	0.32	2.62	27.94	—
2012-2	SYB11	7.05	8.11	0.247	0.003	0.002 0	0.055	0.014	—	—	0.83	0.25	2.64	28.37	1.10
2012-2	SYB12	7.09	8.13	0.538	0.003	0.001 0	0.050	0.008	—	—	0.29	0.26	2.64	28.27	0.99
2012-2	SYB13	5.89	8.05	—	—	0.002 0	0.058	0.012	—	—	1.68	2.06	2.62	28.78	1.46
2012-4	SYB01	6.74	8.16	0.521	0.003	0.002 0	0.058	0.012	—	—	0.99	1.06	2.51	26.20	1.82
2012-4	SYB02	6.25	8.14	0.657	0.007	0.003 0	0.069	0.015	—	—	0.59	0.53	2.51	26.18	—
2012-4	SYB03	6.11	8.15	0.612	0.007	0.006 0	0.058	0.013	—	—	0.16	0.48	2.50	26.23	13.44

（续）

时间/（年-月）	站位	溶解氧浓度/(mg/L)	pH	活性硅酸盐/(mg/L)	活性磷酸盐/(mg/L)	亚硝酸盐/(mg/L)	硝酸盐/(mg/L)	氨及部分氨基酸/(mg/L)	总磷/(mg/L)	总氮/(mg/L)	化学需氧量/(mg/L)	生化需氧量/(mg/L)	碱度/(mg/L)	总无机碳/(mg/L)	溶解有机碳/(mg/L)
2012-4	SYB04	5.39	8.16	0.453	0.003	0.002 0	0.066	0.010	—	—	0.38	0.72	2.51	26.20	1.93
2012-4	SYB05	5.69	8.16	0.861	0.011	0.007 0	0.075	0.012	—	—	0.37	0.61	2.50	26.16	1.40
2012-4	SYB06	5.67	8.17	0.453	0.003	0.008 0	0.069	0.007	—	—	0.35	0.18	2.51	26.16	1.55
2012-4	SYB07	5.69	8.15	0.793	0.003	0.001 0	0.044	0.012	—	—	0.18	0.18	2.50	26.19	1.42
2012-4	SYB08	6.53	8.17	0.816	0.003	0.001 0	0.055	0.012	—	—	0.19	0.33	2.51	26.08	1.56
2012-4	SYB09	6.10	8.18	—	—	—	—	—	—	—	0.53	0.18	2.52	—	—
2012-4	SYB10	6.33	8.17	0.363	0.003	0.002 0	0.065	0.008	—	—	0.34	0.06	2.51	26.17	1.35
2012-4	SYB11	6.55	8.18	0.544	0.007	0.004 0	0.063	0.007	—	—	0.16	0.37	2.50	25.99	1.47
2012-4	SYB12	5.77	8.16	0.499	0.003	0.004 0	0.059	0.009	—	—	0.52	0.05	2.50	26.00	1.31
2012-4	SYB13	5.37	8.14	—	—	—	—	—	—	—	2.57	2.30	2.51	26.64	—
2012-9	SYB01	6.23	8.11	0.115	0.007	0.023 0	0.070	0.169	—	—	0.29	0.31	2.59	27.61	1.42
2012-9	SYB02	6.90	8.15	0.039	0.002	0.003 0	0.033	0.085	—	—	0.31	0.94	2.58	26.80	1.28
2012-9	SYB03	6.32	8.15	0.047	0.005	0.004 0	0.075	0.155	—	—	0.17	0.10	2.58	26.94	1.33
2012-9	SYB04	6.66	8.13	0.047	0.013	0.003 0	0.027	0.092	—	—	0.34	0.50	2.59	27.14	1.12
2012-9	SYB05	6.43	8.15	0.056	0.015	0.004 0	0.052	0.099	—	—	0.23	0.08	2.58	26.71	1.04
2012-9	SYB06	6.87	8.16	0.081	0.006	0.002 0	0.048	0.113	—	—	0.24	0.05	2.59	26.87	1.03
2012-9	SYB07	6.25	8.14	0.030	0.005	0.009 0	0.045	0.108	—	—	0.29	0.17	2.58	27.07	1.15
2012-9	SYB08	6.28	8.15	0.081	0.003	0.006 0	0.075	0.088	—	—	1.23	0.44	2.58	27.92	1.19
2012-9	SYB09	6.18	8.15	0.149	0.005	0.006 0	0.043	0.069	—	—	0.34	0.28	2.58	26.94	1.29
2012-9	SYB10	6.18	8.17	0.056	0.003	0.003 0	0.020	0.053	—	—	0.26	0.35	2.58	26.63	1.32
2012-9	SYB11	6.19	8.13	0.073	0.006	0.002 0	0.057	0.088	—	—	0.23	0.20	2.58	26.92	1.07
2012-9	SYB12	6.52	8.13	0.064	0.002	0.000 0	0.020	0.036	—	—	0.68	0.21	2.57	26.85	2.34
2012-9	SYB13	7.81	8.07	0.267	0.096	0.161 0	0.277	1.234	—	—	0.99	3.24	2.57	27.75	11.05
2012-11	SYB01	5.33	8.15	0.824	0.108	0.040 0	0.166	0.086	—	—	2.78	3.15	2.78	29.54	1.56
2012-11	SYB02	5.78	8.16	0.191	0.005	0.003 0	0.031	0.034	—	—	1.89	0.05	2.78	29.21	1.77

（续）

时间（年-月）	站位	溶解氧浓度/（mg/L）	pH	活性硅酸盐/（mg/L）	活性磷酸盐/（mg/L）	亚硝酸盐/（mg/L）	硝酸盐/（mg/L）	氨及部分氨基酸/（mg/L）	总磷/（mg/L）	总氮/（mg/L）	化学需氧量/（mg/L）	生化需氧量/（mg/L）	碱度/（mg/L）	总无机碳/（mg/L）	溶解有机碳/（mg/L）
2012-11	SYB03	6.53	8.17	0.233	0.003	0.006 0	0.028	0.020	—	—	1.73	0.29	2.78	29.21	1.25
2012-11	SYB04	6.71	8.14	0.225	0.011	0.006 0	0.101	0.052	—	—	1.84	0.10	2.78	29.40	0.96
2012-11	SYB05	6.75	8.18	0.056	0.002	0.004 0	0.025	0.016	—	—	1.47	0.23	2.79	29.06	1.07
2012-11	SYB06	6.48	8.15	0.140	0.003	0.007 0	0.014	0.042	—	—	1.67	0.10	2.78	29.21	0.98
2012-11	SYB07	6.24	8.17	0.166	0.005	0.001 0	0.006	0.004	—	—	1.68	0.08	2.78	29.13	0.91
2012-11	SYB08	6.47	8.17	0.123	0.007	0.002 0	0.048	0.057	—	—	1.67	0.27	2.78	29.11	1.02
2012-11	SYB09	6.58	8.15	0.157	0.004	0.001 0	0.020	0.007	—	—	0.99	0.40	2.78	29.21	0.94
2012-11	SYB10	6.42	8.15	0.098	0.004	0.000 3	0.031	0.026	—	—	0.99	0.01	2.78	29.21	1.03
2012-11	SYB11	6.45	8.15	0.157	0.002	0.000 3	0.012	0.002	—	—	0.96	0.00	2.78	29.23	1.00
2012-11	SYB12	6.39	8.15	0.090	0.003	0.000 3	0.001	0.026	—	—	1.24	0.19	2.78	29.31	0.99
2012-11	SYB13	5.47	8.09	1.162	0.097	0.024 0	0.283	0.099	—	—	2.88	1.72	2.31	—	1.76
2013-1	SYB01	6.54	8.14	—	—	0.018 0	0.048	0.026	—	—	1.88	1.48	2.65	28.36	1.29
2013-1	SYB02	6.95	8.13	0.192	—	0.002 0	0.021	0.018	—	—	1.68	1.35	2.64	28.36	1.07
2013-1	SYB03	6.83	8.15	0.341	—	0.001 0	0.006	0.005	—	—	0.93	0.45	2.63	28.02	31.26
2013-1	SYB04	7.09	8.14	0.134	—	0.002 0	0.012	0.026	—	—	1.59	0.38	2.63	28.10	1.02
2013-1	SYB05	7.17	8.13	0.308	—	0.016 0	0.011	0.006	—	—	0.70	0.86	2.63	28.24	27.73
2013-1	SYB06	7.15	8.13	0.209	—	0.000 0	0.002	0.033	—	—	1.24	0.35	2.62	28.12	1.00
2013-1	SYB07	7.23	8.14	0.175	—	0.002 0	0.014	0.036	—	—	0.81	2.11	2.64	28.18	1.02
2013-1	SYB08	6.95	8.15	0.358	—	0.060 0	0.012	0.006	—	—	0.65	0.36	2.63	28.09	1.08
2013-1	SYB09	6.79	8.14	0.175	—	0.002 0	0.013	0.020	—	—	0.71	0.33	2.63	28.18	0.96
2013-1	SYB10	6.95	8.15	0.300	—	0.016 0	0.008	0.015	—	—	0.36	0.32	2.63	28.03	1.10
2013-1	SYB11	6.95	8.12	0.167	—	0.023 0	0.005	0.006	—	—	0.81	0.17	2.63	28.26	1.13
2013-1	SYB12	7.03	8.13	0.126	—	0.011 0	0.007	0.003	—	—	0.28	0.09	2.63	28.25	1.18
2013-1	SYB13	5.86	8.08	0.730	—	0.019 0	0.155	0.096	—	—	1.47	1.75	2.62	28.58	17.51
2013-4	SYB01	6.70	8.14	1.194	—	0.001 0	0.012	0.035	—	1.474	0.97	1.25	2.51	26.36	8.67

（续）

时间（年-月）	站位	溶解氧浓度/（mg/L）	pH	活性硅酸盐/（mg/L）	活性磷酸盐/（mg/L）	亚硝酸盐/（mg/L）	硝酸盐/（mg/L）	氨及部分氨基酸/（mg/L）	总磷/（mg/L）	总氮/（mg/L）	化学需氧量/（mg/L）	生化需氧量/（mg/L）	碱度/（mg/L）	总无机碳/（mg/L）	溶解有机碳/（mg/L）
2013-4	SYB02	6.28	8.15	0.821	—	0.001 0	0.006	0.067	—	1.682	0.58	0.47	2.51	26.28	17.11
2013-4	SYB03	6.14	8.14	0.979	—	0.000 0	0.010	0.041	—	0.978	0.16	0.55	2.50	26.30	10.12
2013-4	SYB04	5.33	8.15	1.947	—	0.001 0	0.012	0.057	—	0.859	0.37	0.73	2.51	26.29	7.30
2013-4	SYB05	5.56	8.15	0.987	—	0.000 0	0.011	0.047	—	0.622	0.36	0.58	2.51	26.32	6.67
2013-4	SYB06	5.76	8.16	1.765	—	0.001 0	0.013	0.085	—	0.918	0.34	0.22	2.51	26.26	5.85
2013-4	SYB07	5.65	8.17	0.270	—	0.001 0	0.005	0.074	—	0.771	0.18	0.19	2.53	26.38	11.79
2013-4	SYB08	6.44	8.16	5.002	—	0.001 0	0.002	0.023	—	1.778	0.19	0.30	2.51	26.28	24.92
2013-4	SYB09	6.56	8.17	0.921	—	0.001 0	0.004	0.017	—	0.948	0.58	0.24	2.50	26.16	12.31
2013-4	SYB10	6.28	8.16	1.045	—	0.000 0	0.008	0.016	—	0.978	0.33	0.09	2.51	26.30	12.75
2013-4	SYB11	6.45	8.18	1.666	—	0.000 0	0.005	0.008	—	0.785	0.16	0.34	2.50	26.05	15.28
2013-4	SYB12	5.75	8.14	0.548	—	—	0.002	0.018	—	0.718	0.51	0.06	2.49	26.14	0.00
2013-4	SYB13	5.89	8.11	1.235	—	0.016 0	0.013	0.111	—	4.756	2.18	2.23	2.50	26.51	13.13
2013-7	SYB01	6.36	8.13	0.395	—	0.033 0	0.299	0.126	—	—	0.28	0.29	2.60	27.65	2.32
2013-7	SYB02	6.85	8.15	0.105	—	0.006 0	0.048	0.001	—	—	0.30	0.76	2.58	27.38	3.90
2013-7	SYB03	6.35	8.16	0.096	—	0.007 0	0.093	0.072	—	—	0.17	0.12	2.59	27.88	2.21
2013-7	SYB04	6.39	8.14	0.144	—	0.011 0	0.092	0.101	—	—	0.33	0.38	2.61	27.78	1.64
2013-7	SYB05	6.38	8.16	0.093	—	0.009 0	—	0.036	—	—	0.23	0.09	2.57	27.19	1.41
2013-7	SYB06	6.89	8.15	0.046	—	0.012 0	0.002	0.038	—	—	0.23	0.06	2.58	27.29	1.49
2013-7	SYB07	6.19	8.16	0.028	—	—	0.003	0.011	—	—	0.28	0.16	2.57	27.19	1.90
2013-7	SYB08	6.13	8.14	0.065	—	0.007 0	0.036	0.007	—	—	1.36	0.42	2.57	27.30	2.35
2013-7	SYB09	6.13	8.16	0.011	—	—	0.013	0.006	—	—	0.33	0.25	2.57	27.18	2.65
2013-7	SYB10	6.14	8.15	0.071	—	0.006 0	0.066	0.010	—	—	0.25	0.32	2.58	27.37	1.84
2013-7	SYB11	6.12	8.14	—	—	0.000 0	0.014	0.013	—	—	0.23	0.17	2.57	27.24	3.28
2013-7	SYB12	6.65	8.12	0.114	—	0.022 0	0.036	0.011	—	—	0.67	0.20	2.58	27.59	5.07
2013-7	SYB13	6.88	8.05	0.990	—	0.086 0	0.263	0.023	—	—	0.97	2.95	2.57	—	4.62

（续）

时间（年-月）	站位	溶解氧浓度/(mg/L)	pH	活性硅酸盐/(mg/L)	活性磷酸盐/(mg/L)	亚硝酸盐/(mg/L)	硝酸盐/(mg/L)	氨及部分氨基酸/(mg/L)	总磷/(mg/L)	总氮/(mg/L)	化学需氧量/(mg/L)	生化需氧量/(mg/L)	碱度/(mg/L)	总无机碳/(mg/L)	溶解有机碳/(mg/L)
2013-11	SYB01	5.57	8.17	0.014	—	0.006 0	0.026	0.012	—	—	2.55	4.76	2.74	28.68	1.64
2013-11	SYB02	5.80	8.15	0.041	—	0.001 0	0.070	0.012	—	—	1.79	0.08	2.80	29.45	1.77
2013-11	SYB03	6.66	8.18	0.019	—	0.008 0	0.045	0.013	—	—	1.58	0.31	2.77	29.14	2.19
2013-11	SYB04	6.64	8.15	0.021	—	0.003 0	0.065	0.016	—	—	1.69	0.16	2.77	29.18	2.44
2013-11	SYB05	6.78	8.17	0.049	—	0.002 0	0.060	0.004	—	—	1.44	0.31	2.78	29.06	2.88
2013-11	SYB06	6.64	8.16	0.007	—	0.015 0	0.054	—	—	—	1.63	0.14	2.77	29.28	1.67
2013-11	SYB07	6.17	8.16	0.024	—	0.002 0	0.077	0.006	—	—	1.64	0.15	2.78	29.16	2.06
2013-11	SYB08	6.14	8.18	0.026	—	0.001 0	0.033	0.005	—	—	1.63	0.31	2.78	29.00	1.66
2013-11	SYB09	6.54	8.14	0.029	—	0.001 0	0.066	0.006	—	—	0.97	0.43	2.77	29.28	6.51
2013-11	SYB10	6.55	8.17	0.032	—	0.002 0	0.066	0.004	—	—	0.97	0.03	2.78	29.09	3.04
2013-11	SYB11	6.54	8.16	0.032	—	0.002 0	0.072	0.003	—	—	0.94	0.24	2.78	29.26	5.61
2013-11	SYB12	6.33	8.13	0.033	—	0.002 0	0.077	0.006	—	—	1.13	0.18	2.78	29.41	6.39
2013-11	SYB13	5.45	8.03	0.085	—	0.144 0	0.217	—	—	—	2.83	1.64	2.32	25.72	6.69
2014-1	SYB01	6.59	8.14	0.194	0.009	0.008 0	0.053	0.182	0.041	0.560	1.72	1.38	2.65	—	1.43
2014-1	SYB02	6.61	8.15	0.015	0.001	0.001 0	0.013	0.011	0.018	0.403	1.77	0.43	2.66	—	1.39
2014-1	SYB03	6.62	8.13	0.051	0.001	0.001 0	0.018	0.013	0.010	0.417	0.84	0.45	2.66	—	1.44
2014-1	SYB04	7.16	8.11	0.029	0.002	0.001 0	0.007	0.009	0.008	0.406	1.64	0.46	2.66	—	1.12
2014-1	SYB05	7.23	8.17	0.022	0.002	0.002 0	0.023	0.002	0.011	0.411	0.85	0.78	2.65	—	1.48
2014-1	SYB06	7.10	8.14	0.049	0.002	0.001 0	0.011	0.012	0.008	0.118	1.14	0.32	2.66	—	1.17
2014-1	SYB07	7.18	8.11	0.065	0.002	0.001 0	0.004	0.004	0.009	0.233	0.76	1.43	2.65	—	1.33
2014-1	SYB08	7.06	8.14	0.039	0.001	0.001 0	0.008	0.006	0.011	0.288	0.72	0.53	2.65	—	1.11
2014-1	SYB09	6.91	8.13	0.041	0.002	0.001 0	0.007	0.006	0.009	0.136	0.68	0.36	2.65	—	1.17
2014-1	SYB10	7.08	8.12	0.029	0.001	0.001 0	0.010	0.028	0.008	0.314	0.42	0.42	2.65	—	1.16
2014-1	SYB11	7.09	8.12	0.036	0.001	0.001 0	0.019	0.005	0.011	0.180	0.74	0.45	2.65	—	1.48
2014-1	SYB12	7.05	8.12	0.013	0.002	0.001 0	0.008	0.011	0.008	0.363	0.26	0.36	2.65	—	1.29

（续）

时间（年-月）	站位	溶解氧浓度/（mg/L）	pH	活性硅酸盐/（mg/L）	活性磷酸盐/（mg/L）	亚硝酸盐/（mg/L）	硝酸盐/（mg/L）	氨及部分氨基酸/（mg/L）	总磷/（mg/L）	总氮/（mg/L）	化学需氧量/（mg/L）	生化需氧量/（mg/L）	碱度/（mg/L）	总无机碳/（mg/L）	溶解有机碳/（mg/L）
2014-1	SYB13	5.70	7.98	1.171	0.019	0.049 0	0.230	0.210	0.154	2.235	1.47	1.66	2.65	—	2.23
2014-4	SYB01	6.86	8.16	0.089	0.002	0.009 0	0.035	0.101	0.015	0.435	1.13	0.97	2.66	—	2.24
2014-4	SYB02	6.61	8.15	0.080	0.002	0.002 0	0.020	0.040	0.005	0.420	0.63	0.56	2.66	—	1.43
2014-4	SYB03	6.31	8.16	0.084	0.003	0.001 0	0.043	0.083	0.002	0.403	0.38	0.58	2.66	—	2.10
2014-4	SYB04	5.64	8.15	0.083	0.005	0.001 0	0.017	0.032	0.003	0.206	0.45	0.82	2.66	—	1.38
2014-4	SYB05	5.64	8.17	0.072	0.002	0.001 0	0.010	0.044	0.002	0.209	0.37	0.71	2.66	—	1.35
2014-4	SYB06	5.62	8.16	0.086	0.005	0.001 0	0.049	0.087	0.003	0.153	0.35	0.37	2.66	—	—
2014-4	SYB07	5.63	8.16	0.076	0.000	0.001 0	0.025	0.026	0.006	0.378	0.24	0.37	2.66	—	1.56
2014-4	SYB08	6.35	8.15	0.084	0.003	0.002 0	0.009	0.042	0.003	0.447	0.27	0.42	2.66	—	1.47
2014-4	SYB09	6.91	8.13	0.092	0.002	0.002 0	0.026	0.043	0.003	0.215	0.29	0.54	2.66	—	1.35
2014-4	SYB10	6.26	8.17	0.084	0.003	0.003 0	0.073	0.071	0.002	0.455	0.34	0.45	2.66	—	1.76
2014-4	SYB11	6.54	8.15	0.083	0.000	0.002 0	0.019	0.054	0.006	0.370	0.26	0.41	2.66	—	1.57
2014-4	SYB12	5.89	8.14	0.101	0.001	0.002 0	0.021	0.041	0.004	0.322	0.47	0.48	2.66	—	1.52
2014-4	SYB13	5.40	8.11	0.152	0.052	0.069 0	0.066	0.092	0.119	2.267	1.98	1.88	2.66	—	9.82
2014-7	SYB01	6.35	8.13	0.101	0.021	0.011 0	0.028	0.154	0.036	0.539	0.36	0.47	2.66	—	3.41
2014-7	SYB02	6.67	8.12	0.090	0.009	0.001 0	0.015	0.046	0.014	0.531	0.35	0.86	2.66	—	2.99
2014-7	SYB03	6.37	8.13	0.077	—	0.001 0	0.012	0.118	0.009	0.348	0.37	0.42	2.66	—	4.17
2014-7	SYB04	6.36	8.15	0.076	—	0.001 0	0.013	0.070	0.007	0.213	0.34	0.46	2.66	—	3.39
2014-7	SYB05	6.41	8.14	0.082	0.006	0.001 0	0.023	0.044	0.009	0.285	0.28	0.35	2.66	—	2.97
2014-7	SYB06	6.56	8.15	0.074	—	0.000 0	0.009	0.055	0.008	0.374	0.33	0.44	2.66	—	3.35
2014-7	SYB07	6.36	8.15	0.077	0.007	0.000 0	0.021	0.066	0.007	0.250	0.29	0.24	2.66	—	3.70
2014-7	SYB08	6.34	8.13	0.077	0.006	0.001 0	0.011	0.052	0.007	0.295	1.47	0.44	2.66	—	2.94
2014-7	SYB09	6.25	8.14	0.083	—	0.001 0	0.009	0.041	0.008	0.456	0.45	0.35	2.66	—	3.96
2014-7	SYB10	6.11	8.15	0.081	0.006	0.001 0	0.011	0.046	0.007	0.323	0.16	0.35	2.66	—	3.24
2014-7	SYB11	6.18	8.14	0.080	—	0.001 0	0.008	0.046	0.010	0.373	0.17	0.52	2.66	—	3.41

（续）

时间（年-月）	站位	溶解氧浓度/(mg/L)	pH	活性硅酸盐/(mg/L)	活性磷酸盐/(mg/L)	亚硝酸盐/(mg/L)	硝酸盐/(mg/L)	氨及部分氨基酸/(mg/L)	总磷/(mg/L)	总氮/(mg/L)	化学需氧量/(mg/L)	生化需氧量/(mg/L)	碱度/(mg/L)	总无机碳/(mg/L)	溶解有机碳/(mg/L)
2014-7	SYB12	6.42	8.12	0.076	0.009	0.000 0	0.017	0.047	0.010	0.273	0.73	0.32	2.65	—	3.26
2014-7	SYB13	6.50	8.05	0.179	0.033	0.035 0	0.033	0.133	0.089	2.080	1.25	2.86	2.66	—	3.11
2014-10	SYB01	5.56	8.17	0.115	—	0.021 0	0.020	0.001	0.008	0.298	2.37	1.26	2.66	—	1.89
2014-10	SYB02	5.70	8.14	0.090	—	0.010 0	0.019	0.000	0.007	0.477	1.65	0.75	2.66	—	1.76
2014-10	SYB03	6.62	8.16	0.086	—	0.004 0	0.021	0.002	0.006	0.321	1.67	0.34	2.66	—	1.83
2014-10	SYB04	6.56	8.16	0.081	—	0.006 0	0.012	0.000	0.003	0.293	1.75	0.31	2.66	—	1.77
2014-10	SYB05	6.59	8.17	0.082	—	0.002 0	0.014	0.002	0.003	0.305	1.31	0.34	2.66	—	1.85
2014-10	SYB06	6.42	8.17	0.082	—	0.002 0	0.014	0.001	0.004	0.319	1.78	0.41	2.66	—	2.03
2014-10	SYB07	6.32	8.18	0.077	—	0.005 0	0.011	0.000	0.004	0.285	1.83	0.29	2.66	—	1.84
2014-10	SYB08	6.49	8.17	0.089	—	0.003 0	0.013	0.000	0.004	0.280	1.71	0.32	2.66	—	1.90
2014-10	SYB09	6.53	8.16	0.077	—	0.003 0	0.018	0.002	0.004	0.405	0.87	0.43	2.66	—	1.80
2014-10	SYB10	6.64	8.13	0.081	—	0.002 0	0.015	0.000	0.003	0.307	1.03	0.36	2.66	—	1.54
2014-10	SYB11	6.62	8.17	0.079	—	0.002 0	0.011	0.003	0.004	0.276	0.88	0.26	2.66	—	1.41
2014-10	SYB12	6.36	8.13	0.087	—	0.002 0	0.022	0.002	0.005	0.315	1.22	0.25	2.66	—	1.55
2014-10	SYB13	5.25	8.07	0.264	—	0.039 0	0.066	0.007	0.021	2.335	2.57	1.56	2.64	—	2.67
2015-1	SYB01	6.68	8.14	0.091	0.027	0.001 0	—	0.067	—	0.226	1.95	1.66	2.63	—	2.61
2015-1	SYB02	6.57	8.17	0.106	0.009	0.003 0	—	0.022	0.018	0.138	1.93	0.69	2.65	—	2.26
2015-1	SYB03	6.64	8.14	0.119	0.011	0.002 0	0.159	0.017	0.012	0.271	1.42	0.69	2.63	—	3.25
2015-1	SYB04	5.48	8.12	0.098	0.010	0.002 0	0.029	0.015	—	0.324	1.88	0.69	2.61	—	2.33
2015-1	SYB05	6.87	8.17	0.089	0.008	0.002 0	—	0.013	0.010	0.203	0.94	1.21	2.64	—	2.16
2015-1	SYB06	6.26	8.13	0.094	0.012	0.001 0	0.046	0.024	—	0.232	1.09	0.39	2.63	—	3.31
2015-1	SYB07	6.94	8.09	0.106	0.011	0.019 0	0.003	0.030	0.013	0.239	0.82	1.54	2.50	—	2.49
2015-1	SYB08	5.91	8.14	0.090	0.009	0.002 0	0.058	0.030	—	0.324	0.74	0.79	2.63	—	2.00
2015-1	SYB09	5.40	8.11	0.079	0.010	0.001 0	0.022	0.021	—	0.273	0.75	0.58	2.61	—	2.34
2015-1	SYB10	5.82	8.12	0.081	0.010	0.001 0	0.097	0.017	—	0.362	0.99	0.70	2.64	—	3.24

（续）

时间（年-月）	站位	溶解氧浓度/（mg/L）	pH	活性硅酸盐/（mg/L）	活性磷酸盐/（mg/L）	亚硝酸盐/（mg/L）	硝酸盐/（mg/L）	氨及部分氨基酸/（mg/L）	总磷/（mg/L）	总氮/（mg/L）	化学需氧量/（mg/L）	生化需氧量/（mg/L）	碱度/（mg/L）	总无机碳/（mg/L）	溶解有机碳/（mg/L）
2015-1	SYB11	5.37	8.12	0.108	0.010	0.001 0	—	0.017	0.010	0.195	2.00	0.73	2.60	—	3.16
2015-1	SYB12	4.84	8.02	0.082	0.012	0.001 0	—	0.028	—	0.182	0.90	0.71	2.49	—	2.40
2015-1	SYB13	4.28	7.88	0.132	0.011	0.040 0	0.134	0.098	0.179	1.797	2.77	1.99	2.44	—	2.91
2015-4	SYB01	6.75	7.83	0.091	0.006	0.003 0	0.073	0.029	0.016	0.132	1.69	1.40	2.40	—	1.80
2015-4	SYB02	6.72	7.73	0.106	0.002	0.001 0	0.046	0.068	0.021	0.120	0.96	0.74	2.30	—	2.60
2015-4	SYB03	6.38	8.01	0.119	0.002	0.000 0	0.081	0.001	0.015	0.120	0.79	0.75	2.45	—	1.39
2015-4	SYB04	5.89	7.90	0.098	0.002	0.001 0	0.067	0.018	0.019	0.120	0.95	0.99	2.45	—	1.43
2015-4	SYB05	5.85	7.95	0.089	0.002	0.000 0	0.047	0.003	0.013	0.121	0.89	0.90	2.41	—	1.18
2015-4	SYB06	5.96	7.91	0.094	0.004	0.000 0	0.058	0.021	0.014	0.125	0.91	0.56	2.28	—	1.34
2015-4	SYB07	5.71	7.56	0.106	0.005	0.002 0	0.020	0.079	0.012	0.120	0.65	0.58	2.43	—	1.27
2015-4	SYB08	6.43	7.85	0.090	—	0.000 0	0.008	0.001	0.011	0.128	0.68	0.63	2.46	—	1.30
2015-4	SYB09	6.79	8.02	0.079	0.003	0.000 0	0.004	0.003	0.011	0.120	0.69	0.57	2.41	—	1.26
2015-4	SYB10	6.47	7.87	0.081	0.002	0.001 0	0.008	0.009	0.012	0.121	0.70	0.83	2.41	—	1.28
2015-4	SYB11	6.77	7.90	0.108	0.002	0.000 0	0.008	0.007	0.011	0.120	0.68	0.90	2.41	—	1.28
2015-4	SYB12	6.05	7.89	0.082	0.001	0.001 0	0.007	0.011	0.016	0.120	0.91	0.77	2.42	—	4.76
2015-4	SYB13	5.21	7.94	0.080	0.014	0.018 0	0.092	0.148	0.104	0.319	2.34	2.35	2.43	—	1.52
2015-7	SYB01	6.58	7.98	0.212	0.032	0.025 0	0.110	0.041	0.057	0.189	0.55	0.65	2.60	—	1.65
2015-7	SYB02	6.74	8.16	0.102	0.002	0.000 0	0.007	0.003	0.039	0.166	0.58	0.98	2.55	—	2.93
2015-7	SYB03	6.56	8.09	0.088	0.005	0.001 0	0.006	0.008	0.021	0.160	0.59	0.75	2.44	—	3.13
2015-7	SYB04	6.24	8.03	0.117	0.001	0.001 0	0.009	0.015	0.015	0.137	0.58	0.75	2.55	—	1.58
2015-7	SYB05	6.55	8.09	0.129	0.004	0.002 0	0.010	0.013	0.032	0.177	0.50	0.71	2.55	—	1.91
2015-7	SYB06	6.49	7.97	0.103	0.006	0.001 0	0.005	0.009	0.023	0.169	0.58	0.75	2.43	—	—

（续）

时间（年-月）	站位	溶解氧浓度/(mg/L)	pH	活性硅酸盐/(mg/L)	活性磷酸盐/(mg/L)	亚硝酸盐/(mg/L)	硝酸盐/(mg/L)	氨及部分氨基酸/(mg/L)	总磷/(mg/L)	总氮/(mg/L)	化学需氧量/(mg/L)	生化需氧量/(mg/L)	碱度/(mg/L)	总无机碳/(mg/L)	溶解有机碳/(mg/L)
2015-7	SYB07	6.45	8.05	0.119	0.001	0.002 0	0.005	0.025	0.015	0.139	0.55	0.40	2.44	—	1.51
2015-7	SYB08	6.30	8.04	0.095	0.003	0.012 0	0.018	0.006	0.015	0.193	2.40	0.88	2.44	—	1.74
2015-7	SYB09	6.32	8.08	0.114	0.003	0.001 0	0.009	0.017	0.016	0.194	0.69	0.66	2.45	—	2.06
2015-7	SYB10	6.15	8.02	0.114	0.002	0.001 0	0.009	0.007	0.017	0.160	0.45	0.55	2.44	—	2.81
2015-7	SYB11	6.22	8.04	0.116	0.003	0.004 0	0.004	0.011	0.017	0.179	0.46	0.85	2.44	—	1.52
2015-7	SYB12	6.40	8.11	0.126	0.007	0.004 0	0.029	0.016	0.030	0.183	0.99	0.41	2.59	—	1.70
2015-7	SYB13	6.35	7.77	0.352	0.175	0.104 0	0.025	0.014	0.253	0.295	2.36	3.25	2.38	—	2.59
2015-10	SYB01	5.64	7.66	0.158	0.018	0.035 0	0.084	0.095	0.053	0.361	2.98	1.88	2.33	—	1.88
2015-10	SYB02	5.85	7.51	0.080	—	0.002 0	0.016	0.074	0.016	0.186	2.09	0.99	2.30	—	1.45
2015-10	SYB03	6.53	8.04	0.097	—	0.006 0	0.009	0.024	0.007	0.181	2.20	0.58	2.54	—	1.46
2015-10	SYB04	6.45	7.59	0.109	—	0.002 0	0.010	0.023	0.008	0.181	2.57	0.60	2.33	—	1.41
2015-10	SYB05	6.63	7.37	0.071	—	0.002 0	0.011	0.011	0.008	0.162	1.88	0.35	2.30	—	1.46
2015-10	SYB06	6.58	8.07	0.107	—	0.004 0	0.012	0.033	0.010	0.193	2.54	0.77	2.54	—	1.49
2015-10	SYB07	6.20	7.35	0.102	0.006	0.004 0	0.008	0.032	0.007	0.196	2.84	0.40	2.30	—	1.71
2015-10	SYB08	6.60	7.55	0.110	—	0.002 0	0.011	0.021	0.010	0.175	1.99	0.43	2.33	—	1.72
2015-10	SYB09	6.57	7.21	0.102	—	0.003 0	0.013	0.015	0.009	0.165	1.17	0.88	2.29	—	1.61
2015-10	SYB10	6.54	7.43	0.103	—	0.002 0	0.010	0.004	0.008	0.179	1.00	0.77	2.31	—	1.62
2015-10	SYB11	6.83	7.46	0.097	0.007	0.003 0	0.013	0.018	0.007	0.177	0.95	0.35	2.30	—	1.59
2015-10	SYB12	6.48	7.76	0.093	0.014	0.000 0	0.013	0.024	0.016	0.198	1.97	0.76	2.34	—	1.71
2015-10	SYB13	5.63	7.54	0.276	0.091	0.096 0	0.129	0.051	0.176	0.519	2.86	2.30	2.33	—	2.96

3.2.2 底层水体化学要素

3.2.2.1 概述

本部分数据为三亚站 2007—2015 年 13 个长期监测站点季度底层水体化学要素测定数据，包括溶解氧浓度、pH、活性硅酸盐、活性磷酸盐、亚硝酸盐、硝酸盐、氨及部分氨基酸、总磷、总氮、化学需氧量、生化需氧量、碱度、总无机碳、溶解有机碳。

3.2.2.2 数据采集和处理方法

依据 CERN 观测规范和《海洋调查规范》（GB/T 12763—2007）采集水样，并分析和检测样品。

处理方法：溶解氧（DO）浓度采用碘量法，pH 采用 pH 计测定法，活性硅酸盐采用硅钼黄分光光度法，活性磷酸盐采用磷钼蓝分光光度法，亚硝酸盐采用重氮偶合分光光度法，硝酸盐采用锌-镉还原分光光度法，氨及部分氨基酸采用次溴酸钠氧化分光光度法，总氮和总磷均采用过硫酸钾氧化分光光度法，化学需氧量采用高锰酸钾法，生化需氧量采用电位滴定法，总碱度采用酸碱滴定法，总无机碳采用计算法。

3.2.2.3 数据质量控制和评估

整理历年上报数据并进行质量控制，核实异常数据。质控方法包括：阈值检查、完整性检查、一致性检查等。

插补或删除原始的部分缺失数据或者异常数据，采用平均值法插补缺失值，插补数据以下划线标记，未插补的缺失值用"—"表示。

3.2.2.4 数据

具体数据见表 3-6。

3.2.3 水柱平均化学要素

3.2.3.1 概述

本部分数据为三亚站 2007—2015 年 13 个长期监测站点季度水柱化学要素测定数据，包括溶解氧浓度、pH、活性硅酸盐、活性磷酸盐、亚硝酸盐、硝酸盐、氨及部分氨基酸、总磷、总氮、化学需氧量、生化需氧量、碱度、总无机碳、溶解有机碳。

3.2.3.2 数据采集和处理方法

依据 CERN 观测规范和《海洋调查规范》（GB/T 12763—2007）采集水样，并分析和检测样品。

采样层次有表层和底层时，取其平均值。采样层次为表层、中层和底层时，计算公式如下：

$$W_{水} = [(Wh_1 + Wh_2)/2 \times (h_2 - h_1) + (Wh_2 + Wh_3)/2 \times (h_3 - h_2)]/h_3$$

式中，$W_{水}$ 为该站点水化学要素的水柱平均值；Wh_1、Wh_2 和 Wh_3 为该站点在表、中、底层测得的水化学要素值；h_1、h_2 和 h_3 分别为该站点采样表层、中层和底层的水深值。

3.2.3.3 数据质量控制和评估

整理历年上报数据并进行质量控制，核实异常数据。质控方法包括：阈值检查、完整性检查、一致性检查等。

插补或删除原始的部分缺失数据或者异常数据，采用平均值法插补缺失值，插补数据以下划线标记，未插补的缺失值用"—"表示。

3.2.3.4 数据

具体数据见表 3-7。

表 3 - 6 底层水体化学要素

时间（年-月）	站位	溶解氧浓度 (mg/L)	pH	活性硅酸盐 (mg/L)	活性磷酸盐 (mg/L)	亚硝酸盐 (mg/L)	硝酸盐 (mg/L)	氨及部分氨基酸 (mg/L)	总磷 (mg/L)	总氮 (mg/L)	化学需氧量 (mg/L)	生化需氧量 (mg/L)	碱度 (mg/L)	总无机碳 (mg/L)	溶解有机碳 (mg/L)
2007-1	SYB01	7.67	8.23	0.080	0.018 0	0.008 0	0.028 0	0.036 0	0.026	0.953 0	1.69	0.66	—	—	—
2007-1	SYB02	8.15	8.26	0.086	0.010 0	0.003 0	0.017 0	0.007 0	0.015	0.809 0	1.18	0.93	—	—	—
2007-1	SYB03	7.21	8.21	0.074	0.012 0	0.004 0	0.018 0	0.008 0	0.017	0.582 0	0.64	0.43	—	—	—
2007-1	SYB04	7.26	8.21	0.085	0.010 0	0.005 0	0.017 0	0.009 0	0.015	0.680 0	0.27	0.12	—	—	—
2007-1	SYB05	7.26	8.18	0.074	0.010 0	0.003 0	0.005 0	0.012 0	0.014	0.676 0	1.25	0.41	—	—	—
2007-1	SYB06	7.37	8.19	0.068	0.010 0	0.004 0	0.006 0	0.008 0	0.012	0.594 0	1.22	0.56	—	—	—
2007-1	SYB07	7.29	8.19	0.074	0.010 0	0.006 0	0.014 0	0.011 0	0.015	0.684 0	0.74	0.64	—	—	—
2007-1	SYB08	7.23	8.21	0.070	0.010 0	0.006 0	0.019 0	0.008 0	0.017	0.789 0	0.81	0.41	—	—	—
2007-1	SYB09	7.26	8.19	0.083	0.010 0	0.007 0	0.018 0	0.004 0	0.015	0.699 0	0.47	0.32	—	—	—
2007-1	SYB10	7.28	8.18	0.084	0.014 0	0.007 0	0.014 0	0.004 0	0.021	0.727 0	0.64	0.32	—	—	—
2007-1	SYB11	7.16	8.18	0.079	0.015 0	0.007 0	0.019 0	0.008 0	0.023	0.699 0	0.41	0.33	—	—	—
2007-1	SYB12	7.29	8.15	0.092	0.009 0	0.005 0	0.013 0	0.007 0	0.014	0.711 0	0.40	0.39	—	—	—
2007-1	SYB13	7.28	—	—	—	—	—	—	—	—	—	—	—	—	—
2007-4	SYB01	5.79	8.16	0.076	0.006 0	0.003 0	0.005 0	0.008 0	0.012	0.352 0	0.35	0.91	—	—	—
2007-4	SYB02	6.67	8.17	0.080	0.010 0	0.003 0	0.005 0	0.008 0	0.015	0.438 0	0.14	0.37	—	—	—
2007-4	SYB03	6.95	8.16	0.081	0.007 0	0.003 0	0.004 0	0.007 0	0.010	0.367 0	0.21	0.31	—	—	—
2007-4	SYB04	7.12	8.16	0.085	0.009 0	0.003 0	0.005 0	0.007 0	0.014	0.406 0	0.07	0.37	—	—	—
2007-4	SYB05	6.84	8.19	0.078	0.004 0	0.003 0	0.005 0	0.007 0	0.007	0.430 0	0.04	0.96	—	—	—
2007-4	SYB06	6.93	8.16	0.082	0.007 0	0.003 0	0.004 0	0.007 0	0.012	0.485 0	0.61	0.08	—	—	—
2007-4	SYB07	6.89	8.16	0.083	0.004 0	0.003 0	0.004 0	0.014 0	0.007	0.442 0	0.14	0.10	—	—	—
2007-4	SYB08	6.87	8.16	0.073	0.004 0	0.005 0	0.005 0	0.012 0	0.007	0.473 0	0.14	0.35	—	—	—
2007-4	SYB09	6.75	—	—	—	—	—	—	—	—	—	—	—	—	—
2007-4	SYB10	6.98	8.16	0.081	0.007 0	0.003 0	0.008 0	0.009 0	0.009	0.418 0	0.05	0.19	—	—	—

（续）

时间（年-月）	站位	溶解氧浓度/（mg/L）	pH	活性硅酸盐/（mg/L）	活性磷酸盐/（mg/L）	亚硝酸盐/（mg/L）	硝酸盐/（mg/L）	氨及部分氨基酸/（mg/L）	总磷/（mg/L）	总氮/（mg/L）	化学需氧量/（mg/L）	生化需氧量/（mg/L）	碱度/（mg/L）	总无机碳/（mg/L）	溶解有机碳/（mg/L）
2007 - 4	SYB11	6.99	8.20	0.088	0.007 0	0.003 0	0.006 0	0.011 0	0.010	0.684 0	0.04	0.50	—	—	—
2007 - 4	SYB12	6.19	8.16	0.076	0.006 0	0.003 0	0.005 0	0.008 0	0.012	0.352 0	0.35	0.91	—	—	—
2007 - 4	SYB13	6.62	—	—	—	—	—	—	—	—	—	—	—	—	—
2007 - 7	SYB01	6.73	8.15	0.048	0.015 0	0.006 0	0.015 0	0.006 0	0.024	1.425 0	0.75	0.49	—	—	—
2007 - 7	SYB02	6.78	8.17	0.048	0.009 0	0.006 0	0.012 0	0.006 0	0.014	0.785 0	0.75	0.51	—	—	—
2007 - 7	SYB03	6.52	8.15	0.052	0.010 0	0.005 0	0.020 0	0.007 0	0.017	0.629 0	0.72	0.47	—	—	—
2007 - 7	SYB04	7.19	8.18	0.052	0.010 0	0.005 0	0.018 0	0.005 0	0.018	0.883 0	0.79	0.65	—	—	—
2007 - 7	SYB05	6.82	8.19	0.047	0.010 0	0.004 0	0.014 0	0.005 0	0.015	0.723 0	0.64	0.56	—	—	—
2007 - 7	SYB06	6.58	8.18	0.051	0.012 0	0.007 0	0.019 0	0.008 0	0.020	0.754 0	0.51	0.61	—	—	—
2007 - 7	SYB07	6.70	8.18	0.050	0.009 0	0.005 0	0.019 0	0.007 0	0.015	0.762 0	0.82	0.46	—	—	—
2007 - 7	SYB08	6.61	8.17	0.047	0.014 0	0.006 0	0.010 0	0.005 0	0.023	0.727 0	0.93	0.40	—	—	—
2007 - 7	SYB09	6.03	8.15	0.053	0.017 0	0.006 0	0.016 0	0.011 0	0.026	0.887 0	1.22	0.28	—	—	—
2007 - 7	SYB10	6.61	8.16	0.048	0.010 0	0.005 0	0.011 0	0.007 0	0.015	0.824 0	1.18	0.04	—	—	—
2007 - 7	SYB11	6.57	8.16	0.049	0.010 0	0.005 0	0.014 0	0.008 0	0.023	0.781 0	0.36	0.17	—	—	—
2007 - 7	SYB12	6.71	8.17	0.046	0.010 0	0.006 0	0.017 0	0.005 0	0.017	0.699 0	0.25	0.87	—	—	—
2007 - 7	SYB13	6.28	—	—	—	—	—	—	—	—	—	—	—	—	—
2007 - 10	SYB01	6.82	8.15	0.109	0.004 0	0.006 0	0.038 0	0.017 0	0.014	0.734 0	2.25	0.85	—	—	—
2007 - 10	SYB02	6.94	8.19	0.099	0.004 0	0.003 0	0.019 0	0.016 0	0.010	0.516 0	2.70	0.24	—	—	—
2007 - 10	SYB03	7.05	8.16	0.081	0.004 0	0.006 0	0.022 0	0.012 0	0.009	0.430 0	1.54	1.13	—	—	—
2007 - 10	SYB04	6.67	8.18	0.084	0.007 0	0.007 0	0.017 0	0.013 0	0.009	0.492 0	1.65	0.49	—	—	—
2007 - 10	SYB05	7.06	8.08	0.080	0.004 0	0.004 0	0.014 0	0.013 0	0.009	0.492 0	2.16	0.25	—	—	—
2007 - 10	SYB06	7.05	8.22	0.078	0.004 0	0.004 0	0.013 0	0.010 0	0.009	0.395 0	0.41	0.23	—	—	—

（续）

时间（年-月）	站位	溶解氧浓度/(mg/L)	pH	活性硅酸盐/(mg/L)	活性磷酸盐/(mg/L)	亚硝酸盐/(mg/L)	硝酸盐/(mg/L)	氨及部分氨基酸/(mg/L)	总磷/(mg/L)	总氮/(mg/L)	化学需氧量/(mg/L)	生化需氧量/(mg/L)	碱度/(mg/L)	总无机碳/(mg/L)	溶解有机碳/(mg/L)
2007 - 10	SYB07	6.92	8.18	0.086	0.004 0	0.004 0	0.021 0	0.014 0	0.009	0.422 0	0.90	0.38	—	—	—
2007 - 10	SYB08	7.00	8.17	0.081	0.004 0	0.004 0	0.017 0	0.017 0	0.010	0.457 0	2.16	0.21	—	—	—
2007 - 10	SYB09	6.71	8.20	0.074	0.004 0	0.004 0	0.025 0	0.015 0	0.009	0.410 0	2.23	0.45	—	—	—
2007 - 10	SYB10	6.81	8.21	0.083	0.006 0	0.003 0	0.018 0	0.016 0	0.007	0.473 0	2.19	0.32	—	—	—
2007 - 10	SYB11	6.58	8.20	0.075	0.004 0	0.003 0	0.013 0	0.014 0	0.007	0.442 0	2.23	0.73	—	—	—
2007 - 10	SYB12	7.50	—	—	—	—	—	—	—	—	—	—	—	—	—
2007 - 10	SYB13	7.73	—	—	—	—	—	—	—	—	—	—	—	—	—
2008 - 1	SYB01	7.11	8.18	0.071	0.004 0	0.002 0	0.000 0	0.024 0	0.010	1.523 0	1.72	0.72	—	—	2.81
2008 - 1	SYB02	7.15	8.20	0.064	0.004 0	0.002 0	0.000 0	0.018 0	0.006	0.801 0	1.79	0.61	—	—	2.13
2008 - 1	SYB03	7.13	8.19	0.066	0.000 0	0.001 0	0.000 0	0.009 0	0.002	0.695 0	0.59	0.91	—	—	2.19
2008 - 1	SYB04	6.98	8.20	0.061	0.000 0	0.000 0	0.000 0	0.011 0	0.003	0.688 0	0.48	0.35	—	—	2.07
2008 - 1	SYB05	7.16	8.22	0.060	0.000 0	0.001 0	0.000 0	0.015 0	0.002	0.664 0	0.54	0.29	—	—	1.90
2008 - 1	SYB06	7.01	8.21	0.061	0.000 0	0.001 0	0.000 0	0.008 0	0.004	0.625 0	0.65	0.61	—	—	2.20
2008 - 1	SYB07	7.01	8.20	0.059	0.000 0	0.001 0	0.000 0	0.014 0	0.002	0.625 0	0.59	0.31	—	—	1.91
2008 - 1	SYB08	7.07	8.27	0.060	0.001 0	0.001 0	0.000 0	0.009 0	0.004	0.684 0	0.61	0.13	—	—	1.94
2008 - 1	SYB09	6.95	8.20	0.067	0.001 0	0.001 0	0.000 0	0.013 0	0.002	0.578 0	0.18	0.15	—	—	1.91
2008 - 1	SYB10	7.13	8.21	0.073	0.001 0	0.001 0	0.000 0	0.010 0	0.003	0.543 0	0.48	0.57	—	—	1.83
2008 - 1	SYB11	7.00	8.20	0.062	0.001 0	0.001 0	0.000 0	0.011 0	0.003	0.578 0	0.38	0.25	—	—	2.01
2008 - 1	SYB12	7.11	8.20	0.080	0.001 0	0.001 0	0.000 0	0.008 0	0.003	0.527 0	0.41	0.41	—	—	2.23
2008 - 1	SYB13	—	—	0.080	0.007 0	0.003 0	0.000 0	0.051 0	0.015	6.950 0	—	—	—	—	2.61
2008 - 5	SYB01	5.91	8.13	0.089	0.007 0	0.002 0	0.000 0	0.014 0	0.012	3.491 0	2.14	0.25	—	—	2.47
2008 - 5	SYB02	6.60	8.19	0.074	0.008 0	0.001 0	0.000 0	0.005 0	0.013	1.949 0	1.79	0.72	—	—	2.54

（续）

时间（年-月）	站位	溶解氧浓度/(mg/L)	pH	活性硅酸盐/(mg/L)	活性磷酸盐/(mg/L)	亚硝酸盐/(mg/L)	硝酸盐/(mg/L)	氨及部分氨基酸/(mg/L)	总磷/(mg/L)	总氮/(mg/L)	化学需氧量/(mg/L)	生化需氧量/(mg/L)	碱度/(mg/L)	总无机碳/(mg/L)	溶解有机碳/(mg/L)
2008-5	SYB03	6.38	8.16	0.069	0.006 0	0.009 0	0.000 0	0.007 0	0.010	0.715 0	1.37	0.85	—	—	2.36
2008-5	SYB04	6.39	8.16	0.066	0.010 0	0.007 0	0.000 0	0.010 0	0.014	0.672 0	1.58	0.47	—	—	2.30
2008-5	SYB05	6.83	8.14	0.077	0.004 0	0.001 0	0.000 0	0.010 0	0.008	0.922 0	0.56	0.41	—	—	2.23
2008-5	SYB06	6.63	8.18	0.091	0.005 0	0.004 0	0.000 0	0.013 0	0.009	0.770 0	0.81	0.24	—	—	2.24
2008-5	SYB07	6.25	8.17	0.074	0.006 0	0.001 0	0.001 0	0.012 0	0.012	0.773 0	0.53	0.37	—	—	2.24
2008-5	SYB08	6.65	8.13	0.068	0.005 0	0.001 0	0.001 0	0.010 0	0.009	0.902 0	0.53	0.15	—	—	2.95
2008-5	SYB09	—	—	0.079	0.005 0	0.001 0	0.000 0	0.007 0	0.008	0.621 0	—	—	—	—	2.47
2008-5	SYB10	6.75	8.14	0.076	0.002 0	0.001 0	0.000 0	0.006 0	0.006	0.695 0	0.32	0.41	—	—	2.16
2008-5	SYB11	6.65	8.13	0.079	0.002 0	0.001 0	0.001 0	0.008 0	0.006	0.629 0	0.42	0.22	—	30.47	2.19
2008-5	SYB12	6.69	8.14	0.070	0.003 0	0.001 0	0.001 0	0.016 0	0.008	0.664 0	0.46	0.22	—	30.36	2.12
2008-5	SYB13	7.04	8.13	0.089	0.007 0	0.002 0	0.000 0	0.014 0	0.012	3.491 0	2.14	0.25	—	—	2.47
2008-8	SYB01	6.52	8.12	0.085	0.008 0	0.003 0	0.000 0	0.008 0	0.011	0.996 0	1.24	0.75	8.12	—	1.77
2008-8	SYB02	7.40	8.17	0.091	0.006 0	0.001 0	0.000 0	0.007 0	0.008	0.559 0	1.12	1.03	8.17	—	2.08
2008-8	SYB03	6.49	8.15	0.083	0.007 0	0.003 0	0.000 0	0.008 0	0.010	0.422 0	1.39	0.36	8.15	—	2.30
2008-8	SYB04	6.52	8.16	0.087	0.007 0	0.001 0	0.000 0	0.008 0	0.013	0.418 0	0.97	0.43	8.16	—	1.94
2008-8	SYB05	6.91	8.17	0.081	0.007 0	0.002 0	0.000 0	0.010 0	0.012	0.371 0	1.32	0.49	8.17	—	1.74
2008-8	SYB06	6.55	8.16	0.086	0.007 0	0.002 0	0.000 0	0.007 0	0.010	0.363 0	0.97	0.60	8.16	—	1.81
2008-8	SYB07	6.58	8.15	0.082	0.009 0	0.002 0	0.000 0	0.007 0	0.014	0.332 0	1.35	0.51	8.15	—	1.96
2008-8	SYB08	6.65	8.15	0.091	0.007 0	0.001 0	0.000 0	0.009 0	0.010	0.363 0	0.50	0.54	8.15	—	2.06
2008-8	SYB09	6.67	8.15	0.090	0.008 0	0.002 0	0.000 0	0.008 0	0.010	0.328 0	1.08	0.51	8.15	—	2.05
2008-8	SYB10	6.90	8.17	0.087	0.007 0	0.001 0	0.000 0	0.007 0	0.009	0.406 0	1.01	0.51	8.17	—	3.04
2008-8	SYB11	6.72	8.15	0.080	0.007 0	0.002 0	0.000 0	0.011 0	0.010	0.410 0	0.58	0.48	8.15	—	2.37

（续）

时间（年-月）	站位	溶解氧浓度（mg/L）	pH	活性硅酸盐（mg/L）	活性磷酸盐（mg/L）	亚硝酸盐（mg/L）	硝酸盐（mg/L）	氨及部分氨基酸（mg/L）	总磷（mg/L）	总氮（mg/L）	化学需氧量（mg/L）	生化需氧量（mg/L）	碱度（mg/L）	总无机碳（mg/L）	溶解有机碳（mg/L）
2008 - 8	SYB12	6.96	8.19	0.085	0.008 0	0.001 0	0.000 0	0.012 0	0.009	0.340 0	0.50	0.39	8.19	—	2.20
2008 - 8	SYB13	6.21	—	0.095	0.010 0	0.006 0	0.024 0	0.054 0	0.024	6.091 0	—	—	—	—	2.22
2008 - 10	SYB01	6.44	8.09	0.108	0.012 0	0.016 0	0.025 0	0.058 0	0.017	2.616 0	8.76	0.07	2.50	—	—
2008 - 10	SYB02	6.45	7.98	0.084	0.020 0	0.007 0	0.011 0	0.035 0	0.022	1.800 0	4.11	0.07	2.73	—	—
2008 - 10	SYB03	6.53	8.10	0.078	0.005 0	0.010 0	0.004 0	0.033 0	0.008	1.199 0	1.84	0.41	2.73	—	—
2008 - 10	SYB04	6.57	8.11	0.073	0.004 0	0.006 0	0.003 0	0.016 0	0.006	0.973 0	1.19	0.01	2.85	—	—
2008 - 10	SYB05	5.99	8.14	0.081	0.004 0	0.007 0	0.001 0	0.020 0	0.007	1.176 0	1.49	0.25	2.74	—	—
2008 - 10	SYB06	6.63	8.12	0.089	0.002 0	0.005 0	0.006 0	0.031 0	0.005	1.172 0	1.61	0.11	2.74	—	—
2008 - 10	SYB07	6.59	8.12	0.084	0.002 0	0.007 0	0.004 0	0.023 0	0.005	1.160 0	1.15	0.01	2.74	—	—
2008 - 10	SYB08	6.67	8.13	0.085	0.004 0	0.007 0	0.000 0	0.017 0	0.013	0.988 0	1.34	0.03	2.74	—	—
2008 - 10	SYB09	6.66	8.14	0.109	0.002 0	0.003 0	0.001 0	0.019 0	0.004	0.945 0	1.73	0.01	2.74	—	—
2008 - 10	SYB10	6.88	8.15	0.100	0.002 0	0.003 0	0.002 0	0.016 0	0.006	1.078 0	1.46	0.03	2.74	—	—
2008 - 10	SYB11	6.91	8.15	0.088	0.004 0	0.002 0	0.003 0	0.020 0	0.008	0.894 0	1.84	0.08	2.74	—	—
2008 - 10	SYB12	6.87	—	0.122	0.003 0	0.001 0	0.004 0	0.023 0	0.007	1.019 0	—	—	—	—	—
2008 - 10	SYB13	6.09	—	0.311	0.028 0	0.033 0	0.156 0	0.276 0	0.031	8.992 0	—	—	—	—	—
2009 - 1	SYB01	7.86	8.07	0.104	0.016 0	0.007 0	0.029 0	0.020 0	0.020	1.074 0	2.10	0.39	2.95	32.06	1.76
2009 - 1	SYB02	7.96	8.14	0.142	0.027 0	0.004 0	0.021 0	0.019 0	0.018	0.820 0	1.29	1.03	2.95	32.03	1.77
2009 - 1	SYB03	7.10	8.12	0.130	0.014 0	0.010 0	0.055 0	0.025 0	0.017	1.121 0	0.33	0.41	2.95	32.07	1.44
2009 - 1	SYB04	7.06	8.11	0.124	0.021 0	0.007 0	0.039 0	0.020 0	0.010	0.992 0	0.66	0.06	2.95	32.07	1.57
2009 - 1	SYB05	7.48	8.10	0.146	0.025 0	0.006 0	0.014 0	0.011 0	0.012	0.785 0	0.23	0.74	2.95	32.06	1.70
2009 - 1	SYB06	7.24	8.10	0.134	0.019 0	0.009 0	0.027 0	0.017 0	0.022	0.828 0	0.95	0.36	2.95	32.07	1.35
2009 - 1	SYB07	7.10	8.10	0.143	0.031 0	0.012 0	0.031 0	0.018 0	0.020	1.359 0	0.14	0.38	2.95	32.07	1.49

（续）

时间（年-月）	站位	溶解氧浓度（mg/L）	pH	活性硅酸盐（mg/L）	活性磷酸盐（mg/L）	亚硝酸盐（mg/L）	硝酸盐（mg/L）	氨及部分氨基酸（mg/L）	总磷（mg/L）	总氮（mg/L）	化学需氧量（mg/L）	生化需氧量（mg/L）	碱度（mg/L）	总无机碳（mg/L）	溶解有机碳（mg/L）
2009-1	SYB08	7.17	8.10	0.132	0.024 0	0.011 0	0.036 0	0.018 0	0.024	1.109 0	0.57	0.29	2.95	32.05	1.32
2009-1	SYB09	7.05	8.11	0.098	0.024 0	0.011 0	0.031 0	0.015 0	0.025	0.875 0	0.57	0.42	2.95	32.07	2.07
2009-1	SYB10	7.25	8.09	0.106	0.009 0	0.010 0	0.037 0	0.019 0	0.021	0.976 0	0.52	0.68	2.95	32.06	1.47
2009-1	SYB11	7.14	8.09	0.100	0.007 0	0.009 0	0.031 0	0.025 0	0.021	0.984 0	0.28	0.34	2.95	32.06	1.52
2009-1	SYB12	7.47	8.10	0.104	0.019 0	0.001 0	0.019 0	0.018 0	0.019	0.719 0	0.43	0.48	2.95	32.00	1.93
2009-1	SYB13	8.17	8.14	0.099	0.022 0	0.024 0	0.172 0	0.219 0	0.094	5.560 0	1.09	4.94	2.94	31.89	2.61
2009-4	SYB01	6.17	8.08	0.076	0.004 0	0.002 0	0.015 0	0.021 0	0.009	0.781 0	0.48	1.18	2.67	28.57	1.63
2009-4	SYB02	6.55	8.10	0.081	0.005 0	0.001 0	0.008 0	0.020 0	0.012	0.469 0	0.43	0.28	2.67	28.51	1.40
2009-4	SYB03	6.50	8.10	0.091	0.004 0	0.003 0	0.016 0	0.025 0	0.010	0.363 0	0.28	0.76	2.67	28.70	1.38
2009-4	SYB04	6.59	8.08	0.097	0.007 0	0.003 0	0.014 0	0.017 0	0.012	0.426 0	0.69	0.11	2.68	28.75	1.37
2009-4	SYB05	6.63	8.07	0.076	0.003 0	0.001 0	0.008 0	0.017 0	0.009	0.371 0	0.28	0.18	2.67	28.63	1.28
2009-4	SYB06	6.61	8.09	0.088	0.007 0	0.002 0	0.009 0	0.020 0	0.014	0.438 0	0.20	0.30	2.67	28.52	1.39
2009-4	SYB07	6.55	8.13	0.089	0.006 0	0.003 0	0.016 0	0.026 0	0.013	0.547 0	0.43	0.87	2.67	28.82	1.44
2009-4	SYB08	6.70	8.08	0.080	0.005 0	0.002 0	0.008 0	0.018 0	0.010	0.403 0	0.51	0.23	2.67	28.66	1.28
2009-4	SYB09	6.46	8.12	0.089	0.007 0	0.003 0	0.010 0	0.023 0	0.016	0.410 0	0.41	0.19	2.67	28.62	1.70
2009-4	SYB10	6.73	8.12	0.090	0.004 0	0.002 0	0.013 0	0.018 0	0.009	0.442 0	0.51	0.07	2.67	28.51	1.87
2009-4	SYB11	6.56	8.13	0.079	0.005 0	0.004 0	0.015 0	0.024 0	0.012	0.488 0	0.61	0.01	2.67	28.52	1.58
2009-4	SYB12	6.78	8.05	0.090	0.006 0	0.002 0	0.010 0	0.020 0	0.014	0.430 0	0.36	0.04	2.67	29.01	1.94
2009-4	SYB13	5.18	8.21	0.125	0.021 0	0.014 0	0.073 0	0.054 0	0.041	4.034 0	1.50	2.81	2.67	27.78	2.56
2009-8	SYB01	5.41	8.03	0.110	0.008 0	0.014 0	0.048 0	0.033 0	0.018	1.761 0	0.90	0.13	2.64	28.77	—
2009-8	SYB02	6.17	8.01	0.130	0.009 0	0.004 0	0.029 0	0.030 0	0.019	0.984 0	0.54	0.21	2.64	28.79	—
2009-8	SYB03	5.29	7.94	0.118	0.013 0	0.014 0	0.058 0	0.026 0	0.024	1.691 0	0.54	0.61	2.64	28.96	—

（续）

时间（年-月）	站位	溶解氧浓度/(mg/L)	pH	活性硅酸盐/(mg/L)	活性磷酸盐/(mg/L)	亚硝酸盐/(mg/L)	硝酸盐/(mg/L)	氨及部分氨基酸/(mg/L)	总磷/(mg/L)	总氮/(mg/L)	化学需氧量/(mg/L)	生化需氧量/(mg/L)	碱度/(mg/L)	总无机碳/(mg/L)	溶解有机碳/(mg/L)
2009-8	SYB04	5.33	7.94	0.112	0.008 0	0.012 0	0.047 0	0.024 0	0.016	1.191 0	0.63	0.15	2.64	28.97	—
2009-8	SYB05	6.26	8.07	0.114	0.005 0	0.002 0	0.010 0	0.026 0	0.011	0.684 0	1.25	0.77	2.64	28.96	—
2009-8	SYB06	5.65	7.97	0.109	0.007 0	0.009 0	0.049 0	0.032 0	0.012	1.062 0	0.72	0.27	2.64	28.97	2.06
2009-8	SYB07	5.14	7.95	0.102	0.011 0	0.013 0	0.072 0	0.030 0	0.017	1.578 0	0.27	0.55	2.64	28.67	5.99
2009-8	SYB08	5.62	8.04	0.099	0.007 0	0.010 0	0.043 0	0.025 0	0.017	1.453 0	2.24	0.46	2.64	28.60	—
2009-8	SYB09	5.30	7.96	0.108	0.011 0	0.015 0	0.070 0	0.031 0	0.019	1.835 0	0.81	0.26	2.64	28.67	—
2009-8	SYB10	5.68	8.05	0.096	0.005 0	0.006 0	0.037 0	0.023 0	0.009	0.777 0	0.72	0.23	2.54	27.58	—
2009-8	SYB11	5.53	8.04	0.091	0.006 0	0.009 0	0.033 0	0.029 0	0.009	1.304 0	0.63	0.42	2.54	27.59	—
2009-8	SYB12	6.00	8.06	0.099	0.003 0	0.001 0	0.018 0	0.023 0	0.008	0.406 0	3.85	0.50	2.54	27.42	—
2009-8	SYB13	6.12	7.96	0.229	0.027 0	0.031 0	0.211 0	0.371 0	0.051	8.633 0	2.51	2.40	2.33	25.10	2.59
2009-11	SYB01	5.79	8.03	0.091	0.010 0	0.007 0	0.034 0	0.029 0	0.017	1.285 0	0.84	0.59	2.66	28.83	1.94
2009-11	SYB02	6.57	8.06	0.086	0.006 0	0.005 0	0.030 0	0.025 0	0.014	0.957 0	1.20	0.65	2.66	28.62	2.24
2009-11	SYB03	6.25	8.07	0.075	0.006 0	0.006 0	0.023 0	0.020 0	0.018	0.773 0	0.80	0.17	2.66	28.60	2.27
2009-11	SYB04	5.98	8.08	0.095	0.006 0	0.006 0	0.026 0	0.026 0	0.019	1.113 0	0.36	0.25	2.66	28.68	1.88
2009-11	SYB05	6.31	8.09	0.086	0.004 0	0.002 0	0.009 0	0.019 0	0.010	0.730 0	0.31	0.94	2.66	28.66	2.33
2009-11	SYB06	6.10	8.10	0.095	0.008 0	0.003 0	0.016 0	0.021 0	0.020	0.828 0	0.22	0.12	2.66	28.37	2.15
2009-11	SYB07	6.02	8.09	0.089	0.008 0	0.003 0	0.021 0	0.017 0	0.020	0.848 0	0.31	0.40	2.66	28.39	1.77
2009-11	SYB08	6.15	8.11	0.085	0.006 0	0.002 0	0.008 0	0.017 0	0.010	0.719 0	0.44	0.06	2.66	28.37	2.53
2009-11	SYB09	6.01	8.10	0.091	0.009 0	0.002 0	0.007 0	0.017 0	0.018	0.762 0	0.36	0.32	2.66	28.36	1.55
2009-11	SYB10	6.13	8.11	0.091	0.006 0	0.001 0	0.008 0	0.019 0	0.018	0.469 0	0.53	0.27	2.66	28.37	3.83
2009-11	SYB11	6.07	8.09	0.096	0.007 0	0.004 0	0.016 0	0.023 0	0.017	0.770 0	0.44	0.07	2.66	28.37	6.95
2009-11	SYB12	6.66	8.10	0.084	0.005 0	0.004 0	0.014 0	0.019 0	0.010	0.859 0	0.53	2.40	2.66	28.37	—

（续）

时间（年-月）	站位	溶解氧浓度/（mg/L）	pH	活性硅酸盐/（mg/L）	活性磷酸盐/（mg/L）	亚硝酸盐/（mg/L）	硝酸盐/（mg/L）	氨及部分氨基酸/（mg/L）	总磷/（mg/L）	总氮/（mg/L）	化学需氧量/（mg/L）	生化需氧量/（mg/L）	碱度/（mg/L）	总无机碳/（mg/L）	溶解有机碳/（mg/L）
2009 - 11	SYB13	—	—	0.112	0.024 0	0.027 0	0.334 0	0.123 0	0.057	7.516 0	1.95	2.67	2.65	—	1.53
2010 - 1	SYB01	7.06	8.05	0.098	0.008 0	0.003 0	0.019 0	0.019 0	0.015	0.684 0	2.06	0.89	2.68	29.07	1.73
2010 - 1	SYB02	8.27	8.09	0.109	0.006 0	0.002 0	0.010 0	0.016 0	0.010	0.461 0	2.00	0.98	2.89	31.44	1.52
2010 - 1	SYB03	7.25	8.08	0.110	0.004 0	0.002 0	0.007 0	0.015 0	0.008	0.442 0	1.88	—	2.90	31.56	1.61
2010 - 1	SYB04	7.27	8.09	0.091	0.006 0	0.002 0	0.014 0	0.013 0	0.009	0.457 0	1.56	0.15	2.89	31.40	1.57
2010 - 1	SYB05	7.50	8.08	0.112	0.004 0	0.003 0	0.013 0	0.016 0	0.007	0.461 0	2.00	0.06	2.89	31.45	2.83
2010 - 1	SYB06	7.17	8.08	0.086	0.004 0	0.002 0	0.009 0	0.014 0	0.009	0.422 0	2.06	0.09	2.90	31.56	1.24
2010 - 1	SYB07	7.22	8.09	0.098	0.005 0	0.003 0	0.009 0	0.015 0	0.010	0.488 0	2.00	0.14	2.90	31.52	1.28
2010 - 1	SYB08	7.17	8.10	0.095	0.006 0	0.003 0	0.006 0	0.016 0	0.008	0.516 0	1.94	0.52	2.90	31.47	1.40
2010 - 1	SYB09	7.19	8.09	0.103	0.005 0	0.001 0	0.006 0	0.015 0	0.009	0.379 0	1.00	0.57	2.89	31.40	1.28
2010 - 1	SYB10	7.39	8.07	0.102	0.005 0	0.001 0	0.009 0	0.017 0	0.009	0.442 0	1.94	0.44	2.90	31.61	1.08
2010 - 1	SYB11	7.34	8.07	0.098	0.003 0	0.002 0	0.006 0	0.015 0	0.007	0.410 0	1.50	0.65	2.68	29.14	1.26
2010 - 1	SYB12	7.44	8.06	0.094	0.004 0	0.003 0	0.013 0	0.016 0	0.005	0.516 0	1.88	2.07	2.90	31.65	1.25
2010 - 1	SYB13	6.97	8.11	0.118	0.014 0	0.014 0	0.063 0	0.023 0	0.022	4.194 0	3.63	1.00	2.90	31.39	1.67
2010 - 4	SYB01	6.90	8.11	0.103	0.006 0	0.003 0	0.014 0	0.018 0	0.010	0.812 0	0.84	0.08	2.62	27.84	0.60
2010 - 4	SYB02	7.21	8.08	0.103	0.004 0	0.002 0	0.007 0	0.016 0	0.007	0.594 0	0.76	0.35	2.62	28.10	1.56
2010 - 4	SYB03	7.03	8.09	0.103	0.002 0	0.001 0	0.006 0	0.015 0	0.005	0.418 0	0.44	0.21	2.62	28.01	1.07
2010 - 4	SYB04	7.10	8.13	0.094	0.002 0	0.002 0	0.008 0	0.014 0	0.007	0.449 0	0.76	0.08	2.62	27.68	1.03
2010 - 4	SYB05	7.36	8.10	0.086	0.002 0	0.002 0	0.007 0	0.015 0	0.006	0.445 0	0.87	0.03	2.62	27.93	1.00
2010 - 4	SYB06	7.11	8.13	0.097	0.002 0	0.001 0	0.006 0	0.017 0	0.005	0.481 0	0.33	0.06	2.62	27.68	0.82
2010 - 4	SYB07	7.26	8.07	0.086	0.002 0	0.001 0	0.007 0	0.014 0	0.006	0.465 0	0.80	0.19	2.62	28.18	1.10
2010 - 4	SYB08	7.11	8.13	0.101	0.002 0	0.002 0	0.008 0	0.015 0	0.005	0.508 0	0.33	0.16	2.62	27.68	0.97

（续）

时间（年-月）	站位	溶解氧浓度/（mg/L）	pH	活性硅酸盐/（mg/L）	活性磷酸盐/（mg/L）	亚硝酸盐/（mg/L）	硝酸盐/（mg/L）	氨及部分氨基酸/（mg/L）	总磷/（mg/L）	总氮/（mg/L）	化学需氧量/（mg/L）	生化需氧量/（mg/L）	碱度/（mg/L）	总无机碳/（mg/L）	溶解有机碳/（mg/L）
2010-4	SYB09	7.20	8.08	0.101	0.003 0	0.001 0	0.007 0	0.018 0	0.006	0.457 0	0.65	1.06	2.62	28.10	1.03
2010-4	SYB10	7.13	8.13	0.084	0.003 0	0.001 0	0.006 0	0.013 0	0.005	0.469 0	7.64	0.32	2.62	27.68	1.02
2010-4	SYB11	7.31	8.11	0.097	0.002 0	0.001 0	0.005 0	0.013 0	0.005	0.410 0	0.55	0.02	2.62	27.84	0.70
2010-4	SYB12	7.43	8.12	0.103	0.003 0	0.001 0	0.006 0	0.016 0	0.006	0.496 0	0.47	0.16	2.62	27.77	0.83
2010-4	SYB13	6.60	7.94	0.126	0.011 0	0.011 0	0.057 0	0.026 0	0.019	3.167 0	1.96	2.80	2.62	29.13	1.95
2010-7	SYB01	7.20	8.01	0.124	0.009 0	0.007 0	0.044 0	0.030 0	0.013	1.258 0	0.61	0.09	2.42	26.43	1.28
2010-7	SYB02	7.73	8.07	0.122	0.006 0	0.005 0	0.011 0	0.017 0	0.009	0.594 0	0.53	0.27	2.42	25.96	1.14
2010-7	SYB03	6.99	8.04	0.125	0.007 0	0.004 0	0.015 0	0.018 0	0.010	0.543 0	0.40	0.39	2.42	26.35	2.52
2010-7	SYB04	7.09	8.04	0.122	0.006 0	0.004 0	0.012 0	0.016 0	0.011	0.543 0	0.61	0.24	2.42	26.35	6.67
2010-7	SYB05	6.87	8.04	0.118	0.006 0	0.003 0	0.019 0	0.022 0	0.009	0.582 0	0.43	0.24	2.41	26.08	0.93
2010-7	SYB06	7.57	8.09	0.115	0.007 0	0.003 0	0.012 0	0.021 0	0.009	0.563 0	0.48	0.28	2.42	25.80	4.89
2010-7	SYB07	7.46	8.09	0.103	0.006 0	0.002 0	0.012 0	0.014 0	0.009	0.465 0	0.43	0.06	2.42	25.75	4.70
2010-7	SYB08	6.76	8.06	0.116	0.008 0	0.003 0	0.020 0	0.024 0	0.011	0.535 0	0.13	0.45	2.42	26.27	1.85
2010-7	SYB09	7.51	8.09	0.116	0.007 0	0.002 0	0.011 0	0.021 0	0.009	0.500 0	0.40	0.43	2.42	25.80	—
2010-7	SYB10	6.90	8.10	0.110	0.007 0	0.003 0	0.014 0	0.018 0	0.010	0.461 0	0.16	0.62	2.42	25.72	1.93
2010-7	SYB11	6.70	8.05	0.111	0.007 0	0.005 0	0.013 0	0.014 0	0.010	0.594 0	0.43	1.01	2.42	25.97	2.87
2010-7	SYB12	7.69	8.09	0.110	0.005 0	0.003 0	0.010 0	0.019 0	0.009	0.449 0	0.32	0.06	2.42	25.52	1.83
2010-7	SYB13	5.63	7.93	0.145	0.026 0	0.018 0	0.075 0	0.050 0	0.033	5.158 0	2.35	1.30	2.41	26.64	2.97
2010-10	SYB01	5.73	8.20	0.116	0.009 0	0.010 0	0.033 0	0.023 0	0.012	1.804 0	0.34	0.24	2.51	25.92	—
2010-10	SYB02	6.65	8.18	0.097	0.009 0	0.009 0	0.038 0	0.020 0	0.010	1.500 0	0.25	0.12	2.51	26.40	—
2010-10	SYB03	6.46	8.18	0.112	0.010 0	0.007 0	0.021 0	0.019 0	0.013	0.980 0	0.55	0.07	2.51	26.40	—
2010-10	SYB04	6.31	8.20	0.110	0.009 0	0.003 0	0.020 0	0.020 0	0.014	0.672 0	0.42	0.49	2.51	26.43	—

（续）

时间（年-月）	站位	溶解氧浓度/（mg/L）	pH	活性硅酸盐/（mg/L）	活性磷酸盐/（mg/L）	亚硝酸盐/（mg/L）	硝酸盐/（mg/L）	氨及部分氨基酸/（mg/L）	总磷/（mg/L）	总氮/（mg/L）	化学需氧量/（mg/L）	生化需氧量/（mg/L）	碱度/（mg/L）	总无机碳/（mg/L）	溶解有机碳/（mg/L）
2010 - 10	SYB05	6.64	8.19	0.111	0.008 0	0.005 0	0.016 0	0.021 0	0.011	0.852 0	0.29	0.32	2.51	26.47	—
2010 - 10	SYB06	6.66	8.19	0.102	0.008 0	0.004 0	0.020 0	0.020 0	0.013	0.711 0	0.13	0.21	2.51	26.00	—
2010 - 10	SYB07	6.27	8.17	0.115	0.006 0	0.005 0	0.017 0	0.023 0	0.012	0.738 0	0.46	0.02	2.51	26.39	—
2010 - 10	SYB08	6.51	8.20	0.094	0.007 0	0.004 0	0.014 0	0.017 0	0.011	0.781 0	0.59	0.22	2.51	25.92	—
2010 - 10	SYB09	6.27	8.20	0.103	0.006 0	0.006 0	0.018 0	0.019 0	0.010	0.910 0	0.13	0.03	2.51	25.92	—
2010 - 10	SYB10	6.39	8.19	0.107	0.004 0	0.003 0	0.014 0	0.020 0	0.010	0.812 0	0.55	0.44	2.51	26.00	—
2010 - 10	SYB11	6.50	8.19	0.107	0.008 0	0.003 0	0.018 0	0.018 0	0.010	0.711 0	2.53	0.29	2.51	26.29	—
2010 - 10	SYB12	6.46	8.20	0.114	0.009 0	0.005 0	0.016 0	0.021 0	0.014	0.820 0	0.25	0.17	2.51	26.43	—
2010 - 10	SYB13	6.01	8.04	0.097	0.019 0	0.018 0	0.116 0	0.081 0	0.026	6.447 0	4.25	0.34	1.48	15.79	3.18
2011 - 1	SYB01	—	8.10	0.113	0.005 6	0.005 2	0.010 9	0.033 9	0.011	0.684 0	0.65	—	2.63	28.43	2.76
2011 - 1	SYB02	7.44	8.11	0.115	0.007 0	0.002 7	0.011 9	0.028 7	0.011	0.461 0	0.80	1.12	2.63	28.38	2.33
2011 - 1	SYB03	6.69	8.14	0.104	0.002 9	0.002 3	0.007 8	0.024 1	0.008	0.442 0	0.65	0.55	2.62	28.07	5.09
2011 - 1	SYB04	6.70	8.11	0.102	0.002 9	0.001 6	0.007 1	0.025 9	0.004	0.457 0	0.61	0.50	2.63	28.38	3.07
2011 - 1	SYB05	7.52	8.10	0.100	0.002 9	0.001 3	0.008 2	0.017 1	0.007	0.461 0	0.42	1.11	2.63	28.43	3.16
2011 - 1	SYB06	7.14	8.11	0.096	0.001 5	0.002 3	0.007 1	0.023 3	0.005	0.422 0	0.54	0.26	2.63	28.38	3.86
2011 - 1	SYB07	7.00	8.11	0.095	0.001 5	0.000 9	0.006 3	0.019 2	0.005	0.488 0	0.42	0.64	2.63	28.38	12.44
2011 - 1	SYB08	7.18	8.10	0.100	0.002 9	0.002 0	0.008 2	0.021 2	0.006	0.516 0	0.34	0.61	2.63	28.43	—
2011 - 1	SYB09	6.96	8.11	0.104	0.002 9	0.000 5	0.005 2	0.018 0	0.007	0.379 0	0.23	0.40	2.63	28.38	2.87
2011 - 1	SYB10	7.11	8.15	0.107	0.002 9	0.001 6	0.005 6	0.020 8	0.008	0.442 0	0.61	0.30	2.63	27.98	2.79
2011 - 1	SYB11	6.99	8.15	0.100	0.005 6	0.001 3	0.007 4	0.021 3	0.011	0.410 0	0.96	0.32	2.63	27.98	2.46
2011 - 1	SYB12	7.37	8.11	0.107	0.005 6	0.001 6	0.006 3	0.028 4	0.011	0.516 0	0.46	0.81	2.63	28.38	
2011 - 1	SYB13	6.26	8.10	0.109	0.009 7	0.009 5	0.018 5	0.035 1	0.023	4.194 0	2.76	1.15	2.63	28.43	6.81

（续）

时间（年-月）	站位	溶解氧浓度/（mg/L）	pH	活性硅酸盐/（mg/L）	活性磷酸盐/（mg/L）	亚硝酸盐/（mg/L）	硝酸盐/（mg/L）	氨及部分氨基酸/（mg/L）	总磷/（mg/L）	总氮/（mg/L）	化学需氧量/（mg/L）	生化需氧量/（mg/L）	碱度/（mg/L）	总无机碳/（mg/L）	溶解有机碳/（mg/L）
2011-4	SYB01	5.69	8.14	0.114	0.001 5	0.002 7	0.010 4	0.028 7	0.009	0.812 5	0.86	0.20	2.50	26.38	3.02
2011-4	SYB02	6.10	8.16	0.113	0.002 9	0.001 3	0.005 9	0.026 3	0.009	0.593 8	0.99	0.11	2.51	26.26	1.24
2011-4	SYB03	5.56	8.15	0.094	0.002 9	0.000 9	0.005 6	0.017 5	0.006	0.418 1	0.52	0.28	2.51	26.32	1.96
2011-4	SYB04	5.52	8.14	0.103	0.001 5	0.000 5	0.004 4	0.016 3	0.005	0.449 4	0.65	0.28	2.71	28.61	3.33
2011-4	SYB05	6.76	8.17	0.104	0.001 5	0.000 9	0.005 6	0.020 0	0.008	0.445 5	0.82	1.00	2.51	26.20	—
2011-4	SYB06	5.59	8.18	0.109	0.001 5	0.001 6	0.007 1	0.025 9	0.007	0.480 6	0.35	0.16	2.50	26.11	4.48
2011-4	SYB07	5.52	8.17	0.095	0.002 9	0.000 5	0.004 4	0.016 3	0.006	0.465 0	0.65	0.39	2.50	26.16	4.12
2011-4	SYB08	5.94	8.19	0.115	0.002 9	0.001 6	0.006 3	0.016 6	0.011	0.507 9	0.61	0.26	2.50	26.03	1.97
2011-4	SYB09	5.64	8.17	0.111	0.004 2	0.000 5	0.004 4	0.021 3	0.007	0.457 2	0.56	0.07	2.51	26.18	5.96
2011-4	SYB10	5.79	8.18	0.106	0.000 1	0.000 9	0.005 6	0.025 1	0.006	0.468 9	0.91	1.05	2.51	26.12	2.09
2011-4	SYB11	—	8.16	0.105	0.001 5	0.000 9	0.004 8	0.019 2	0.005	0.410 3	0.22	—	2.50	26.24	2.79
2011-4	SYB12	5.96	8.18	0.100	0.002 9	0.000 5	0.005 2	0.017 1	0.009	0.496 2	0.61	0.80	2.50	26.11	4.43
2011-4	SYB13	6.29	8.12	0.121	0.016 5	0.005 5	0.012 0	0.028 4	0.029	3.166 9	1.21	1.57	2.51	26.64	3.21
2011-7	SYB01	5.82	8.08	0.112	0.010 8	0.009 2	0.026 0	0.052 4	0.019	1.257 6	0.91	0.36	2.58	27.65	1.81
2011-7	SYB02	6.63	8.13	0.120	0.007 3	0.005 1	0.015 7	0.021 9	0.013	0.593 8	2.61	0.45	2.58	27.26	2.29
2011-7	SYB03	4.32	7.98	0.105	0.007 3	0.004 5	0.013 5	0.021 3	0.012	0.543 1	2.08	0.11	2.58	28.44	2.02
2011-7	SYB04	4.61	8.00	0.112	0.005 6	0.003 1	0.013 0	0.022 5	0.008	0.543 1	1.71	0.22	2.58	28.44	2.59
2011-7	SYB05	6.61	8.11	0.112	0.007 3	0.003 1	0.013 4	0.026 0	0.008	0.582 1	1.87	0.44	2.58	27.79	1.85
2011-7	SYB06	5.61	8.08	0.103	0.004 7	0.003 5	0.012 2	0.022 1	0.009	0.562 6	0.96	0.34	2.58	27.97	2.38
2011-7	SYB07	4.72	8.01	0.110	0.005 6	0.003 1	0.012 0	0.021 1	0.008	0.465 0	0.75	0.06	2.58	28.22	1.62
2011-7	SYB08	6.19	8.09	0.116	0.006 4	0.003 5	0.013 6	0.021 1	0.010	0.535 3	1.23	0.32	2.58	27.91	5.54
2011-7	SYB09	5.07	8.03	0.110	0.007 3	0.003 1	0.014 4	0.028 5	0.011	0.500 1	0.64	0.00	2.58	28.15	2.08

（续）

时间（年-月）	站位	溶解氧浓度/（mg/L）	pH	活性硅酸盐/（mg/L）	活性磷酸盐/（mg/L）	亚硝酸盐/（mg/L）	硝酸盐/（mg/L）	氨及部分氨基酸/（mg/L）	总磷/（mg/L）	总氮/（mg/L）	化学需氧量/（mg/L）	生化需氧量/（mg/L）	碱度/（mg/L）	总无机碳/（mg/L）	溶解有机碳/（mg/L）
2011-7	SYB10	6.41	8.13	0.107	0.007 3	0.003 1	0.014 4	0.018 6	0.008	0.461 1	1.12	0.16	2.58	27.26	1.35
2011-7	SYB11	5.26	8.03	0.100	0.006 4	0.001 8	0.012 9	0.023 3	0.009	0.593 8	0.85	0.10	2.58	28.15	1.87
2011-7	SYB12	6.36	8.12	0.120	0.006 4	0.002 8	0.014 3	0.021 0	0.012	0.449 4	1.76	0.12	2.58	27.28	1.84
2011-7	SYB13	6.39	8.01	0.124	0.016 8	0.014 5	0.063 0	0.068 0	0.029	5.158 1	2.40	1.60	2.58	28.03	2.80
2011-10	SYB01	5.71	8.14	0.106	0.013 4	0.007 2	0.014 2	0.038 1	0.019	1.804 2	1.14	0.14	2.78	29.40	1.91
2011-10	SYB02	6.57	8.14	0.094	0.008 2	0.007 5	0.017 2	0.032 8	0.012	1.499 7	1.65	0.79	2.78	29.40	1.40
2011-10	SYB03	6.15	8.13	0.091	0.008 2	0.003 1	0.013 4	0.022 5	0.012	0.980 4	1.05	0.04	2.78	29.50	1.34
2011-10	SYB04	6.11	8.16	0.090	0.009 0	0.004 1	0.013 4	0.026 2	0.016	0.670	1.10	0.01	2.78	29.22	1.77
2011-10	SYB05	6.56	8.14	0.090	0.005 6	0.003 8	0.013 7	0.020 2	0.013	0.850	0.96	0.36	2.78	29.40	2.08
2011-10	SYB06	6.37	8.14	0.090	0.003 8	0.005 1	0.015 2	0.020 9	0.008	0.710	0.78	0.25	2.78	29.40	1.81
2011-10	SYB07	6.31	8.14	0.100	0.004 7	0.003 5	0.014 1	0.023 1	0.007	0.740	1.14	0.13	2.78	29.40	2.10
2011-10	SYB08	6.30	8.16	0.100	0.006 4	0.003 8	0.014 2	0.022 2	0.007	0.780	1.05	0.08	2.78	29.22	1.60
2011-10	SYB09	6.22	8.16	0.110	0.006 4	0.004 1	0.012 9	0.021 7	0.012	0.910	0.73	0.67	2.78	29.22	1.83
2011-10	SYB10	6.33	8.16	0.090	0.007 3	0.004 1	0.016 3	0.024 7	0.008	0.810	0.82	0.13	2.78	29.22	1.70
2011-10	SYB11	6.20	8.15	0.110	0.007 3	0.004 8	0.014 6	0.021 4	0.009	0.710	0.37	0.53	2.78	29.29	1.42
2011-10	SYB12	6.40	8.15	0.110	0.004 7	0.003 8	0.014 7	0.025 1	0.008	0.820	1.01	0.21	2.78	29.29	1.68
2011-10	SYB13	5.64	8.08	0.628	0.016 8	0.015 5	0.081 5	0.107 0	0.032	6.450	1.83	0.92	2.77	29.78	1.75
2012-2	SYB01	6.55	8.11	0.965	0.011 0	0.002 0	0.050 0	0.015 0	—	—	1.67	1.23	2.63	28.37	1.39
2012-2	SYB02	6.87	8.12	0.224	0.011 0	0.006 0	0.073 0	0.019 0	—	—	1.68	0.70	2.63	28.33	—
2012-2	SYB03	6.78	8.13	0.518	0.003 0	0.000 0	0.045 0	0.014 0	—	—	0.64	0.71	2.63	28.12	—
2012-2	SYB04	6.80	8.12	0.359	0.003 0	0.001 0	0.055 0	0.013 0	—	—	1.33	0.65	2.64	28.33	—
2012-2	SYB05	7.39	8.11	—	0.003 0	0.001 0	0.054 0	0.012 0	—	—	0.76	1.22	2.63	28.37	1.16

（续）

时间（年-月）	站位	溶解氧浓度/（mg/L）	pH	活性硅酸盐/（mg/L）	活性磷酸盐/（mg/L）	亚硝酸盐/（mg/L）	硝酸盐/（mg/L）	氨及部分氨基酸/（mg/L）	总磷/（mg/L）	总氮/（mg/L）	化学需氧量/（mg/L）	生化需氧量/（mg/L）	碱度/（mg/L）	总无机碳/（mg/L）	溶解有机碳/（mg/L）
2012 - 2	SYB06	7.15	8.11	0.449	0.003 0	0.002 0	0.050 0	0.014 0	—	—	0.58	0.29	2.63	28.37	—
2012 - 2	SYB07	7.11	8.12	0.449	0.003 0	0.002 0	0.044 0	0.010 0	—	—	0.62	0.71	2.63	28.33	—
2012 - 2	SYB08	7.15	8.11	0.202	0.003 0	0.001 0	0.050 0	0.012 0	—	—	0.47	0.67	2.63	28.37	1.00
2012 - 2	SYB09	6.94	8.10	0.157	0.003 0	0.001 0	0.056 0	0.017 0	—	—	0.24	0.44	2.63	28.41	1.15
2012 - 2	SYB10	7.13	8.14	0.224	0.007 0	0.000 0	0.049 0	0.014 0	—	—	0.29	0.34	2.63	28.04	1.17
2012 - 2	SYB11	7.01	8.13	0.314	0.003 0	0.001 0	0.050 0	0.014 0	—	—	0.34	0.35	2.62	28.09	0.99
2012 - 2	SYB12	7.01	8.13	0.516	0.003 0	0.001 0	0.052 0	0.012 0	—	—	0.31	0.89	2.64	28.27	1.21
2012 - 2	SYB13	6.37	8.09	—	—	—	—	—	—	—	2.43	1.27	2.62	28.46	1.13
2012 - 4	SYB01	6.57	8.15	0.499	0.003 0	0.002 0	0.054 0	0.013 0	—	—	0.38	0.40	2.51	26.34	1.71
2012 - 4	SYB02	6.29	8.15	0.771	0.007 0	0.005 0	0.075 0	0.016 0	—	—	0.23	0.11	2.51	26.24	1.61
2012 - 4	SYB03	5.87	8.14	0.499	0.003 0	0.001 0	0.057 0	0.008 0	—	—	0.27	0.28	2.50	26.71	1.25
2012 - 4	SYB04	5.51	8.15	0.514	0.007 0	0.005 0	0.068 0	0.012 0	—	—	0.14	0.28	2.63	28.62	1.54
2012 - 4	SYB05	6.41	8.15	0.499	0.007 0	0.005 0	0.066 0	0.011 0	—	—	0.44	1.00	2.50	26.23	1.65
2012 - 4	SYB06	5.69	8.15	0.544	0.003 0	0.001 0	0.050 0	0.010 0	—	—	0.21	0.16	2.50	26.27	1.67
2012 - 4	SYB07	5.58	8.14	0.725	0.003 0	0.001 0	0.046 0	0.013 0	—	—	0.17	0.39	2.49	26.34	1.54
2012 - 4	SYB08	6.29	8.19	0.567	0.007 0	0.007 0	0.068 0	0.009 0	—	—	0.13	0.26	2.51	26.02	2.02
2012 - 4	SYB09	6.09	8.15	—	—	—	—	—	—	—	0.41	0.07	2.50	—	1.77
2012 - 4	SYB10	5.87	8.15	0.635	0.003 0	0.001 0	0.055 0	0.010 0	—	—	0.45	1.05	2.50	26.22	1.77
2012 - 4	SYB11	6.31	8.17	0.612	0.007 0	0.006 0	0.049 0	0.012 0	—	—	0.03	0.00	2.51	26.19	1.32
2012 - 4	SYB12	5.91	8.16	0.657	0.007 0	0.007 0	0.070 0	0.009 0	—	—	0.48	0.80	2.50	26.12	—
2012 - 4	SYB13	6.24	8.13	—	—	—	—	—	—	—	1.86	1.57	2.51	26.39	1.64
2012 - 9	SYB01	5.82	8.10	0.090	0.007 0	0.005 0	0.100 0	0.090 0	—	—	0.33	0.43	2.59	27.66	1.45

（续）

时间（年-月）	站位	溶解氧浓度/(mg/L)	pH	活性硅酸盐/(mg/L)	活性磷酸盐/(mg/L)	亚硝酸盐/(mg/L)	硝酸盐/(mg/L)	氨及部分氨基酸/(mg/L)	总磷/(mg/L)	总氮/(mg/L)	化学需氧量/(mg/L)	生化需氧量/(mg/L)	碱度/(mg/L)	总无机碳/(mg/L)	溶解有机碳/(mg/L)
2012-9	SYB02	6.63	8.13	0.123	0.004 0	0.003 0	0.055 0	0.106 0	—	—	0.32	0.54	2.58	26.94	1.07
2012-9	SYB03	4.32	8.10	0.056	0.008 0	0.012 0	0.056 0	0.113 0	—	—	0.22	0.14	2.61	27.43	—
2012-9	SYB04	4.61	8.09	0.039	0.004 0	0.007 0	0.041 0	0.092 0	—	—	0.31	0.26	2.60	27.84	1.00
2012-9	SYB05	6.61	8.13	0.030	0.011 0	0.002 0	0.038 0	0.127 0	—	—	0.29	0.53	2.59	27.14	1.32
2012-9	SYB06	5.61	8.11	0.030	0.012 0	0.005 0	0.041 0	0.167 0	—	—	0.31	0.41	2.59	27.35	1.39
2012-9	SYB07	4.72	8.08	0.039	0.011 0	0.016 0	0.038 0	0.105 0	—	—	0.23	0.07	2.60	27.74	1.33
2012-9	SYB08	6.19	8.12	0.047	0.002 0	0.001 0	0.043 0	0.058 0	—	—	0.31	0.38	2.59	27.21	1.14
2012-9	SYB09	5.07	8.06	0.064	0.009 0	0.004 0	0.039 0	0.077 0	—	—	0.16	−0.01	2.59	27.69	1.15
2012-9	SYB10	6.41	8.15	0.064	0.005 0	0.002 0	0.028 0	0.077 0	—	—	0.19	0.19	2.58	26.99	1.01
2012-9	SYB11	5.26	8.05	0.073	0.006 0	0.007 0	0.030 0	0.064 0	—	—	0.21	0.12	2.59	27.78	1.03
2012-9	SYB12	6.36	8.13	0.056	0.004 0	0.001 0	0.020 0	0.045 0	—	—	0.54	0.14	2.58	26.92	5.85
2012-9	SYB13	6.39	7.98	0.740	0.067 0	0.016 0	0.024 0	0.112 0	—	—	0.64	1.92	2.57	27.86	4.01
2012-11	SYB01	5.79	8.13	0.385	0.006 0	0.013 0	0.052 0	0.041 0	—	—	1.95	0.14	2.78	29.41	1.07
2012-11	SYB02	6.55	8.15	0.157	0.005 0	0.001 0	0.024 0	0.009 0	—	—	1.45	0.77	2.78	29.42	1.12
2012-11	SYB03	6.19	8.15	0.250	0.006 0	0.017 0	0.022 0	0.045 0	—	—	1.46	0.04	2.79	29.36	0.86
2012-11	SYB04	6.21	8.12	0.157	0.009 0	0.003 0	0.020 0	0.014 0	—	—	1.33	0.01	2.76	29.35	0.86
2012-11	SYB05	6.57	8.16	0.064	0.002 0	0.002 0	0.062 0	0.050 0	—	—	1.69	0.35	2.79	—	1.16
2012-11	SYB06	6.41	8.13	0.123	0.004 0	0.003 0	0.008 0	0.026 0	—	—	1.72	0.25	2.78	29.41	1.02
2012-11	SYB07	6.33	8.15	0.182	0.006 0	0.001 0	0.012 0	0.001 0	—	—	1.35	0.13	2.78	29.31	0.93
2012-11	SYB08	6.29	8.15	0.115	0.005 0	0.006 0	0.000 7	0.049 0	—	—	1.23	0.08	2.78	29.21	0.75
2012-11	SYB09	6.27	8.14	0.123	0.004 0	0.001 0	0.016 0	0.010 0	—	—	0.93	0.65	2.77	29.25	1.02
2012-11	SYB10	6.31	8.13	0.098	0.005 0	0.002 0	0.032 0	0.025 0	—	—	1.16	0.12	2.77	29.31	0.91

（续）

时间 (年-月)	站位	溶解氧浓度/ (mg/L)	pH	活性硅酸盐/ (mg/L)	活性磷酸盐/ (mg/L)	亚硝酸盐/ (mg/L)	硝酸盐/ (mg/L)	氨及部分氨基酸/ (mg/L)	总磷/ (mg/L)	总氮/ (mg/L)	化学需氧量/ (mg/L)	生化需氧量/ (mg/L)	碱度/ (mg/L)	总无机碳/ (mg/L)	溶解有机碳/ (mg/L)
2012-11	SYBl1	6.16	8.14	0.123	0.005 0	0.002 0	0.014 0	0.025 0	—	—	1.06	0.52	2.77	29.28	1.05
2012-11	SYBl2	6.34	8.13	0.106	0.004 0	0.000 3	0.036 0	0.030 0	—	—	1.55	0.21	2.77	29.33	0.90
2012-11	SYBl3	5.31	8.06	0.377	0.013 0	0.005 0	0.136 0	0.048 0	—	—	2.12	0.91	2.77	—	1.18
2013-1	SYB01	6.52	8.12	0.101	—	0.017 0	0.028 0	0.011 0	—	—	1.65	1.32	2.65	28.49	1.17
2013-1	SYB02	6.84	8.11	0.151	—	0.002 0	0.021 0	0.047 0	—	—	1.56	1.24	2.64	28.46	1.01
2013-1	SYB03	6.80	8.13	0.407	—	0.001 0	0.004 0	0.045 0	—	—	0.61	0.59	2.62	28.12	1.06
2013-1	SYB04	6.79	8.12	0.473	—	0.001 0	0.007 0	0.018 0	—	—	1.29	0.53	2.64	28.34	1.02
2013-1	SYB05	7.32	8.11	0.134	—	0.017 0	0.011 0	0.003 0	—	—	0.74	1.09	2.64	28.44	1.19
2013-1	SYB06	7.17	8.12	0.308	—	0.002 0	0.008 0	0.029 0	—	—	0.62	0.29	2.63	28.27	1.03
2013-1	SYB07	7.11	8.12	0.374	—	0.002 0	0.012 0	0.042 0	—	—	0.60	0.75	2.63	28.31	0.98
2013-1	SYB08	7.06	8.13	0.349	—	0.017 0	0.015 0	0.006 0	—	—	0.47	0.54	2.63	28.24	1.12
2013-1	SYB09	6.85	8.12	0.399	—	0.002 0	0.008 0	0.024 0	—	—	0.23	0.49	2.62	28.20	1.08
2013-1	SYB10	7.08	8.13	0.374	—	0.029 0	0.010 0	0.004 0	—	—	0.28	0.34	2.63	28.18	1.11
2013-1	SYB11	6.93	8.11	0.581	—	0.016 0	0.013 0	0.003 0	—	—	0.33	0.34	2.62	28.25	1.11
2013-1	SYB12	6.93	8.12	0.200	—	0.059 0	0.015 0	0.002 0	—	—	0.31	0.85	2.64	28.36	30.11
2013-1	SYB13	6.40	8.08	0.432	—	0.046 0	0.056 0	0.028 0	—	—	2.19	1.25	2.62	28.45	8.42
2013-4	SYB01	6.28	8.13	1.086	—	0.001 0	0.010 0	0.020 0	—	0.963 0	0.47	0.16	2.51	26.44	19.78
2013-4	SYB02	6.23	8.14	1.144	—	0.000 0	0.010 0	0.055 0	—	0.848 0	0.42	0.08	2.51	26.36	12.51
2013-4	SYB03	5.86	8.13	1.368	—	0.001 0	0.010 0	0.037 0	—	0.767 0	0.23	0.26	2.50	26.38	8.28
2013-4	SYB04	5.43	8.15	1.028	—	0.001 0	0.011 0	0.054 0	—	0.415 0	0.23	0.30	2.51	26.70	18.07
2013-4	SYB05	6.34	8.14	1.086	—	—	0.009 0	0.028 0	—	0.593 0	0.43	0.97	2.50	26.35	23.20
2013-4	SYB06	5.69	8.15	1.724	—	0.000 0	0.011 0	0.063 0	—	0.533 0	0.21	0.13	2.50	26.24	23.72

（续）

时间（年-月）	站位	溶解氧浓度/（mg/L）	pH	活性硅酸盐/（mg/L）	活性磷酸盐/（mg/L）	亚硝酸盐/（mg/L）	硝酸盐/（mg/L）	氨及部分氨基酸/（mg/L）	总磷/（mg/L）	总氮/（mg/L）	化学需氧量/（mg/L）	生化需氧量/（mg/L）	碱度/（mg/L）	总无机碳/（mg/L）	溶解有机碳/（mg/L）
2013－4	SYB07	5.62	8.16	0.245	—	0.001 0	0.011 0	0.039 0	—	0.812 0	0.17	0.43	2.49	26.42	10.60
2013－4	SYB08	5.82	8.15	1.094	—	0.000 0	0.000 0	0.028 0	—	0.948 0	0.16	0.36	2.50	26.29	13.62
2013－4	SYB09	6.49	8.16	1.715	—	0.000 0	0.008 0	0.027 0	—	0.504 0	0.47	0.08	2.50	26.29	18.95
2013－4	SYB10	5.96	8.14	2.204	—	—	0.005 0	0.019 0	—	0.815 0	0.44	1.25	2.50	26.35	7.14
2013－4	SYB11	6.23	8.16	1.045	—	0.000 0	0.005 0	0.026 0	—	0.571 0	0.13	0.17	2.51	26.24	8.02
2013－4	SYB12	5.98	8.12	4.903	—	0.000 0	0.012 0	0.023 0	—	0.689 0	0.47	0.78	2.48	26.21	8.71
2013－4	SYB13	6.37	8.08	3.752	—	0.005 0	0.014 0	0.035 0	—	4.215 0	1.79	1.58	2.50	26.74	10.67
2013－7	SYB01	5.95	8.11	0.050	—	0.009 0	0.030 0	0.003 0	0.018	0.186 0	0.32	0.39	2.59	27.55	1.58
2013－7	SYB02	6.57	8.14	0.097	—	0.012 0	0.003 0	0.006 0	0.016	0.191 0	0.31	0.48	2.58	27.13	3.51
2013－7	SYB03	5.27	8.12	0.042	—	0.005 0	0.002 0	0.009 0	0.013	0.115 0	0.22	0.13	2.60	27.60	1.70
2013－7	SYB04	5.56	8.10	0.070	—	0.004 0	0.034 0	0.033 0	0.016	0.245 0	0.31	0.19	2.60	28.08	1.55
2013－7	SYB05	6.34	8.14	0.019	—	0.009 0	0.010 0	0.009 0	0.014	0.142 0	0.28	0.48	2.56	27.00	1.68
2013－7	SYB06	6.55	8.13	0.017	—	0.005 0	0.002 0	0.012 0	0.013	0.074 0	0.30	0.38	2.58	27.25	1.37
2013－7	SYB07	5.67	8.13	0.101	—	0.002 0	0.014 0	0.008 0	0.013	0.171 0	0.23	0.08	2.59	27.34	1.76
2013－7	SYB08	6.10	8.13	0.008	—	0.006 0	—	0.014 0	0.015	0.191 0	0.30	0.35	2.58	27.26	1.21
2013－7	SYB09	5.74	8.15	0.016	—	0.002 0	0.006 0	0.009 0	0.015	0.212 0	0.17	0.04	2.58	27.16	1.62
2013－7	SYB10	6.34	8.13	0.030	—	0.006 0	—	0.018 0	0.016	0.159 0	0.19	0.13	2.58	27.22	2.09
2013－7	SYB11	5.53	8.09	0.007	—	0.004 0	0.008 0	0.009 0	0.014	0.142 0	0.19	0.17	2.58	27.55	2.59
2013－7	SYB12	6.29	8.11	0.058	—	0.012 0	0.003 0	0.010 0	0.013	0.206 0	0.53	0.16	2.59	27.52	1.59
2013－7	SYB13	6.34	8.02	0.594	—	0.040 0	0.333 0	0.126 0	0.073	0.877 0	0.63	1.47	2.57	27.78	2.43
2013－11	SYB01	5.77	8.15	0.025	—	0.018 0	0.070 0	0.003 0	—	0.158 0	1.77	0.12	2.73	28.79	1.48
2013－11	SYB02	6.68	8.13	0.035	—	0.001 0	0.058 0	0.008 0	—	0.160 0	1.37	0.75	2.80	29.65	1.68

（续）

时间（年-月）	站位	溶解氧浓度/(mg/L)	pH	活性硅酸盐/(mg/L)	活性磷酸盐/(mg/L)	亚硝酸盐/(mg/L)	硝酸盐/(mg/L)	氨及部分氨基酸/(mg/L)	总磷/(mg/L)	总氮/(mg/L)	化学需氧量/(mg/L)	生化需氧量/(mg/L)	碱度/(mg/L)	总无机碳/(mg/L)	溶解有机碳/(mg/L)
2013-11	SYB03	6.22	8.15	0.042	—	0.006 0	0.078 0	0.016 0	—	0.176 0	1.54	0.05	2.79	29.34	1.86
2013-11	SYB04	6.24	8.14	0.033	—	0.002 0	0.077 0	0.011 0	—	0.150 0	1.30	0.04	2.75	29.08	1.85
2013-11	SYB05	6.60	8.15	0.035	—	0.002 0	0.076 0	0.006 0	—	0.189 0	1.65	0.39	2.78	29.27	2.91
2013-11	SYB06	6.38	8.15	0.025	—	0.003 0	0.074 0	0.001 0	—	0.259 0	1.68	0.29	2.77	29.17	1.39
2013-11	SYB07	6.26	8.17	0.023	—	0.003 0	0.076 0	0.004 0	—	0.160 0	1.32	0.17	2.77	28.99	1.37
2013-11	SYB08	6.02	8.14	0.038	—	0.001 0	0.062 0	0.008 0	—	0.226 0	1.20	0.12	2.77	29.29	1.50
2013-11	SYB09	6.32	8.15	0.029	—	0.003 0	0.069 0	0.005 0	—	0.191 0	0.91	0.59	2.77	29.17	1.52
2013-11	SYB10	6.44	8.16	0.038	—	0.002 0	0.071 0	0.003 0	—	0.206 0	1.14	0.12	2.78	29.16	2.83
2013-11	SYB11	6.19	8.15	0.031	—	0.002 0	0.071 0	0.005 0	—	0.171 0	1.05	0.55	2.77	29.16	5.64
2013-11	SYB12	6.27	8.15	0.038	—	0.002 0	0.059 0	0.006 0	—	0.180 0	1.53	0.23	2.77	29.14	6.12
2013-11	SYB13	5.26	7.97	0.088	—	0.061 0	0.307 0	—	—	0.859 0	2.09	0.85	2.56	28.15	6.32
2014-1	SYB01	6.51	8.13	0.090	0.000 0	0.002 0	0.035 0	0.070 0	0.021	0.401 0	1.53	1.16	2.65	—	1.50
2014-1	SYB02	6.64	8.14	0.021	0.000 0	0.001 0	0.007 0	0.007 0	0.016	0.247 0	1.64	0.62	2.66	—	1.58
2014-1	SYB03	6.90	8.15	0.047	0.001 0	0.001 0	0.008 0	0.015 0	0.011	0.398 0	0.73	0.61	2.66	—	1.11
2014-1	SYB04	6.67	8.13	0.022	0.001 0	0.001 0	0.009 0	0.003 0	0.009	0.432 0	1.36	0.55	2.65	—	1.18
2014-1	SYB05	7.26	8.17	0.015	0.001 0	0.001 0	0.007 0	0.008 0	0.010	0.398 0	0.83	1.12	2.65	—	1.11
2014-1	SYB06	7.14	8.09	0.036	0.003 0	0.000 0	0.006 0	0.007 0	0.015	0.096 0	0.84	0.39	2.66	—	1.27
2014-1	SYB07	7.12	8.13	0.038	0.003 0	0.002 0	0.004 0	0.004 0	0.008	0.145 0	0.66	0.61	2.66	—	1.16
2014-1	SYB08	7.23	8.12	0.035	0.001 0	0.002 0	0.006 0	0.007 0	0.008	0.230 0	0.55	0.47	2.65	—	1.32
2014-1	SYB09	6.96	8.11	0.038	0.001 0	0.001 0	0.011 0	0.004 0	0.008	0.115 0	0.33	0.34	2.66	—	1.26
2014-1	SYB10	7.18	8.15	0.021	0.002 0	0.003 0	0.003 0	0.005 0	0.008	0.283 0	0.31	0.43	2.65	—	1.21
2014-1	SYB11	7.06	8.14	0.061	0.002 0	0.001 0	0.011 0	0.007 0	0.007	0.099 0	0.55	0.37	2.65	—	1.18

94

（续）

时间（年-月）	站位	溶解氧浓度/(mg/L)	pH	活性硅酸盐/(mg/L)	活性磷酸盐/(mg/L)	亚硝酸盐/(mg/L)	硝酸盐/(mg/L)	氨及部分氨基酸/(mg/L)	总磷/(mg/L)	总氮/(mg/L)	化学需氧量/(mg/L)	生化需氧量/(mg/L)	碱度/(mg/L)	总无机碳/(mg/L)	溶解有机碳/(mg/L)
2014-1	SYB12	7.00	8.14	0.037	0.001 0	0.000 0	0.009 0	0.014 0	0.009	0.160 0	0.34	0.76	2.65	—	1.34
2014-1	SYB13	5.84	8.07	0.405	0.006 0	0.019 0	0.067 0	0.216 0	0.062	1.067 0	2.52	1.13	2.65	—	1.44
2014-4	SYB01	6.51	8.14	0.107	0.002 0	0.005 0	0.023 0	0.059 0	0.007	0.356 0	0.77	0.46	2.66	—	1.45
2014-4	SYB02	6.36	8.14	0.093	0.004 0	0.003 0	0.040 0	0.106 0	0.004	0.388 0	0.54	0.43	2.66	—	2.34
2014-4	SYB03	6.17	8.14	0.083	0.003 0	0.001 0	0.043 0	0.036 0	0.005	0.444 0	0.33	0.47	2.66	—	1.38
2014-4	SYB04	5.65	8.14	0.079	0.003 0	0.001 0	0.017 0	0.032 0	0.003	0.241 0	0.41	0.58	2.66	—	1.34
2014-4	SYB05	6.14	8.15	0.081	0.003 0	0.000 0	0.017 0	0.046 0	0.002	0.399 0	0.39	1.21	2.66	—	1.62
2014-4	SYB06	5.64	8.13	0.070	0.001 0	0.002 0	0.040 0	0.094 0	0.004	0.271 0	0.31	0.25	2.66	—	4.89
2014-4	SYB07	5.58	8.16	0.073	0.001 0	0.001 0	0.023 0	0.030 0	0.005	0.309 0	0.21	0.41	2.66	—	1.29
2014-4	SYB08	6.25	8.14	0.100	0.001 0	0.002 0	0.007 0	0.044 0	0.002	0.270 0	0.23	0.35	2.66	—	1.47
2014-4	SYB09	6.96	8.15	0.081	0.003 0	0.003 0	0.063 0	0.076 0	0.004	0.265 0	0.37	0.42	2.66	—	3.33
2014-4	SYB10	6.11	8.14	0.097	0.002 0	0.002 0	0.023 0	0.044 0	0.004	0.367 0	0.35	0.79	2.66	—	1.66
2014-4	SYB11	6.39	8.14	0.103	0.000 0	0.002 0	0.015 0	0.040 0	0.014	0.400 0	0.33	0.33	2.66	—	1.52
2014-4	SYB12	5.81	8.15	0.105	—	0.002 0	0.021 0	0.081 0	0.003	0.249 0	0.45	0.66	2.66	—	1.92
2014-4	SYB13	6.02	8.09	0.105	0.019 0	0.019 0	0.043 0	0.045 0	0.120	1.871 0	1.84	1.36	2.66	—	2.47
2014-7	SYB01	6.69	8.11	0.082	0.012 0	0.003 0	0.016 0	0.065 0	0.016	0.232 0	0.38	0.52	2.66	—	3.24
2014-7	SYB02	6.64	8.11	0.068	0.007 0	0.002 0	0.007 0	0.038 0	0.013	0.244 0	0.34	0.63	2.66	—	2.92
2014-7	SYB03	6.23	8.11	0.080	0.008 0	0.003 0	0.012 0	0.055 0	0.012	0.095 0	0.32	0.34	2.66	—	3.70
2014-7	SYB04	6.20	8.12	0.075	0.009 0	0.002 0	0.033 0	0.066 0	0.009	0.075 0	0.32	0.37	2.66	—	3.50

（续）

时间（年-月）	站位	溶解氧浓度/(mg/L)	pH	活性硅酸盐/(mg/L)	活性磷酸盐/(mg/L)	亚硝酸盐/(mg/L)	硝酸盐/(mg/L)	氨及部分氨基酸/(mg/L)	总磷/(mg/L)	总氮/(mg/L)	化学需氧量/(mg/L)	生化需氧量/(mg/L)	碱度/(mg/L)	总无机碳/(mg/L)	溶解有机碳/(mg/L)
2014－7	SYB05	6.50	8.11	0.076	0.008 0	0.000 0	0.011 0	0.048 0	0.008	0.373 0	0.36	0.48	2.66	—	3.36
2014－7	SYB06	6.43	8.13	0.081	0.009 0	0.003 0	0.008 0	0.048 0	0.011	0.469 0	0.28	0.31	2.66	—	3.05
2014－7	SYB07	6.23	8.12	0.086	—	0.002 0	0.013 0	0.068 0	0.008	0.422 0	0.21	0.27	2.66	—	3.15
2014－7	SYB08	6.26	8.14	0.066	0.006 0	0.001 0	0.019 0	0.090 0	0.008	0.296 0	0.67	0.38	2.66	—	2.94
2014－7	SYB09	6.08	8.11	0.081	0.008 0	0.001 0	0.010 0	0.060 0	0.011	0.339 0	0.37	0.34	2.66	—	3.14
2014－7	SYB10	6.23	8.13	0.082	0.007 0	0.000 0	0.009 0	0.049 0	0.007	0.414 0	0.13	0.28	2.66	—	2.94
2014－7	SYB11	6.08	8.11	0.087	0.009 0	0.001 0	0.017 0	0.058 0	0.008	0.472 0	0.19	0.31	2.66	—	3.27
2014－7	SYB12	6.39	8.11	0.069	0.007 0	0.001 0	0.012 0	0.051 0	0.011	0.327 0	0.62	0.24	2.66	—	2.91
2014－7	SYB13	6.36	7.95	0.101	0.013 0	0.008 0	0.025 0	0.162 0	0.037	1.157 0	0.82	1.77	2.66	—	3.30
2014－10	SYB01	5.75	8.15	0.101	—	0.018 0	0.016 0	0.001 0	0.007	0.377 0	2.21	0.84	2.66	—	1.62
2014－10	SYB02	6.21	8.15	0.093	—	0.010 0	0.016 0	0.001 0	0.007	0.388 0	1.39	0.78	2.66	—	1.74
2014－10	SYB03	6.32	8.14	0.079	—	0.004 0	0.012 0	0.001 0	0.006	0.356 0	1.41	0.24	2.66	—	1.84
2014－10	SYB04	6.25	8.14	0.082	—	0.005 0	0.013 0	0.001 0	0.004	0.334 0	1.36	0.31	2.66	—	1.68
2014－10	SYB05	6.50	8.17	0.085	—	0.002 0	0.016 0	0.000 0	0.004	0.377 0	1.42	0.36	2.66	—	1.85
2014－10	SYB06	6.35	8.15	0.075	—	0.002 0	0.009 0	0.006 0	0.005	0.388 0	1.66	0.36	2.66	—	1.75
2014－10	SYB07	6.30	8.16	0.079	—	0.005 0	0.013 0	0.001 0	0.005	0.335 0	1.62	0.33	2.66	—	1.83
2014－10	SYB08	6.28	8.15	0.083	—	0.003 0	0.011 0	0.001 0	0.004	0.346 0	1.65	0.28	2.66	—	1.95
2014－10	SYB09	6.23	8.15	0.082	0.006 0	0.003 0	0.014 0	0.002 0	0.004	0.196 0	0.84	0.65	2.66	—	1.79
2014－10	SYB10	6.56	8.14	0.079	0.004 0	0.001 0	0.013 0	0.005 0	0.003	0.304 0	1.13	0.32	2.66	—	1.46

（续）

时间（年-月）	站位	溶解氧浓度/(mg/L)	pH	活性硅酸盐/(mg/L)	活性磷酸盐/(mg/L)	亚硝酸盐/(mg/L)	硝酸盐/(mg/L)	氨及部分氨基酸/(mg/L)	总磷/(mg/L)	总氮/(mg/L)	化学需氧量/(mg/L)	生化需氧量/(mg/L)	碱度/(mg/L)	总无机碳/(mg/L)	溶解有机碳/(mg/L)
2014－10	SYB11	6.11	8.15	0.081	—	0.002 0	0.014 0	0.004 0	0.004	0.400 0	0.96	0.48	2.66	—	1.64
2014－10	SYB12	6.35	8.15	0.079	0.004 0	0.002 0	0.011 0	0.003 0	0.005	0.398 0	1.68	0.33	2.66	—	1.53
2014－10	SYB13	5.48	7.98	0.177	—	0.028 0	0.042 0	0.008 0	0.014	2.135 0	2.31	0.87	2.65	—	2.42
2015－1	SYB01	6.34	8.14	0.092	0.012 0	0.001 0	0.105 0	0.034 0	0.029	0.239 0	1.91	1.47	2.63	—	2.10
2015－1	SYB02	6.51	8.15	0.101	0.008 0	0.002 0	0.037 0	0.015 0	0.018	0.139 0	1.89	0.88	2.64	—	2.26
2015－1	SYB03	5.37	8.16	0.103	0.010 0	0.002 0	0.086 0	0.018 0	0.010	0.328 0	1.34	0.88	2.64	—	2.36
2015－1	SYB04	5.29	8.15	0.093	0.011 0	0.003 0	0.021 0	0.021 0	0.014	0.154 0	1.87	0.80	2.63	—	2.33
2015－1	SYB05	6.67	8.17	0.094	0.011 0	0.001 0	0.025 0	0.011 0	—	0.220 0	0.90	1.35	2.64	—	3.83
2015－1	SYB06	6.93	8.07	0.099	0.009 0	0.001 0	0.083 0	0.076 0	0.013	0.393 0	0.99	0.67	2.50	—	2.39
2015－1	SYB07	5.69	8.11	0.088	0.010 0	0.002 0	0.058 0	0.056 0	0.011	0.330 0	0.72	0.89	2.61	—	2.18
2015－1	SYB08	5.99	8.12	0.085	0.012 0	0.019 0	0.040 0	0.098 0	—	0.305 0	0.65	0.69	2.64	—	2.50
2015－1	SYB09	7.12	8.02	0.068	0.012 0	0.002 0	0.005 0	0.025 0	—	0.249 0	0.73	0.54	2.49	—	2.41
2015－1	SYB10	5.47	8.15	0.092	0.009 0	0.001 0	0.010 0	0.021 0	—	0.282 0	0.88	0.71	2.64	—	2.76
2015－1	SYB11	4.98	8.12	0.090	—	0.001 0	—	0.037 0	0.008	0.184 0	1.68	0.71	2.58	—	2.36
2015－1	SYB12	4.95	8.15	0.088	0.008 0	0.001 0	0.007 0	0.017 0	0.009	0.192 0	0.87	0.98	2.62	—	2.25
2015－1	SYB13	5.13	8.01	0.104	0.008 0	0.028 0	0.064 0	0.031 0	0.073	1.732 0	2.98	1.88	2.47	—	2.77
2015－4	SYB01	6.63	7.98	0.092	0.002 0	0.002 0	0.121 0	0.009 0	0.021	0.140 0	1.69	1.32	2.49	—	1.69
2015－4	SYB02	6.47	7.79	0.101	0.003 0	0.000 0	0.052 0	0.040 0	0.018	0.120 0	0.94	0.69	2.37	—	1.37
2015－4	SYB03	6.24	7.88	0.103	0.004 0	0.000 0	0.057 0	0.006 0	0.020	0.224 0	0.77	0.68	2.43	—	1.55

（续）

时间/（年-月）	站位	溶氧浓度/(mg/L)	pH	活性硅酸盐/(mg/L)	活性磷酸盐/(mg/L)	亚硝酸盐/(mg/L)	硝酸盐/(mg/L)	氨及部分氨基酸/(mg/L)	总磷/(mg/L)	总氮/(mg/L)	化学需氧量/(mg/L)	生化需氧量/(mg/L)	碱度/(mg/L)	总无机碳/(mg/L)	溶解有机碳/(mg/L)
2015-4	SYB04	5.94	8.11	0.093	0.002 0	0.000 0	0.027 0	0.016 0	0.011	0.141 0	0.95	0.76	2.53	—	1.09
2015-4	SYB05	5.58	7.99	0.094	0.004 0	0.000 0	0.043 0	0.015 0	0.016	0.120 0	0.89	1.36	2.47	—	1.28
2015-4	SYB06	5.93	8.02	0.099	0.003 0	0.000 0	0.057 0	0.025 0	0.013	0.121 0	0.86	0.56	2.46	—	1.17
2015-4	SYB07	5.69	7.95	0.088	0.004 0	0.001 0	0.055 0	0.004 0	0.017	0.218 0	0.62	0.62	2.45	—	1.24
2015-4	SYB08	6.36	8.04	0.085	0.007 0	0.002 0	0.004 0	0.007 0	0.016	0.120 0	0.67	0.49	2.46	—	1.32
2015-4	SYB09	6.65	7.83	0.068	0.002 0	0.001 0	0.011 0	0.033 0	0.012	0.121 0	0.73	0.53	2.40	—	1.24
2015-4	SYB10	6.39	8.10	0.092	0.001 0	0.001 0	0.004 0	0.009 0	0.010	0.128 0	0.73	0.92	2.53	—	1.35
2015-4	SYB11	6.53	7.86	0.090	—	0.000 0	0.010 0	0.009 0	0.015	0.120 0	0.70	0.44	2.40	—	1.20
2015-4	SYB12	5.95	8.01	0.088	0.001 0	0.000 0	0.009 0	0.066 0	0.017	0.120 0	0.89	0.79	2.44	—	1.50
2015-4	SYB13	5.73	7.83	0.082	0.005 0	0.011 0	0.131 0	0.073 0	0.056	0.325 0	2.30	2.25	2.40	—	2.01
2015-7	SYB01	6.62	7.95	0.134	0.006 0	0.021 0	0.047 0	0.025 0	0.032	0.156 0	0.59	0.70	2.43	—	1.65
2015-7	SYB02	6.54	8.02	0.071	0.004 0	0.003 0	0.006 0	0.013 0	0.019	0.137 0	0.57	0.88	2.44	—	2.42
2015-7	SYB03	6.43	8.01	0.103	0.003 0	0.001 0	0.014 0	0.011 0	0.016	0.158 0	0.56	0.70	2.44	—	1.53
2015-7	SYB04	6.24	8.00	0.108	0.005 0	0.002 0	0.010 0	0.011 0	0.016	0.141 0	0.59	0.72	2.43	—	—
2015-7	SYB05	6.48	8.14	0.124	0.009 0	0.011 0	0.018 0	0.011 0	0.035	0.172 0	0.60	0.75	2.61	—	1.78
2015-7	SYB06	6.46	7.97	0.110	0.005 0	0.011 0	0.012 0	0.006 0	0.021	0.150 0	0.54	0.64	2.43	—	1.51
2015-7	SYB07	6.37	8.04	0.137	0.001 0	0.005 0	0.004 0	0.010 0	0.015	0.136 0	0.50	0.43	2.44	—	1.44
2015-7	SYB08	6.26	7.98	0.108	0.005 0	0.075 0	0.014 0	0.002 0	0.018	0.127 0	2.00	0.67	2.53	—	2.13
2015-7	SYB09	6.29	8.00	0.107	0.003 0	0.004 0	0.006 0	0.020 0	0.015	0.183 0	0.66	0.55	2.43	—	2.77

（续）

时间（年-月）	站位	溶解氧浓度/（mg/L）	pH	活性硅酸盐/（mg/L）	活性磷酸盐/（mg/L）	亚硝酸盐/（mg/L）	硝酸盐/（mg/L）	氨及部分氨基酸/（mg/L）	总磷/（mg/L）	总氮/（mg/L）	化学需氧量/（mg/L）	生化需氧量/（mg/L）	碱度/（mg/L）	总无机碳/（mg/L）	溶解有机碳/（mg/L）
2015-7	SYB10	6.19	8.04	0.107	0.004 0	0.001 0	0.017 0	0.002 0	0.016	0.177 0	0.44	0.30	2.44	—	1.59
2015-7	SYB11	6.16	8.04	0.113	0.002 0	0.001 0	0.020 0	0.011 0	0.019	0.154 0	0.51	0.76	2.44	—	2.76
2015-7	SYB12	6.31	7.98	0.116	0.002 0	0.010 0	0.029 0	0.004 0	0.025	0.166 0	0.93	0.30	2.43	—	3.02
2015-7	SYB13	6.10	7.89	0.180	0.024 0	0.024 0	0.120 0	0.077 0	0.069	0.292 0	2.15	2.22	2.40	—	1.68
2015-10	SYB01	5.69	7.53	0.117	0.010 0	0.011 0	0.028 0	0.072 0	0.020	0.285 0	2.95	1.47	2.30	—	1.48
2015-10	SYB02	5.97	7.69	0.102	—	0.002 0	0.010 0	0.089 0	0.012	0.198 0	1.90	0.96	2.33	—	1.43
2015-10	SYB03	6.43	6.99	0.114	0.007 0	0.005 0	0.010 0	0.008 0	0.006	0.224 0	2.14	0.54	2.28	—	1.36
2015-10	SYB04	6.27	7.51	0.092	—	0.001 0	0.011 0	0.023 0	0.007	0.191 0	2.50	0.60	2.32	—	1.28
2015-10	SYB05	6.66	7.85	0.097	—	0.002 0	0.010 0	0.011 0	0.007	0.194 0	1.92	0.42	2.38	—	1.43
2015-10	SYB06	6.24	7.83	0.108	—	0.002 0	0.011 0	0.011 0	0.008	0.196 0	2.50	0.76	2.34	—	1.50
2015-10	SYB07	6.44	7.69	0.099	—	0.004 0	0.007 0	0.012 0	0.007	0.287 0	2.71	0.42	2.33	—	1.38
2015-10	SYB08	6.40	8.03	0.112	0.007 0	0.002 0	0.019 0	0.015 0	0.009	0.191 0	1.91	0.42	2.54	—	1.57
2015-10	SYB09	6.41	7.99	0.107	0.006 0	0.003 0	0.012 0	0.007 0	0.012	0.156 0	1.11	0.96	2.35	—	1.58
2015-10	SYB10	6.47	7.96	0.095	—	0.002 0	0.012 0	0.019 0	0.011	0.159 0	1.09	0.75	2.44	—	1.62
2015-10	SYB11	6.33	8.06	0.072	0.010 0	0.003 0	0.010 0	0.015 0	—	0.159 0	0.91	0.40	2.55	—	1.47
2015-10	SYB12	6.23	7.93	0.088	0.008 0	0.002 0	0.013 0	0.022 0	0.010	0.159 0	2.35	0.89	2.44	—	1.76
2015-10	SYB13	5.27	7.63	0.162	0.029 0	0.037 0	0.129 0	0.098 0	0.070	0.425 0	2.64	1.76	2.33	—	2.07

表 3 - 7　水柱平均化学要素数据表

时间/(年-月)	站位	溶解氧浓度/(mg/L)	pH	活性硅酸盐/(mg/L)	活性磷酸盐/(mg/L)	亚硝酸盐/(mg/L)	硝酸盐/(mg/L)	氨及部分氨基酸/(mg/L)	总磷/(mg/L)	总氮/(mg/L)	化学需氧量/(mg/L)	生化需氧量/(mg/L)	碱度/(mg/L)	总无机碳/(mg/L)	溶解有机碳/(mg/L)
2007-1	SYB01	7.87	8.23	0.082	0.015	0.006	0.020	0.023	0.022	0.779	2.05	0.85	2.89	—	—
2007-1	SYB02	8.17	8.26	0.083	0.010	0.004	0.017	0.008	0.015	0.762	1.35	0.99	2.88	—	—
2007-1	SYB03	7.27	8.21	0.076	0.009	0.004	0.017	0.009	0.014	0.626	0.72	0.36	2.88	—	—
2007-1	SYB04	7.24	8.21	0.080	0.009	0.004	0.017	0.008	0.017	0.619	0.26	0.20	2.87	—	—
2007-1	SYB05	7.28	8.18	0.075	0.009	0.004	0.006	0.011	0.014	0.703	1.29	0.38	2.88	—	—
2007-1	SYB06	7.32	8.20	0.066	0.010	0.004	0.010	0.009	0.014	0.594	1.28	0.54	2.87	—	—
2007-1	SYB07	7.28	8.20	0.065	0.011	0.005	0.014	0.009	0.019	0.688	0.84	0.45	2.88	—	—
2007-1	SYB08	7.24	8.19	0.074	0.010	0.006	0.021	0.011	0.015	0.805	0.98	0.32	2.88	—	—
2007-1	SYB09	7.24	8.21	0.077	0.011	0.005	0.016	0.007	0.016	0.660	0.51	0.29	2.88	—	—
2007-1	SYB10	7.30	8.18	0.085	0.013	0.006	0.015	0.005	0.020	0.691	0.66	0.37	2.87	—	—
2007-1	SYB11	7.23	8.18	0.082	0.014	0.006	0.018	0.007	0.019	0.719	0.52	0.30	2.88	—	—
2007-1	SYB12	7.25	8.17	0.087	0.009	0.004	0.014	0.007	0.014	0.688	0.36	0.36	2.88	—	—
2007-1	SYB13	7.04	—	—	—	—	—	—	—	—	—	—	—	—	—
2007-4	SYB01	6.59	8.23	0.080	0.014	0.003	0.005	0.009	0.019	0.557	0.65	1.12	2.87	—	—
2007-4	SYB02	6.82	8.18	0.078	0.008	0.003	0.005	0.009	0.012	0.420	0.36	0.54	2.87	—	—
2007-4	SYB03	7.03	8.16	0.073	0.006	0.003	0.005	0.008	0.009	0.425	0.18	0.43	2.88	—	—
2007-4	SYB04	6.95	8.16	0.080	0.006	0.003	0.005	0.008	0.010	0.425	0.12	0.19	2.88	—	—
2007-4	SYB05	6.88	8.2	0.076	0.004	0.003	0.005	0.008	0.007	0.494	0.09	0.54	2.87	—	—
2007-4	SYB06	7.07	8.17	0.081	0.006	0.003	0.006	0.007	0.011	0.425	0.48	0.41	2.88	—	—
2007-4	SYB07	6.92	8.16	0.080	0.006	0.003	0.004	0.010	0.009	0.403	0.17	0.12	2.87	—	—
2007-4	SYB08	6.87	8.16	0.074	0.006	0.003	0.006	0.011	0.009	0.440	0.16	0.23	2.88	—	—
2007-4	SYB09	7.01	8.17	0.066	0.006	0.003	0.005	0.008	0.009	0.356	0.95	1.01	2.87	—	—
2007-4	SYB10	6.98	8.17	0.076	0.004	0.003	0.006	0.010	0.010	0.365	0.64	0.17	2.88	—	—

（续）

时间（年-月）	站位	溶解氧浓度/(mg/L)	pH	活性硅酸盐/(mg/L)	活性磷酸盐/(mg/L)	亚硝酸盐/(mg/L)	硝酸盐/(mg/L)	氨及部分氨基酸/(mg/L)	总磷/(mg/L)	总氮/(mg/L)	化学需氧量/(mg/L)	生化需氧量/(mg/L)	碱度/(mg/L)	总无机碳/(mg/L)	溶解有机碳/(mg/L)
2007-4	SYB11	6.93	8.17	0.082	0.005	0.003	0.007	0.010	0.011	0.410	0.07	0.23	2.87	—	—
2007-4	SYB12	6.85	8.19	0.088	0.006	0.003	0.005	0.011	0.009	0.565	0.04	0.66	2.88	—	—
2007-4	SYB13	6.53	—	—	—	—	—	—	—	—	—	—	—	—	—
2007-7	SYB01	6.81	8.15	0.047	0.017	0.007	0.019	0.007	0.031	1.730	1.13	1.05	2.88	—	—
2007-7	SYB02	6.81	8.17	0.046	0.010	0.006	0.011	0.005	0.014	0.887	0.93	0.30	2.88	—	—
2007-7	SYB03	6.45	8.16	0.049	0.009	0.005	0.015	0.007	0.017	0.703	0.57	0.28	2.89	—	—
2007-7	SYB04	6.99	8.17	0.049	0.010	0.005	0.018	0.005	0.018	0.797	0.64	0.46	2.88	—	—
2007-7	SYB05	6.86	8.20	0.045	0.012	0.004	0.013	0.005	0.020	0.705	0.64	0.50	2.86	—	—
2007-7	SYB06	6.70	8.18	0.051	0.012	0.007	0.016	0.006	0.020	0.747	0.72	0.46	2.88	—	—
2007-7	SYB07	6.78	8.17	0.049	0.010	0.005	0.020	0.006	0.018	0.717	0.88	0.28	2.87	—	—
2007-7	SYB08	6.62	8.17	0.048	0.012	0.005	0.013	0.006	0.020	0.742	1.56	0.25	2.87	—	—
2007-7	SYB09	6.52	8.15	0.054	0.013	0.005	0.017	0.008	0.021	0.738	1.33	0.41	2.88	—	—
2007-7	SYB10	6.57	8.16	0.045	0.011	0.006	0.010	0.005	0.017	1.019	1.26	0.15	2.88	—	—
2007-7	SYB11	6.61	8.16	0.047	0.013	0.005	0.011	0.008	0.019	0.750	0.58	0.32	2.89	—	—
2007-7	SYB12	6.71	8.18	0.050	0.012	0.005	0.016	0.008	0.017	0.691	0.54	0.69	2.88	—	—
2007-7	SYB13	8.75	—	—	—	—	—	—	—	—	—	—	—	—	—
2007-10	SYB01	6.76	8.07	0.114	0.004	0.009	0.049	0.020	0.013	0.812	2.21	1.05	2.88	—	6.78
2007-10	SYB02	6.50	8.11	0.095	0.004	0.003	0.018	0.015	0.010	0.508	2.58	0.50	2.89	—	—
2007-10	SYB03	6.80	8.17	0.077	0.005	0.007	0.023	0.016	0.009	0.403	1.72	0.56	2.88	—	6.09
2007-10	SYB04	6.65	8.18	0.079	0.005	0.007	0.021	0.015	0.008	0.462	1.62	0.59	2.88	—	—
2007-10	SYB05	7.04	8.15	0.086	0.004	0.004	0.017	0.014	0.010	0.485	1.80	0.32	2.89	—	4.53
2007-10	SYB06	6.91	8.21	0.076	0.004	0.004	0.012	0.011	0.009	0.431	0.63	0.29	2.89	—	2.57

（续）

时间 （年-月）	站位	溶解氧浓度/ （mg/L）	pH	活性硅酸盐/ （mg/L）	活性磷酸盐/ （mg/L）	亚硝酸盐/ （mg/L）	硝酸盐/ （mg/L）	氨及部分氨基酸/ （mg/L）	总磷/ （mg/L）	总氮/ （mg/L）	化学需氧量/ （mg/L）	生化需氧量/ （mg/L）	碱度/ （mg/L）	总无机碳/ （mg/L）	溶解有机碳/ （mg/L）
2007-10	SYB07	6.69	8.19	0.088	0.004	0.005	0.020	0.015	0.008	0.442	0.99	0.27	2.88	—	4.07
2007-10	SYB08	6.88	8.21	0.085	0.005	0.003	0.016	0.017	0.010	0.483	2.04	0.19	2.88	—	4.07
2007-10	SYB09	6.71	8.20	0.077	0.004	0.004	0.020	0.013	0.008	0.458	2.14	0.46	2.88	—	4.45
2007-10	SYB10	6.83	8.21	0.089	0.005	0.003	0.019	0.015	0.008	0.461	2.27	0.52	2.87	—	3.97
2007-10	SYB11	6.78	8.20	0.077	0.005	0.004	0.012	0.013	0.008	0.471	2.14	—	2.89	—	3.71
2007-10	SYB12	7.28	—	—	—	—	—	—	—	—	—	—	—	—	3.14
2007-10	SYB13	12.88	—	—	—	—	—	—	—	—	—	—	—	—	—
2008-1	SYB01	7.20	8.19	0.072	0.005	0.002	0.000	0.031	0.009	2.115	1.81	0.63	2.87	30.14	2.59
2008-1	SYB02	7.09	8.20	0.066	0.004	0.002	0.001	0.023	0.007	1.033	1.76	0.69	2.88	30.36	2.20
2008-1	SYB03	7.04	8.19	0.068	0.000	0.001	0.000	0.011	0.003	0.741	0.71	0.61	2.88	30.36	1.99
2008-1	SYB04	7.05	8.20	0.061	0.001	0.001	0.000	0.011	0.004	0.691	0.51	0.38	2.88	30.36	2.10
2008-1	SYB05	7.17	8.22	0.062	0.000	0.001	0.000	0.014	0.003	0.650	0.49	0.42	2.89	30.47	1.84
2008-1	SYB06	7.06	8.20	0.067	0.001	0.001	0.000	0.010	0.003	0.628	0.72	0.53	2.87	30.25	1.97
2008-1	SYB07	7.07	8.20	0.064	0.001	0.001	0.000	0.015	0.003	0.591	0.64	0.46	2.87	30.25	2.25
2008-1	SYB08	7.04	8.26	0.062	0.001	0.001	0.000	0.010	0.005	0.635	0.60	0.35	2.88	29.92	1.98
2008-1	SYB09	6.98	8.20	0.069	0.001	0.001	0.000	0.011	0.003	0.573	0.43	0.21	2.87	30.14	1.96
2008-1	SYB10	7.15	8.21	0.072	0.001	0.001	0.000	0.009	0.002	0.578	0.43	0.46	2.89	30.47	1.97
2008-1	SYB11	7.00	8.20	0.068	0.002	0.001	0.000	0.013	0.003	0.555	0.45	0.30	2.88	30.36	1.94
2008-1	SYB12	7.12	8.20	0.078	0.002	0.001	0.000	0.009	0.004	0.531	0.43	0.52	2.89	30.47	2.04
2008-1	SYB13	7.78	—	0.085	0.007	0.003	0.000	0.048	0.013	6.677	—	—	—	30.47	2.37
2008-5	SYB01	6.28	8.14	0.091	0.009	0.002	0.000	0.023	0.014	3.606	2.23	0.66	2.50	30.25	2.53
2008-5	SYB02	6.61	8.20	0.077	0.005	0.001	0.000	0.006	0.011	2.577	1.95	0.64	2.88	30.02	2.53

（续）

时间（年-月）	站位	溶解氧浓度/(mg/L)	pH	活性硅酸盐/(mg/L)	活性磷酸盐/(mg/L)	亚硝酸盐/(mg/L)	硝酸盐/(mg/L)	氨及部分氨基酸/(mg/L)	总磷/(mg/L)	总氮/(mg/L)	化学需氧量/(mg/L)	生化需氧量/(mg/L)	碱度/(mg/L)	总无机碳/(mg/L)	溶解有机碳/(mg/L)
2008-5	SYB03	6.62	8.17	0.076	0.004	0.005	0.000	0.007	0.008	0.775	1.09	0.85	2.87	29.81	2.27
2008-5	SYB04	6.61	8.17	0.076	0.005	0.003	0.000	0.007	0.010	0.738	1.64	0.54	2.88	29.92	2.26
2008-5	SYB05	6.88	8.16	0.075	0.004	0.001	0.001	0.010	0.008	0.889	0.67	0.51	2.88	30.36	2.54
2008-5	SYB06	6.97	8.18	0.085	0.004	0.002	0.000	0.008	0.007	0.745	0.75	0.40	2.88	30.02	2.31
2008-5	SYB07	6.51	8.18	0.080	0.004	0.004	0.001	0.008	0.009	0.771	0.57	0.41	2.87	29.81	2.26
2008-5	SYB08	6.71	8.14	0.074	0.004	0.001	0.001	0.011	0.007	0.943	0.62	0.26	2.88	30.36	2.87
2008-5	SYB09	7.19	8.18	0.076	0.004	0.001	0.000	0.007	0.009	0.655	0.59	0.86	2.88	29.92	2.34
2008-5	SYB10	6.75	8.14	0.070	0.002	0.001	0.000	0.005	0.006	0.729	0.41	0.40	2.89	30.47	2.47
2008-5	SYB11	6.82	8.13	0.071	0.003	0.001	0.000	0.007	0.007	0.621	0.37	0.32	2.88	—	2.39
2008-5	SYB12	6.65	8.14	0.075	0.004	0.001	0.001	0.010	0.009	0.680	0.48	0.27	2.88	—	2.23
2008-5	SYB13	7.04	—	0.092	0.006	0.003	0.002	0.046	0.018	4.403	—	—	—	—	3.31
2008-8	SYB01	6.52	8.13	0.088	0.008	0.003	0.000	0.014	0.011	1.053	1.30	0.84	2.65	27.85	2.00
2008-8	SYB02	7.10	8.17	0.089	0.006	0.002	0.000	0.008	0.008	0.570	1.03	0.66	2.89	30.47	1.89
2008-8	SYB03	6.33	8.16	0.087	0.007	0.002	0.000	0.009	0.009	0.469	1.20	0.27	2.87	29.81	2.24
2008-8	SYB04	6.59	8.16	0.094	0.007	0.002	0.000	0.009	0.011	0.392	1.03	0.28	2.87	30.25	1.92
2008-8	SYB05	6.84	8.17	0.086	0.007	0.002	0.000	0.009	0.011	0.377	1.38	0.42	2.87	30.25	1.81
2008-8	SYB06	6.58	8.17	0.083	0.008	0.001	0.000	0.009	0.010	0.360	1.18	0.45	2.89	29.37	1.78
2008-8	SYB07	6.64	8.17	0.086	0.009	0.002	0.000	0.010	0.014	0.375	1.12	0.39	2.88	29.58	1.86
2008-8	SYB08	6.74	8.16	0.086	0.009	0.001	0.000	0.009	0.011	0.379	0.91	0.43	2.85	30.03	2.08
2008-8	SYB09	6.72	8.16	0.084	0.010	0.002	0.000	0.008	0.014	0.337	1.03	0.49	2.87	30.25	1.97
2008-8	SYB10	6.91	8.18	0.086	0.006	0.001	0.000	0.009	0.009	0.393	0.99	0.42	2.75	28.51	2.49
2008-8	SYB11	6.81	8.17	0.081	0.006	0.001	0.000	0.012	0.009	0.363	0.58	0.48	2.75	28.62	2.21

（续）

时间（年-月）	站位	溶解氧浓度/（mg/L）	pH	活性硅酸盐/（mg/L）	活性磷酸盐/（mg/L）	亚硝酸盐/（mg/L）	硝酸盐/（mg/L）	氨及部分氨基酸/（mg/L）	总磷/（mg/L）	总氮/（mg/L）	化学需氧量/（mg/L）	生化需氧量/（mg/L）	碱度/（mg/L）	总无机碳/（mg/L）	溶解有机碳/（mg/L）
2008-8	SYB12	6.74	8.19	0.082	0.006	0.001	0.000	0.011	0.008	0.367	0.58	0.72	2.85	29.59	2.17
2008-8	SYB13	6.32	—	0.096	0.009	0.005	0.014	0.055	0.022	4.996	—	—	—	—	2.29
2008-10	SYB01	6.28	8.04	0.175	0.013	0.021	0.078	0.154	0.017	5.722	8.84	0.24	2.50	27.11	—
2008-10	SYB02	6.53	8.03	0.135	0.016	0.008	0.027	0.061	0.019	1.773	3.04	0.20	2.73	29.15	—
2008-10	SYB03	6.53	8.10	0.080	0.004	0.009	0.005	0.041	0.009	1.238	1.66	0.31	2.77	29.15	—
2008-10	SYB04	6.60	8.11	0.077	0.004	0.007	0.004	0.027	0.008	1.060	1.23	0.04	2.81	29.15	—
2008-10	SYB05	6.38	8.16	0.082	0.003	0.005	0.002	0.018	0.006	1.123	1.42	0.17	2.74	28.72	—
2008-10	SYB06	6.71	8.12	0.093	0.002	0.005	0.006	0.026	0.005	1.138	1.52	0.19	2.73	28.72	—
2008-10	SYB07	6.60	8.12	0.087	0.004	0.006	0.004	0.021	0.007	1.176	1.43	0.13	2.81	29.92	—
2008-10	SYB08	6.69	8.13	0.094	0.003	0.007	0.002	0.021	0.011	1.099	2.17	0.07	2.79	29.92	—
2008-10	SYB09	6.68	8.14	0.110	0.002	0.004	0.003	0.019	0.005	1.040	1.59	0.02	2.77	29.92	—
2008-10	SYB10	6.89	8.15	0.099	0.002	0.002	0.002	0.019	0.007	0.998	1.69	0.11	2.74	28.72	—
2008-10	SYB11	6.81	8.15	0.090	0.003	0.002	0.001	0.017	0.007	0.909	1.87	0.14	2.74	28.72	—
2008-10	SYB12	6.90	8.14	0.119	0.002	0.002	0.002	0.023	0.005	1.008	1.92	0.07	2.73	28.72	—
2008-10	SYB13	6.34	—	0.427	0.032	0.048	0.184	0.254	0.035	9.049	—	—	—	—	—
2009-1	SYB01	8.11	8.12	0.136	0.016	0.009	0.065	0.043	0.022	1.211	1.79	1.07	2.95	32.02	2.16
2009-1	SYB02	7.91	8.16	0.131	0.029	0.005	0.017	0.024	0.019	0.883	1.29	0.57	2.95	31.67	1.50
2009-1	SYB03	7.16	8.12	0.115	0.023	0.013	0.046	0.023	0.014	1.226	0.47	0.54	2.95	32.06	1.75
2009-1	SYB04	7.14	8.11	0.124	0.031	0.012	0.036	0.018	0.017	1.127	0.74	0.29	2.95	32.07	1.58
2009-1	SYB05	7.48	8.08	0.128	0.025	0.007	0.019	0.013	0.017	0.832	0.50	0.44	2.95	32.07	1.54
2009-1	SYB06	7.34	8.09	0.126	0.019	0.007	0.031	0.017	0.021	0.820	0.95	0.41	2.95	32.07	1.53
2009-1	SYB07	7.18	8.11	0.131	0.028	0.011	0.040	0.021	0.020	1.168	0.36	0.47	2.95	32.07	1.51

（续）

时间（年-月）	站位	溶解氧浓度/（mg/L）	pH	活性硅酸盐/（mg/L）	活性磷酸盐/（mg/L）	亚硝酸盐/（mg/L）	硝酸盐/（mg/L）	氨及部分氨基酸/（mg/L）	总磷/（mg/L）	总氮/（mg/L）	化学需氧量/（mg/L）	生化需氧量/（mg/L）	碱度/（mg/L）	总无机碳/（mg/L）	溶解有机碳/（mg/L）
2009-1	SYB08	7.25	8.09	0.128	0.019	0.012	0.039	0.020	0.021	1.185	0.54	0.29	2.95	32.06	1.30
2009-1	SYB09	7.17	8.11	0.121	0.020	0.012	0.035	0.018	0.023	0.954	0.50	0.34	2.95	32.07	1.50
2009-1	SYB10	7.34	8.08	0.103	0.044	0.008	0.040	0.020	0.023	0.928	0.46	0.45	2.95	32.06	1.28
2009-1	SYB11	7.21	8.09	0.098	0.040	0.009	0.039	0.022	0.021	1.014	0.38	0.43	2.95	32.06	1.32
2009-1	SYB12	7.51	8.12	0.101	0.022	0.008	0.102	0.076	0.050	2.659	0.81	1.64	2.95	31.94	2.43
2009-1	SYB13	8.53	8.16	0.100	0.018	0.022	0.224	0.206	0.101	6.021	1.33	4.57	2.95	31.86	3.41
2009-4	SYB01	6.61	8.11	0.084	0.006	0.004	0.018	0.021	0.013	0.747	0.41	0.76	2.67	28.40	1.53
2009-4	SYB02	6.64	8.11	0.077	0.005	0.002	0.012	0.018	0.013	0.465	0.61	0.86	2.67	28.44	1.68
2009-4	SYB03	6.69	8.11	0.079	0.004	0.002	0.013	0.021	0.010	0.406	0.52	1.10	2.67	28.57	1.78
2009-4	SYB04	6.73	8.09	0.084	0.005	0.002	0.011	0.018	0.012	0.395	0.80	0.30	2.67	28.59	1.40
2009-4	SYB05	6.63	8.07	0.081	0.004	0.001	0.008	0.018	0.010	0.379	0.32	0.43	2.67	28.65	1.35
2009-4	SYB06	6.70	8.10	0.083	0.005	0.002	0.008	0.020	0.012	0.421	0.31	0.37	2.67	28.49	1.35
2009-4	SYB07	6.64	8.14	0.084	0.004	0.003	0.012	0.023	0.011	0.469	0.58	0.38	2.67	28.66	1.40
2009-4	SYB08	6.71	8.10	0.086	0.004	0.002	0.009	0.019	0.010	0.440	0.58	0.29	2.67	28.58	1.30
2009-4	SYB09	6.60	8.13	0.087	0.004	0.003	0.011	0.022	0.012	0.436	0.42	0.16	2.67	28.60	1.47
2009-4	SYB10	6.68	8.12	0.085	0.004	0.003	0.014	0.022	0.011	0.524	0.64	0.07	2.67	28.40	1.68
2009-4	SYB11	6.64	8.13	0.077	0.004	0.003	0.015	0.024	0.012	0.561	0.60	0.08	2.67	28.46	1.53
2009-4	SYB12	6.73	8.18	0.103	0.012	0.005	0.033	0.027	0.025	1.543	0.90	2.15	2.67	28.43	2.16
2009-4	SYB13	7.67	8.29	0.131	0.024	0.013	0.077	0.049	0.046	3.915	1.59	4.58	2.67	27.85	2.67
2009-8	SYB01	6.36	8.05	0.114	0.008	0.009	0.040	0.030	0.016	1.467	1.34	1.02	2.64	28.45	5.34
2009-8	SYB02	6.48	8.02	0.128	0.008	0.003	0.025	0.027	0.017	0.837	1.02	0.37	2.64	28.72	—
2009-8	SYB03	5.85	7.97	0.115	0.008	0.007	0.029	0.027	0.017	1.090	0.96	0.53	2.64	28.94	—

（续）

时间 （年-月）	站位	溶解氧浓度/ （mg/L）	pH	活性硅酸盐/ （mg/L）	活性磷酸盐/ （mg/L）	亚硝酸盐/ （mg/L）	硝酸盐/ （mg/L）	氨及部分氨基酸/ （mg/L）	总磷/ （mg/L）	总氮/ （mg/L）	化学需氧量/ （mg/L）	生化需氧量/ （mg/L）	碱度/ （mg/L）	总无机碳/ （mg/L）	溶解有机碳/ （mg/L）
2009-8	SYB04	5.91	7.94	0.113	0.007	0.006	0.027	0.027	0.014	0.819	1.13	0.29	2.64	28.91	—
2009-8	SYB05	6.48	8.05	0.112	0.004	0.002	0.011	0.026	0.010	0.548	1.22	0.55	2.64	28.79	—
2009-8	SYB06	6.15	7.98	0.110	0.005	0.004	0.025	0.028	0.012	0.741	1.11	0.25	2.64	28.85	2.06
2009-8	SYB07	5.70	7.96	0.100	0.008	0.009	0.049	0.023	0.012	1.319	0.45	0.39	2.64	28.86	4.61
2009-8	SYB08	6.03	8.02	0.097	0.005	0.006	0.029	0.024	0.012	1.034	1.49	0.25	2.64	28.58	—
2009-8	SYB09	5.82	7.98	0.102	0.009	0.009	0.046	0.029	0.017	1.277	0.99	0.16	2.64	28.66	1.44
2009-8	SYB10	6.20	8.06	0.098	0.004	0.003	0.017	0.021	0.009	0.524	0.54	0.78	2.54	27.53	—
2009-8	SYB11	5.77	8.04	0.094	0.004	0.005	0.025	0.025	0.010	0.893	0.66	0.72	2.54	27.58	—
2009-8	SYB12	6.26	8.03	0.151	0.011	0.012	0.106	0.121	0.025	3.337	2.96	1.26	2.47	26.49	—
2009-8	SYB13	6.54	7.96	0.243	0.027	0.033	0.249	0.347	0.056	8.934	3.05	2.51	2.33	24.95	2.89
2009-11	SYB01	5.72	8.03	0.094	0.009	0.009	0.046	0.030	0.017	1.414	0.80	0.59	2.66	28.99	2.39
2009-11	SYB02	6.50	8.07	0.089	0.007	0.005	0.033	0.026	0.015	0.986	1.17	0.81	2.66	28.67	2.22
2009-11	SYB03	6.36	8.07	0.086	0.004	0.005	0.032	0.025	0.013	0.889	1.12	0.42	2.66	28.61	2.10
2009-11	SYB04	6.04	8.08	0.087	0.004	0.005	0.024	0.024	0.015	0.983	0.73	0.24	2.66	28.67	1.93
2009-11	SYB05	6.65	8.09	0.088	0.004	0.003	0.013	0.019	0.011	0.768	0.37	0.47	2.66	28.67	1.78
2009-11	SYB06	6.22	8.09	0.092	0.006	0.002	0.015	0.020	0.015	0.741	0.37	0.20	2.66	28.47	1.89
2009-11	SYB07	6.08	8.09	0.084	0.005	0.003	0.020	0.022	0.016	0.855	0.50	0.29	2.66	28.39	2.08
2009-11	SYB08	6.20	8.11	0.085	0.005	0.002	0.010	0.018	0.011	0.773	0.40	0.05	2.66	28.37	2.32
2009-11	SYB09	6.20	8.10	0.088	0.006	0.002	0.011	0.018	0.012	0.784	0.31	0.18	2.66	28.37	4.02
2009-11	SYB10	6.25	8.11	0.087	0.004	0.002	0.009	0.018	0.012	0.599	0.55	0.14	2.66	28.36	3.94
2009-11	SYB11	6.12	8.11	0.086	0.005	0.003	0.013	0.018	0.012	0.698	0.40	0.09	2.66	28.36	5.09
2009-11	SYB12	6.78	8.11	0.093	0.013	0.014	0.157	0.045	0.032	3.413	1.39	0.99	2.65	28.37	

（续）

时间（年-月）	站位	溶解氧浓度/(mg/L)	pH	活性硅酸盐/(mg/L)	活性磷酸盐/(mg/L)	亚硝酸盐/(mg/L)	硝酸盐/(mg/L)	氨及部分氨基酸/(mg/L)	总磷/(mg/L)	总氮/(mg/L)	化学需氧量/(mg/L)	生化需氧量/(mg/L)	碱度/(mg/L)	总无机碳/(mg/L)	溶解有机碳/(mg/L)
2009-11	SYB13	—	—	0.108	0.027	0.031	0.388	0.111	0.066	8.079	2.35	1.51	2.65	—	2.14
2010-1	SYB01	7.04	8.04	0.111	0.010	0.004	0.019	0.021	0.017	0.902	2.13	0.78	2.68	29.40	1.85
2010-1	SYB02	7.99	8.09	0.114	0.007	0.003	0.011	0.018	0.012	0.531	1.78	0.65	2.90	31.53	1.84
2010-1	SYB03	7.25	8.06	0.112	0.005	0.002	0.008	0.015	0.009	0.466	1.81	0.30	2.82	30.79	1.69
2010-1	SYB04	7.42	8.09	0.096	0.005	0.002	0.012	0.016	0.009	0.453	1.67	0.36	2.90	31.47	1.59
2010-1	SYB05	7.63	8.08	0.103	0.006	0.003	0.013	0.016	0.009	0.503	1.98	0.85	2.82	30.70	2.13
2010-1	SYB06	7.18	8.07	0.097	0.006	0.003	0.009	0.017	0.010	0.465	1.98	0.15	2.90	31.59	1.32
2010-1	SYB07	7.46	8.09	0.094	0.004	0.002	0.009	0.018	0.009	0.513	1.83	0.29	2.82	30.65	1.28
2010-1	SYB08	7.26	8.08	0.101	0.007	0.002	0.008	0.018	0.010	0.468	1.92	0.26	2.83	30.73	1.46
2010-1	SYB09	7.21	8.08	0.102	0.005	0.002	0.008	0.017	0.010	0.443	1.63	0.28	2.90	31.51	1.35
2010-1	SYB10	7.38	8.06	0.101	0.006	0.002	0.010	0.016	0.008	0.451	1.94	0.42	2.83	30.81	1.24
2010-1	SYB11	7.48	8.06	0.101	0.003	0.002	0.008	0.016	0.007	0.439	1.67	0.49	2.75	29.99	1.45
2010-1	SYB12	7.44	8.00	0.103	0.013	0.007	0.037	0.021	0.016	1.545	2.56	1.74	2.82	31.11	1.43
2010-1	SYB13	6.83	8.01	0.121	0.021	0.015	0.075	0.027	0.027	3.922	3.75	1.21	2.89	31.96	1.58
2010-4	SYB01	6.93	8.12	0.102	0.007	0.003	0.016	0.016	0.012	0.818	0.98	0.37	2.62	27.76	1.36
2010-4	SYB02	7.23	8.09	0.100	0.005	0.002	0.008	0.015	0.008	0.568	0.74	0.35	2.62	27.99	1.65
2010-4	SYB03	7.05	8.07	0.097	0.003	0.002	0.006	0.014	0.006	0.452	0.38	0.20	2.62	28.14	1.12
2010-4	SYB04	7.14	8.10	0.093	0.003	0.002	0.008	0.014	0.007	0.481	0.72	0.20	2.62	27.91	1.03
2010-4	SYB05	7.34	8.11	0.097	0.004	0.002	0.006	0.015	0.006	0.488	0.65	0.13	2.62	27.87	1.02
2010-4	SYB06	7.18	8.11	0.101	0.004	0.001	0.006	0.016	0.006	0.494	0.34	0.12	2.62	27.85	1.04
2010-4	SYB07	7.21	8.09	0.093	0.003	0.001	0.006	0.015	0.007	0.456	0.78	0.16	2.62	28.02	1.01
2010-4	SYB08	7.11	8.10	0.097	0.004	0.002	0.007	0.015	0.007	0.514	0.39	0.09	2.62	27.88	0.90

（续）

时间(年-月)	站位	溶解氧浓度/(mg/L)	pH	活性硅酸盐/(mg/L)	活性磷酸盐/(mg/L)	亚硝酸盐/(mg/L)	硝酸盐/(mg/L)	氨及部分氨基酸/(mg/L)	总磷/(mg/L)	总氮/(mg/L)	化学需氧量/(mg/L)	生化需氧量/(mg/L)	碱度/(mg/L)	总无机碳/(mg/L)	溶解有机碳/(mg/L)
2010-4	SYB09	7.18	8.06	0.103	0.004	0.001	0.007	0.016	0.008	0.475	0.61	0.45	2.62	28.22	0.94
2010-4	SYB10	7.14	8.13	0.089	0.004	0.002	0.007	0.014	0.006	0.449	2.74	0.19	2.62	27.71	0.98
2010-4	SYB11	7.20	8.11	0.086	0.003	0.001	0.006	0.014	0.006	0.438	0.42	0.09	2.62	27.80	0.83
2010-4	SYB12	7.32	8.04	0.119	0.010	0.005	0.022	0.020	0.017	1.623	1.01	1.77	2.62	28.30	1.11
2010-4	SYB13	7.39	7.92	0.138	0.017	0.012	0.054	0.028	0.028	3.532	1.82	3.94	2.62	29.21	1.85
2010-7	SYB01	7.34	8.04	0.125	0.009	0.007	0.031	0.030	0.015	1.148	0.63	0.31	2.41	26.02	1.34
2010-7	SYB02	7.78	8.08	0.122	0.007	0.004	0.013	0.020	0.010	0.585	0.51	0.24	2.42	25.80	1.93
2010-7	SYB03	7.39	8.06	0.127	0.006	0.004	0.017	0.020	0.009	0.590	0.54	0.31	2.42	26.15	2.25
2010-7	SYB04	7.45	8.06	0.119	0.007	0.003	0.011	0.019	0.010	0.512	0.56	0.16	2.42	26.17	5.15
2010-7	SYB05	7.36	8.06	0.112	0.007	0.003	0.018	0.021	0.010	0.566	0.36	0.19	2.41	25.82	2.86
2010-7	SYB06	7.75	8.08	0.107	0.006	0.003	0.012	0.022	0.010	0.538	0.45	0.21	2.42	25.82	6.36
2010-7	SYB07	7.38	8.09	0.111	0.007	0.003	0.012	0.017	0.011	0.465	0.55	0.29	2.42	25.77	4.78
2010-7	SYB08	7.15	8.09	0.106	0.007	0.003	0.017	0.020	0.010	0.501	0.23	0.32	2.42	25.66	3.12
2010-7	SYB09	7.47	8.10	0.106	0.006	0.003	0.012	0.018	0.009	0.503	0.44	0.36	2.42	25.62	6.13
2010-7	SYB10	6.95	8.11	0.116	0.006	0.003	0.012	0.018	0.009	0.522	0.32	0.49	2.42	25.36	1.87
2010-7	SYB11	7.00	8.10	0.117	0.006	0.004	0.013	0.015	0.009	0.559	0.43	0.75	2.42	25.57	1.92
2010-7	SYB12	7.96	7.98	0.125	0.014	0.011	0.037	0.035	0.020	2.235	2.04	2.79	2.27	24.55	2.43
2010-7	SYB13	8.90	7.82	0.149	0.027	0.022	0.083	0.059	0.035	5.439	4.00	4.79	2.19	24.83	2.48
2010-10	SYB01	5.74	8.17	0.120	0.012	0.011	0.037	0.028	0.015	1.911	0.84	0.86	2.37	24.94	1.16
2010-10	SYB02	6.95	8.18	0.106	0.010	0.009	0.033	0.024	0.012	1.380	0.69	0.79	2.51	26.43	1.26
2010-10	SYB03	6.55	8.17	0.113	0.010	0.006	0.022	0.020	0.012	0.849	0.76	0.15	2.51	26.42	1.42
2010-10	SYB04	6.56	8.17	0.113	0.009	0.004	0.019	0.020	0.013	0.733	0.41	0.23	2.44	25.78	1.08

（续）

时间 （年-月）	站位	溶解氧浓度/ （mg/L）	pH	活性硅酸盐/ （mg/L）	活性磷酸盐/ （mg/L）	亚硝酸盐/ （mg/L）	硝酸盐/ （mg/L）	氨及部分氨基酸/ （mg/L）	总磷/ （mg/L）	总氮/ （mg/L）	化学需氧量/ （mg/L）	生化需氧量/ （mg/L）	碱度/ （mg/L）	总无机碳/ （mg/L）	溶解有机碳/ （mg/L）
2010－10	SYB05	6.93	8.19	0.107	0.007	0.005	0.017	0.022	0.011	0.750	0.32	0.50	2.51	26.40	1.20
2010－10	SYB06	6.71	8.20	0.103	0.006	0.004	0.018	0.021	0.011	0.689	0.21	0.18	2.51	26.16	1.14
2010－10	SYB07	6.61	8.20	0.112	0.008	0.004	0.017	0.025	0.011	0.622	0.51	0.10	2.51	26.34	0.72
2010－10	SYB08	6.95	8.19	0.096	0.007	0.005	0.018	0.017	0.011	0.786	0.56	0.35	2.51	26.30	1.71
2010－10	SYB09	6.51	8.19	0.103	0.006	0.006	0.018	0.020	0.011	0.833	0.29	0.05	2.51	26.14	1.71
2010－10	SYB10	6.71	8.21	0.105	0.005	0.004	0.015	0.019	0.011	0.803	0.48	0.24	2.51	26.18	0.91
2010－10	SYB11	6.83	8.21	0.105	0.007	0.004	0.015	0.018	0.011	0.747	1.09	0.18	2.51	26.24	0.91
2010－10	SYB12	6.66	8.09	0.116	0.015	0.011	0.051	0.038	0.019	2.900	1.26	0.51	2.01	21.47	—
2010－10	SYB13	6.28	7.98	0.114	0.021	0.020	0.120	0.076	0.027	6.782	3.60	0.47	1.25	13.60	—
2011－1	SYB01	6.54	8.10	0.110	0.006	0.006	0.011	0.034	0.012	0.902	0.67	—	2.63	28.43	2.88
2011－1	SYB02	7.49	8.11	0.117	0.008	0.003	0.011	0.032	0.012	0.531	0.67	1.29	2.63	28.38	4.70
2011－1	SYB03	6.80	8.11	0.103	0.004	0.002	0.009	0.025	0.009	0.466	0.64	0.45	2.63	28.31	3.36
2011－1	SYB04	6.83	8.11	0.111	0.004	0.002	0.008	0.024	0.007	0.453	0.47	0.52	2.63	28.40	6.11
2011－1	SYB05	7.43	8.13	0.101	0.003	0.002	0.008	0.022	0.007	0.503	0.69	0.76	2.63	28.16	3.87
2011－1	SYB06	7.14	8.13	0.097	0.002	0.002	0.007	0.029	0.006	0.465	0.78	0.41	2.63	28.16	4.63
2011－1	SYB07	7.16	8.10	0.098	0.002	0.002	0.007	0.020	0.006	0.513	0.40	0.86	2.63	28.41	3.99
2011－1	SYB08	7.07	8.11	0.106	0.004	0.002	0.007	0.020	0.009	0.468	0.57	0.38	2.63	28.35	7.75
2011－1	SYB09	6.93	8.13	0.105	0.003	0.001	0.007	0.020	0.008	0.443	0.33	0.25	2.63	28.20	3.39
2011－1	SYB10	7.06	8.13	0.107	0.003	0.002	0.006	0.024	0.010	0.451	0.63	0.27	2.62	28.10	5.09
2011－1	SYB11	7.01	8.11	0.106	0.004	0.002	0.006	0.023	0.011	0.439	0.66	0.34	2.62	28.17	3.10
2011－1	SYB12	7.22	8.09	0.113	0.009	0.006	0.012	0.033	0.017	1.545	1.66	0.91	2.63	28.54	4.90
2011－1	SYB13	6.02	8.08	0.119	0.012	0.011	0.020	0.041	0.026	3.922	3.22	1.51	2.63	28.65	7.08

（续）

时间 （年-月）	站位	溶解氧浓度/ （mg/L）	pH	活性硅酸盐/ （mg/L）	活性磷酸盐/ （mg/L）	亚硝酸盐/ （mg/L）	硝酸盐/ （mg/L）	氨及部分氨基酸/ （mg/L）	总磷/ （mg/L）	总氮/ （mg/L）	化学需氧量/ （mg/L）	生化需氧量/ （mg/L）	碱度/ （mg/L）	总无机碳/ （mg/L）	溶解有机碳/ （mg/L）
2011-4	SYB01	6.19	8.15	0.112	0.004	0.003	0.010	0.033	0.011	0.818	0.89	0.60	2.51	26.32	2.78
2011-4	SYB02	6.09	8.16	0.106	0.004	0.001	0.006	0.024	0.009	0.568	0.66	0.37	2.51	26.26	2.17
2011-4	SYB03	5.78	8.15	0.097	0.002	0.001	0.006	0.018	0.006	0.452	0.42	0.26	2.51	26.29	2.33
2011-4	SYB04	5.44	8.15	0.101	0.001	0.001	0.005	0.023	0.006	0.481	0.55	0.42	2.57	27.03	2.10
2011-4	SYB05	6.26	8.16	0.104	0.002	0.001	0.006	0.024	0.008	0.488	0.81	0.60	2.51	26.23	2.59
2011-4	SYB06	5.58	8.16	0.101	0.002	0.002	0.007	0.028	0.007	0.494	0.39	0.25	2.50	26.23	3.65
2011-4	SYB07	5.65	8.17	0.100	0.003	0.001	0.006	0.024	0.007	0.456	0.59	0.22	2.50	26.14	5.69
2011-4	SYB08	6.19	8.18	0.107	0.002	0.001	0.006	0.020	0.008	0.514	0.62	0.26	2.51	26.13	3.23
2011-4	SYB09	5.62	8.16	0.102	0.002	0.001	0.005	0.022	0.006	0.475	0.52	0.17	2.51	26.25	4.62
2011-4	SYB10	6.05	8.18	0.103	0.001	0.001	0.005	0.022	0.006	0.449	0.79	0.49	2.51	26.15	2.00
2011-4	SYB11	6.44	8.18	0.102	0.001	0.001	0.005	0.022	0.005	0.438	0.29	0.29	2.50	26.13	2.70
2011-4	SYB12	5.88	8.16	0.107	0.007	0.004	0.009	0.031	0.015	1.623	0.94	1.05	2.51	26.36	4.15
2011-4	SYB13	5.81	8.13	0.126	0.014	0.008	0.015	0.040	0.028	3.532	1.41	1.93	2.51	26.75	3.29
2011-7	SYB01	6.02	8.10	0.118	0.011	0.005	0.026	0.043	0.019	1.148	1.44	0.47	2.58	27.47	1.92
2011-7	SYB02	6.76	8.14	0.120	0.008	0.005	0.016	0.023	0.014	0.585	2.40	0.44	2.58	27.21	2.19
2011-7	SYB03	5.21	8.03	0.110	0.007	0.004	0.014	0.022	0.012	0.590	1.76	0.08	2.58	28.02	2.51
2011-7	SYB04	5.79	8.06	0.114	0.006	0.003	0.013	0.022	0.010	0.512	1.46	0.37	2.58	27.93	2.50
2011-7	SYB05	6.52	8.14	0.115	0.008	0.003	0.014	0.026	0.009	0.566	1.64	0.19	2.58	27.20	2.40
2011-7	SYB06	6.38	8.12	0.109	0.006	0.003	0.013	0.023	0.009	0.538	1.28	0.19	2.58	27.36	2.19
2011-7	SYB07	5.49	8.07	0.116	0.006	0.004	0.013	0.023	0.010	0.465	0.69	0.12	2.58	27.68	2.30
2011-7	SYB08	6.23	8.12	0.116	0.008	0.004	0.014	0.023	0.011	0.501	0.89	0.31	2.58	27.30	2.80
2011-7	SYB09	5.70	8.08	0.112	0.007	0.004	0.014	0.024	0.011	0.503	0.66	0.11	2.58	27.76	1.66

（续）

时间（年-月）	站位	溶解氧浓度（mg/L）	pH	活性硅酸盐（mg/L）	活性磷酸盐（mg/L）	亚硝酸盐（mg/L）	硝酸盐（mg/L）	氨及部分氨基酸（mg/L）	总磷（mg/L）	总氮（mg/L）	化学需氧量（mg/L）	生化需氧量（mg/L）	碱度（mg/L）	总无机碳（mg/L）	溶解有机碳（mg/L）
2011-7	SYB10	6.30	8.14	0.111	0.007	0.004	0.015	0.018	0.009	0.522	1.90	0.21	2.58	27.04	1.74
2011-7	SYB11	5.87	8.08	0.105	0.007	0.003	0.014	0.022	0.009	0.559	1.60	0.16	2.58	27.74	1.73
2011-7	SYB12	6.44	8.12	0.127	0.012	0.009	0.036	0.042	0.019	2.235	1.60	1.00	2.58	27.22	1.71
2011-7	SYB13	7.10	8.05	0.134	0.019	0.017	0.071	0.074	0.031	5.439	2.13	2.15	2.58	27.69	2.34
2011-10	SYB01	5.48	8.15	0.114	0.012	0.007	0.015	0.035	0.019	1.911	1.30	1.81	2.78	29.30	2.19
2011-10	SYB02	6.18	8.15	0.109	0.009	0.006	0.017	0.029	0.013	1.380	1.42	0.38	2.78	29.30	1.74
2011-10	SYB03	6.31	8.14	0.107	0.008	0.004	0.014	0.023	0.012	0.849	1.02	0.18	2.78	29.37	1.63
2011-10	SYB04	6.29	8.15	0.107	0.008	0.004	0.013	0.025	0.013	0.733	1.16	0.25	2.78	29.34	1.87
2011-10	SYB05	6.60	8.15	0.105	0.007	0.004	0.014	0.024	0.013	0.750	0.91	0.23	2.78	29.28	2.25
2011-10	SYB06	6.37	8.15	0.099	0.006	0.004	0.014	0.023	0.009	0.689	0.78	0.14	2.78	29.34	2.13
2011-10	SYB07	6.35	8.15	0.108	0.006	0.004	0.015	0.025	0.008	0.622	0.88	0.23	2.78	29.30	1.93
2011-10	SYB08	6.40	8.16	0.107	0.006	0.004	0.014	0.023	0.009	0.786	0.91	0.26	2.78	29.22	1.84
2011-10	SYB09	6.40	8.16	0.113	0.008	0.004	0.014	0.021	0.012	0.833	0.81	0.54	2.78	29.24	1.77
2011-10	SYB10	6.40	8.16	0.099	0.006	0.003	0.015	0.023	0.008	0.803	1.04	0.07	2.78	29.24	2.15
2011-10	SYB11	6.36	8.15	0.111	0.006	0.004	0.015	0.020	0.008	0.747	0.75	0.36	2.78	29.29	1.65
2011-10	SYB12	6.41	8.13	0.118	0.011	0.008	0.036	0.048	0.019	2.900	1.60	0.72	2.62	27.83	2.20
2011-10	SYB13	5.37	8.10	0.122	0.019	0.016	0.080	0.101	0.034	6.782	2.24	1.34	2.54	27.29	2.26
2012-2	SYB01	6.56	8.12	0.673	0.011	0.003	0.048	0.016	—	—	1.79	1.42	2.64	28.36	1.30
2012-2	SYB02	6.92	8.13	1.032	0.013	0.007	0.078	0.023	—	—	1.70	0.46	2.64	28.30	—
2012-2	SYB03	6.82	8.12	0.277	0.003	0.001	0.047	0.013	—	—	0.78	0.53	2.63	28.29	—
2012-2	SYB04	6.96	8.11	0.562	0.005	0.002	0.056	0.013	—	—	1.54	0.60	2.63	28.37	—
2012-2	SYB05	7.32	8.13	0.329	0.005	0.002	0.055	0.013	—	—	0.92	0.84	2.63	28.16	1.21

（续）

时间（年-月）	站位	溶解氧浓度/(mg/L)	pH	活性硅酸盐/(mg/L)	活性磷酸盐/(mg/L)	亚硝酸盐/(mg/L)	硝酸盐/(mg/L)	氨及部分氨基酸/(mg/L)	总磷/(mg/L)	总氮/(mg/L)	化学需氧量/(mg/L)	生化需氧量/(mg/L)	碱度/(mg/L)	总无机碳/(mg/L)	溶解有机碳/(mg/L)
2012-2	SYB06	7.15	8.12	0.426	0.006	0.002	0.047	0.013	—	—	0.89	0.45	2.62	28.21	—
2012-2	SYB07	7.17	8.12	0.501	0.003	0.002	0.049	0.009	—	—	0.70	1.01	2.63	28.33	1.11
2012-2	SYB08	7.09	8.12	0.209	0.005	0.001	0.050	0.014	—	—	0.62	0.42	2.63	28.28	1.07
2012-2	SYB09	6.89	8.12	0.127	0.003	0.001	0.053	0.014	—	—	0.45	0.28	2.63	28.21	1.12
2012-2	SYB10	7.08	8.13	0.217	0.005	0.001	0.054	0.015	—	—	0.50	0.30	2.63	28.12	1.05
2012-2	SYB11	7.03	8.11	0.254	0.003	0.001	0.052	0.014	—	—	0.62	0.38	2.63	28.31	1.07
2012-2	SYB12	7.05	8.10	0.527	0.003	0.001	0.051	0.010	—	—	0.76	1.07	2.63	28.44	1.22
2012-2	SYB13	6.13	8.07	—	—	—	—	—	—	—	2.05	1.66	2.62	28.62	1.29
2012-4	SYB01	6.65	8.15	0.559	0.005	0.002	0.060	0.013	—	—	0.65	0.66	2.51	26.24	1.76
2012-4	SYB02	6.27	8.15	0.680	0.007	0.005	0.067	0.015	—	—	0.33	0.37	2.51	26.22	7.53
2012-4	SYB03	5.96	8.15	0.521	0.005	0.003	0.057	0.010	—	—	0.21	0.26	2.51	26.40	5.42
2012-4	SYB04	5.49	8.16	0.485	0.006	0.004	0.066	0.011	—	—	0.23	0.42	2.55	26.99	1.86
2012-4	SYB05	6.05	8.16	0.604	0.007	0.007	0.070	0.010	—	—	0.39	0.60	2.51	26.18	1.53
2012-4	SYB06	5.68	8.16	0.574	0.006	0.003	0.057	0.011	—	—	0.26	0.25	2.51	26.21	1.61
2012-4	SYB07	5.69	8.15	0.725	0.005	0.001	0.048	0.013	—	—	0.20	0.22	2.50	26.22	1.48
2012-4	SYB08	6.41	8.18	0.691	0.005	0.004	0.061	0.011	—	—	0.28	0.26	2.51	26.05	1.79
2012-4	SYB09	6.10	8.16	—	—	—	—	—	—	—	0.44	0.17	2.51		
2012-4	SYB10	6.10	8.17	0.514	0.005	0.002	0.061	0.008	—	—	0.32	0.49	2.50	26.13	1.53
2012-4	SYB11	6.41	8.18	0.567	0.009	0.006	0.059	0.010	—	—	0.08	0.19	2.51	26.07	1.40
2012-4	SYB12	5.84	8.15	0.578	0.005	0.006	0.064	0.009	—	—	1.19	1.05	2.50	26.25	1.31
2012-4	SYB13	5.80	8.14	—	—	—	—	—	—	—	2.21	1.94	2.51	26.51	1.64
2012-9	SYB01	6.02	8.12	0.081	0.006	0.010	0.068	0.115	—	—	0.31	0.56	2.59	27.35	1.38

（续）

时间（年-月）	站位	溶解氧浓度/（mg/L）	pH	活性硅酸盐/（mg/L）	活性磷酸盐/（mg/L）	亚硝酸盐/（mg/L）	硝酸盐/（mg/L）	氨及部分氨基酸/（mg/L）	总磷/（mg/L）	总氮/（mg/L）	化学需氧量/（mg/L）	生化需氧量/（mg/L）	碱度/（mg/L）	总无机碳/（mg/L）	溶解有机碳/（mg/L）
2012-9	SYB02	6.76	8.14	0.070	0.004	0.003	0.054	0.115	—	—	0.27	0.53	2.58	26.89	1.23
2012-9	SYB03	5.21	8.12	0.053	0.007	0.007	0.061	0.129	—	—	0.19	0.10	2.60	27.35	1.33
2012-9	SYB04	5.79	8.10	0.053	0.008	0.004	0.040	0.102	—	—	0.31	0.45	2.59	27.47	1.06
2012-9	SYB05	6.52	8.15	0.056	0.011	0.003	0.046	0.113	—	—	0.25	0.22	2.58	26.90	1.13
2012-9	SYB06	6.38	8.14	0.044	0.006	0.003	0.043	0.128	—	—	0.26	0.23	2.59	27.07	1.21
2012-9	SYB07	5.49	8.11	0.042	0.007	0.011	0.042	0.105	—	—	0.25	0.14	2.59	27.42	1.24
2012-9	SYB08	6.23	8.14	0.092	0.003	0.005	0.054	0.072	—	—	0.63	0.37	2.58	27.36	1.21
2012-9	SYB09	5.70	8.10	0.092	0.006	0.005	0.039	0.072	—	—	0.25	0.13	2.58	27.36	1.22
2012-9	SYB10	6.30	8.15	0.064	0.005	0.002	0.035	0.072	—	—	0.23	0.25	2.58	26.85	1.13
2012-9	SYB11	5.87	8.09	0.067	0.005	0.004	0.040	0.076	—	—	0.22	0.19	2.58	27.25	1.05
2012-9	SYB12	6.44	8.11	0.129	0.034	0.054	0.106	0.438	—	—	0.74	1.20	2.57	27.17	6.41
2012-9	SYB13	7.10	8.03	0.503	0.081	0.088	0.150	0.673	—	—	0.81	2.58	2.57	27.80	7.53
2012-11	SYB01	5.56	8.15	0.467	0.040	0.019	0.083	0.054	—	—	2.21	1.11	2.78	29.38	1.47
2012-11	SYB02	6.16	8.16	0.194	0.005	0.003	0.027	0.021	—	—	1.69	0.37	2.78	29.28	1.38
2012-11	SYB03	6.33	8.16	0.233	0.004	0.010	0.030	0.029	—	—	1.53	0.17	2.79	29.30	1.05
2012-11	SYB04	6.39	8.13	0.194	0.009	0.005	0.044	0.034	—	—	1.60	0.25	2.77	29.38	0.91
2012-11	SYB05	6.66	8.16	0.087	0.002	0.004	0.033	0.036	—	—	1.61	0.23	2.78	29.14	1.07
2012-11	SYB06	6.44	8.14	0.120	0.004	0.005	0.011	0.027	—	—	1.68	0.14	2.78	29.32	1.00
2012-11	SYB07	6.36	8.16	0.177	0.005	0.002	0.009	0.006	—	—	1.56	0.22	2.78	29.20	0.92
2012-11	SYB08	6.38	8.16	0.132	0.005	0.003	0.034	0.038	—	—	1.30	0.25	2.78	29.18	0.90
2012-11	SYB09	6.43	8.15	0.137	0.004	0.002	0.016	0.009	—	—	0.93	0.53	2.78	29.22	0.98
2012-11	SYB10	6.36	8.14	0.118	0.003	0.002	0.025	0.018	—	—	1.04	0.05	2.77	29.25	0.98

（续）

时间（年-月）	站位	溶解氧浓度/（mg/L）	pH	活性硅酸盐/（mg/L）	活性磷酸盐/（mg/L）	亚硝酸盐/（mg/L）	硝酸盐/（mg/L）	氨及部分氨基酸/（mg/L）	总磷/（mg/L）	总氮/（mg/L）	化学需氧量/（mg/L）	生化需氧量/（mg/L）	碱度/（mg/L）	总无机碳/（mg/L）	溶解有机碳/（mg/L）
2012-11	SYB11	6.28	8.15	0.132	0.004	0.001	0.014	0.011	—	—	0.95	0.24	2.78	29.23	1.03
2012-11	SYB12	6.36	8.12	0.453	0.035	0.024	0.159	0.052	—	—	1.89	0.71	2.62	29.32	1.22
2012-11	SYB13	5.39	8.08	0.769	0.055	0.014	0.210	0.074	—	—	2.50	1.31	2.54	—	1.47
2013-1	SYB01	6.53	8.13	0.101	—	0.017	0.038	0.018	—	—	1.77	1.40	2.65	28.42	1.23
2013-1	SYB02	6.90	8.12	0.171	—	0.002	0.021	0.032	—	—	1.62	1.29	2.64	28.41	1.04
2013-1	SYB03	6.83	8.14	0.300	—	0.001	0.006	0.024	—	—	0.76	0.47	2.63	28.07	16.16
2013-1	SYB04	6.94	8.13	0.250	—	0.001	0.009	0.021	—	—	1.38	0.55	2.63	28.22	1.02
2013-1	SYB05	7.24	8.12	0.217	—	0.011	0.008	0.014	—	—	0.90	0.77	2.63	28.26	9.97
2013-1	SYB06	7.17	8.13	0.283	—	0.001	0.004	0.026	—	—	0.89	0.46	2.62	28.16	1.01
2013-1	SYB07	7.16	8.13	0.272	—	0.002	0.012	0.033	—	—	0.68	0.98	2.63	28.25	1.00
2013-1	SYB08	7.01	8.14	0.294	—	0.026	0.013	0.011	—	—	0.61	0.41	2.63	28.17	1.05
2013-1	SYB09	6.82	8.13	0.275	—	0.002	0.010	0.023	—	—	0.44	0.32	2.62	28.11	1.02
2013-1	SYB10	7.02	8.13	0.280	—	0.023	0.008	0.008	—	—	0.49	0.28	2.63	28.16	1.11
2013-1	SYB11	6.93	8.11	0.377	—	0.022	0.011	0.004	—	—	0.61	0.31	2.63	28.32	1.12
2013-1	SYB12	6.98	8.11	0.352	—	0.030	0.059	0.034	—	—	0.69	0.90	2.63	28.40	16.27
2013-1	SYB13	6.13	8.08	0.581	—	0.032	0.106	0.062	—	—	1.83	1.50	2.62	28.52	12.97
2013-4	SYB01	6.49	8.14	1.034	—	0.001	0.009	0.040	—	1.373	0.67	0.63	2.51	26.36	15.19
2013-4	SYB02	6.26	8.14	0.981	—	0.001	0.009	0.054	—	1.169	0.39	0.37	2.50	26.32	13.25
2013-4	SYB03	6.01	8.13	1.128	—	0.001	0.011	0.039	—	0.849	0.19	0.32	2.50	26.39	9.20
2013-4	SYB04	5.42	8.14	1.346	—	0.001	0.011	0.057	—	0.682	0.29	0.43	2.51	26.48	12.69
2013-4	SYB05	5.95	8.15	1.279	—	0.001	0.011	0.053	—	0.711	0.38	0.59	2.51	26.31	11.90
2013-4	SYB06	5.72	8.15	1.497	—	0.001	0.011	0.067	—	0.664	0.26	0.27	2.50	26.32	14.78

（续）

时间（年-月）	站位	溶解氧浓度/(mg/L)	pH	活性硅酸盐/(mg/L)	活性磷酸盐/(mg/L)	亚硝酸盐/(mg/L)	硝酸盐/(mg/L)	氨及部分氨基酸/(mg/L)	总磷/(mg/L)	总氮/(mg/L)	化学需氧量/(mg/L)	生化需氧量/(mg/L)	碱度/(mg/L)	总无机碳/(mg/L)	溶解有机碳/(mg/L)
2013-4	SYB07	5.66	8.16	0.250	—	0.001	0.007	0.040	—	0.705	0.19	0.25	2.50	26.34	11.20
2013-4	SYB08	6.13	8.16	2.339	—	0.001	0.002	0.023	—	1.225	0.31	0.30	2.51	26.24	16.95
2013-4	SYB09	6.53	8.16	1.185	—	0.001	0.006	0.018	—	0.691	0.47	0.21	2.50	26.24	15.63
2013-4	SYB10	6.12	8.16	1.638	—	0.000	0.006	0.014	—	0.859	0.31	0.56	2.51	26.24	11.72
2013-4	SYB11	6.32	8.17	1.530	—	0.000	0.006	0.014	—	0.731	0.13	0.25	2.50	26.17	11.65
2013-4	SYB12	5.87	8.12	2.229	—	0.008	0.009	0.051	—	2.054	1.05	1.02	2.49	26.28	7.28
2013-4	SYB13	6.13	8.10	2.494	—	0.010	0.014	0.073	—	4.486	1.98	1.91	2.50	26.62	11.90
2013-7	SYB01	6.16	8.13	0.183	—	0.016	0.126	0.043	—	—	0.30	0.48	2.59	27.53	2.60
2013-7	SYB02	6.71	8.15	0.099	—	0.008	0.048	0.026	—	—	0.26	0.46	2.58	27.46	3.21
2013-7	SYB03	5.76	8.14	0.079	—	0.006	0.036	0.030	—	—	0.19	0.10	2.60	27.67	1.95
2013-7	SYB04	6.06	8.12	0.103	—	0.006	0.049	0.057	—	—	0.31	0.34	2.59	27.74	1.59
2013-7	SYB05	6.36	8.15	0.052	—	0.010	0.006	0.028	—	—	0.25	0.21	2.57	27.16	1.53
2013-7	SYB06	6.78	8.14	0.030	—	0.008	0.004	0.020	—	—	0.25	0.21	2.58	27.20	1.43
2013-7	SYB07	5.94	8.14	0.044	—	0.002	0.008	0.010	—	—	0.25	0.12	2.58	27.24	1.83
2013-7	SYB08	6.11	8.14	0.028	—	0.007	0.024	0.009	—	—	0.67	0.34	2.58	27.25	2.07
2013-7	SYB09	5.92	8.15	0.010	—	0.002	0.009	0.009	—	—	0.25	0.16	2.58	27.14	2.14
2013-7	SYB10	6.24	8.14	0.051	—	0.004	0.040	0.013	—	—	0.22	0.21	2.58	27.28	2.41
2013-7	SYB11	5.92	8.12	0.031	—	0.003	0.011	0.011	—	—	0.21	0.19	2.58	27.36	2.94
2013-7	SYB12	6.47	8.09	0.387	—	0.040	0.101	0.015	—	—	0.72	1.10	2.58	27.55	3.76
2013-7	SYB13	6.61	8.04	0.792	—	0.063	0.298	0.074	—	—	0.80	2.21	2.57	27.78	3.52
2013-11	SYB01	5.67	8.16	0.026	—	0.009	0.056	0.009	—	—	2.04	1.66	2.76	28.97	1.63
2013-11	SYB02	6.24	8.15	0.031	—	0.003	0.058	0.011	—	—	1.58	0.38	2.79	29.41	1.88

（续）

时间 （年-月）	站位	溶解氧浓度/ （mg/L）	pH	活性硅酸盐/ （mg/L）	活性磷酸盐/ （mg/L）	亚硝酸盐/ （mg/L）	硝酸盐/ （mg/L）	氨及部分氨基酸/ （mg/L）	总磷/ （mg/L）	总氮/ （mg/L）	化学需氧量/ （mg/L）	生化需氧量/ （mg/L）	碱度/ （mg/L）	总无机碳/ （mg/L）	溶解有机碳/ （mg/L）
2013-11	SYB03	6.43	8.17	0.037	—	0.005	0.073	0.013	—	—	1.48	0.20	2.78	29.27	2.02
2013-11	SYB04	6.42	8.14	0.026	—	0.002	0.077	0.011	—	—	1.52	0.26	2.76	29.17	2.15
2013-11	SYB05	6.69	8.16	0.030	—	0.006	0.063	0.005	—	—	1.58	0.28	2.78	29.20	2.49
2013-11	SYB06	6.49	8.15	0.021	—	0.006	0.069	0.005	—	—	1.64	0.16	2.77	29.27	1.53
2013-11	SYB07	6.25	8.16	0.019	—	0.003	0.064	0.006	—	—	1.53	0.28	2.77	29.12	1.71
2013-11	SYB08	6.08	8.15	0.031	—	0.001	0.054	0.006	—	—	1.27	0.29	2.77	29.19	3.22
2013-11	SYB09	6.43	8.14	0.028	—	0.005	0.083	0.006	—	—	0.91	0.52	2.77	29.30	4.01
2013-11	SYB10	6.49	8.16	0.034	—	0.002	0.070	0.003	—	—	1.02	0.13	2.78	29.17	3.83
2013-11	SYB11	6.36	8.14	0.032	—	0.002	0.073	0.006	—	—	0.93	0.33	2.78	29.32	5.63
2013-11	SYB12	6.30	8.10	0.052	—	0.049	0.318	0.006	—	—	1.83	0.68	2.62	28.09	6.40
2013-11	SYB13	5.36	8.00	0.086	—	0.102	0.562	—	—	—	2.46	1.25	2.44	26.93	6.51
2014-1	SYB01	6.55	8.14	0.142	0.005	0.005	0.044	0.126	0.031	0.480	1.62	1.27	2.65	—	1.47
2014-1	SYB02	6.62	8.15	0.018	0.001	0.001	0.010	0.009	0.017	0.325	1.70	0.53	2.66	—	1.49
2014-1	SYB03	6.71	8.14	0.050	0.001	0.001	0.013	0.011	0.010	0.394	0.80	0.50	2.65	—	1.28
2014-1	SYB04	6.92	8.12	0.025	0.001	0.001	0.008	0.018	0.008	0.426	1.47	0.55	2.65	—	1.15
2014-1	SYB05	7.24	8.16	0.028	0.002	0.001	0.014	0.007	0.010	0.309	0.94	0.74	2.65	—	1.25
2014-1	SYB06	7.13	8.12	0.039	0.002	0.001	0.007	0.010	0.010	0.136	0.98	0.43	2.66	—	1.22
2014-1	SYB07	7.15	8.14	0.048	0.002	0.001	0.017	0.004	0.009	0.189	0.70	0.89	2.65	—	1.25
2014-1	SYB08	7.15	8.13	0.038	0.001	0.001	0.007	0.007	0.010	0.218	0.65	0.45	2.65	—	1.20
2014-1	SYB09	6.93	8.13	0.039	0.001	0.001	0.008	0.006	0.009	0.115	0.49	0.31	2.66	—	1.22
2014-1	SYB10	7.13	8.13	0.029	0.001	0.001	0.011	0.013	0.009	0.259	0.49	0.44	2.65	—	1.28
2014-1	SYB11	7.05	8.12	0.042	0.001	0.001	0.012	0.005	0.008	0.161	0.65	0.45	2.65	—	1.33

（续）

时间 （年-月）	站位	溶解氧浓度/ （mg/L）	pH	活性硅酸盐/ （mg/L）	活性磷酸盐/ （mg/L）	亚硝酸盐/ （mg/L）	硝酸盐/ （mg/L）	氨及部分氨基酸/ （mg/L）	总磷/ （mg/L）	总氮/ （mg/L）	化学需氧量/ （mg/L）	生化需氧量/ （mg/L）	碱度/ （mg/L）	总无机碳/ （mg/L）	溶解有机碳/ （mg/L）
2014 - 1	SYB12	7.03	8.08	0.407	0.007	0.017	0.083	0.079	0.057	0.919	0.69	0.93	2.65	—	1.62
2014 - 1	SYB13	5.77	8.03	0.788	0.013	0.034	0.149	0.213	0.108	1.651	2.00	1.39	2.65	—	1.84
2014 - 4	SYB01	6.68	8.15	0.092	0.002	0.005	0.026	0.067	0.009	0.404	0.84	0.66	2.66	—	1.71
2014 - 4	SYB02	6.48	8.15	0.086	0.003	0.002	0.035	0.077	0.003	0.404	0.52	0.52	2.66	—	1.96
2014 - 4	SYB03	6.22	8.15	0.096	0.003	0.001	0.050	0.048	0.003	0.409	0.36	0.51	2.66	—	1.74
2014 - 4	SYB04	5.66	8.14	0.082	0.004	0.001	0.015	0.030	0.003	0.219	0.43	0.65	2.66	—	1.36
2014 - 4	SYB05	5.89	8.16	0.080	0.003	0.001	0.025	0.059	0.002	0.254	0.37	0.77	2.66	—	1.48
2014 - 4	SYB06	5.63	8.15	0.082	0.004	0.001	0.039	0.082	0.004	0.297	0.33	0.35	2.66	—	4.89
2014 - 4	SYB07	5.63	8.16	0.080	0.001	0.001	0.023	0.030	0.005	0.345	0.22	0.37	2.66	—	1.43
2014 - 4	SYB08	6.30	8.14	0.092	0.002	0.002	0.014	0.043	0.002	0.311	0.26	0.44	2.66	—	1.43
2014 - 4	SYB09	6.93	8.15	0.089	0.003	0.002	0.052	0.050	0.003	0.283	0.34	0.47	2.66	—	2.34
2014 - 4	SYB10	6.18	8.15	0.088	0.002	0.002	0.038	0.056	0.004	0.397	0.32	0.55	2.66	—	1.66
2014 - 4	SYB11	6.45	8.15	0.096	0.001	0.002	0.016	0.045	0.008	0.381	0.31	0.35	2.66	—	1.54
2014 - 4	SYB12	5.85	8.13	0.119	0.026	0.024	0.036	0.072	0.042	0.946	0.97	1.01	2.66	—	4.42
2014 - 4	SYB13	5.71	8.10	0.129	0.035	0.044	0.055	0.069	0.120	2.069	1.91	1.62	2.66	—	6.14
2014 - 7	SYB01	6.52	8.12	0.091	0.014	0.005	0.020	0.088	0.022	0.434	0.36	0.62	2.66	—	3.21
2014 - 7	SYB02	6.65	8.12	0.078	0.008	0.001	0.012	0.068	0.012	0.374	0.35	0.64	2.66	—	3.36
2014 - 7	SYB03	6.28	8.12	0.078	0.007	0.001	0.012	0.075	0.010	0.304	0.35	0.37	2.66	—	3.94
2014 - 7	SYB04	6.27	8.13	0.077	0.008	0.001	0.018	0.063	0.008	0.132	0.33	0.44	2.66	—	3.45

（续）

时间 （年-月）	站位	溶解氧浓度/ （mg/L）	pH	活性硅酸盐/ （mg/L）	活性磷酸盐/ （mg/L）	亚硝酸盐/ （mg/L）	硝酸盐/ （mg/L）	氨及部分氨基酸/ （mg/L）	总磷/ （mg/L）	总氮/ （mg/L）	化学需氧量/ （mg/L）	生化需氧量/ （mg/L）	碱度/ （mg/L）	总无机碳/ （mg/L）	溶解有机碳/ （mg/L）
2014 - 7	SYB05	6.46	8.13	0.077	0.007	0.000	0.014	0.049	0.009	0.344	0.32	0.42	2.66	—	3.23
2014 - 7	SYB06	6.51	8.14	0.073	0.008	0.001	0.010	0.061	0.009	0.403	0.31	0.36	2.66	—	3.20
2014 - 7	SYB07	6.30	8.13	0.082	0.006	0.001	0.015	0.061	0.008	0.374	0.25	0.26	2.66	—	3.42
2014 - 7	SYB08	6.30	8.14	0.075	0.006	0.001	0.013	0.061	0.008	0.349	0.86	0.39	2.66	—	3.28
2014 - 7	SYB09	6.16	8.12	0.082	0.008	0.001	0.009	0.048	0.009	0.364	0.40	0.30	2.66	—	3.55
2014 - 7	SYB10	6.17	8.14	0.081	0.007	0.001	0.009	0.047	0.008	0.370	0.15	0.38	2.66	—	3.20
2014 - 7	SYB11	6.14	8.12	0.082	0.008	0.001	0.015	0.050	0.009	0.434	0.18	0.46	2.66	—	3.34
2014 - 7	SYB12	6.40	8.09	0.108	0.016	0.012	0.021	0.077	0.037	0.894	0.87	1.14	2.66	—	3.09
2014 - 7	SYB13	6.43	8.00	0.140	0.023	0.022	0.029	0.147	0.063	1.618	1.04	2.31	2.66	—	3.20
2014 - 10	SYB01	5.65	8.15	0.102	—	0.016	0.018	0.001	0.007	0.384	2.08	0.95	2.66	—	1.76
2014 - 10	SYB02	5.96	8.15	0.089	—	—	0.019	0.001	0.006	0.395	1.57	0.62	2.66	—	1.77
2014 - 10	SYB03	6.48	8.14	0.082	0.005	0.004	0.017	0.001	0.006	0.325	1.48	0.28	2.66	—	1.84
2014 - 10	SYB04	6.37	8.15	0.079	0.004	0.006	0.013	0.001	0.004	0.326	1.57	0.32	2.66	—	1.72
2014 - 10	SYB05	6.54	8.17	0.083	—	0.002	0.015	0.001	0.004	0.333	1.50	0.37	2.66	—	1.91
2014 - 10	SYB06	6.38	8.16	0.079	—	0.002	0.012	0.003	0.004	0.350	1.71	0.38	2.66	—	1.89
2014 - 10	SYB07	6.38	8.16	0.077	0.003	0.005	0.013	0.002	0.004	0.336	1.73	0.36	2.66	—	1.83
2014 - 10	SYB08	6.38	8.16	0.083	—	0.003	0.014	0.001	0.004	0.344	1.41	0.35	2.66	—	1.88
2014 - 10	SYB09	6.41	8.15	0.073	0.005	0.003	0.014	0.001	0.004	0.321	0.83	0.54	2.66	—	1.80
2014 - 10	SYB10	6.60	8.15	0.080	0.004	0.002	0.013	0.003	0.003	0.295	1.01	0.32	2.66	—	1.47

（续）

时间（年-月）	站位	溶解氧浓度/(mg/L)	pH	活性硅酸盐/(mg/L)	活性磷酸盐/(mg/L)	亚硝酸盐/(mg/L)	硝酸盐/(mg/L)	氨及部分氨基酸/(mg/L)	总磷/(mg/L)	总氮/(mg/L)	化学需氧量/(mg/L)	生化需氧量/(mg/L)	碱度/(mg/L)	总无机碳/(mg/L)	溶解有机碳/(mg/L)
2014-10	SYB11	6.33	8.16	0.082	0.005	0.002	0.014	0.003	0.004	0.360	0.89	0.35	2.66	—	1.52
2014-10	SYB12	6.36	8.12	0.143	0.004	0.014	0.033	0.004	0.010	1.016	1.82	0.71	2.65	—	1.92
2014-10	SYB13	5.37	8.03	0.220	—	0.034	0.054	0.007	0.017	2.235	2.44	1.22	2.65	—	2.55
2015-1	SYB01	6.51	8.14	0.091	0.019	0.001	0.105	0.050	0.029	0.233	1.93	1.57	2.63	—	2.35
2015-1	SYB02	6.54	8.16	0.104	0.009	0.003	0.037	0.019	0.018	0.138	1.91	0.78	2.64	—	2.26
2015-1	SYB03	5.89	8.15	0.111	0.011	0.002	0.083	0.017	0.011	0.304	1.39	0.76	2.63	—	2.81
2015-1	SYB04	5.42	8.14	0.100	0.011	0.002	0.104	0.031	0.013	0.269	1.86	0.79	2.63	—	2.33
2015-1	SYB05	6.77	8.16	0.092	0.010	0.001	0.035	0.016	0.010	0.219	0.98	0.98	2.64	—	3.10
2015-1	SYB06	6.36	8.11	0.096	0.010	0.001	0.046	0.041	0.012	0.293	1.05	0.62	2.59	—	2.85
2015-1	SYB07	6.14	8.07	0.094	0.011	0.002	0.024	0.039	0.012	0.281	0.78	1.11	2.53	—	2.34
2015-1	SYB08	5.95	8.12	0.085	0.010	0.013	0.040	0.050	—	0.301	0.71	0.68	2.63	—	2.28
2015-1	SYB09	5.79	8.10	0.078	0.011	0.002	0.010	0.019	0.010	0.267	0.71	0.50	2.58	—	2.37
2015-1	SYB10	5.65	8.13	0.094	0.009	0.001	0.053	0.019	0.010	0.280	1.29	0.71	2.62	—	3.05
2015-1	SYB11	5.21	8.13	0.094	0.012	0.001	0.000	0.022	0.009	0.214	1.82	0.78	2.60	—	2.76
2015-1	SYB12	4.90	8.02	0.101	0.010	0.014	0.070	0.048	0.094	0.724	1.51	1.23	2.52	—	2.52
2015-1	SYB13	4.71	7.95	0.118	0.009	0.034	0.099	0.064	0.126	1.765	2.87	1.93	2.45	—	2.84
2015-4	SYB01	6.69	7.85	0.096	0.004	0.002	0.080	0.035	0.019	0.131	1.44	1.15	2.40	—	2.03
2015-4	SYB02	6.60	7.84	0.109	0.003	0.001	0.060	0.037	0.018	0.120	0.89	0.73	2.37	—	1.79
2015-4	SYB03	6.28	7.96	0.111	0.003	0.001	0.055	0.004	0.016	0.155	0.78	0.71	2.43	—	1.47

（续）

时间（年-月）	站位	溶解氧浓度/(mg/L)	pH	活性硅酸盐/(mg/L)	活性磷酸盐/(mg/L)	亚硝酸盐/(mg/L)	硝酸盐/(mg/L)	氨及部分氨基酸/(mg/L)	总磷/(mg/L)	总氮/(mg/L)	化学需氧量/(mg/L)	生化需氧量/(mg/L)	碱度/(mg/L)	总无机碳/(mg/L)	溶解有机碳/(mg/L)
2015-4	SYB04	5.88	7.91	0.100	0.002	0.000	0.052	0.014	0.014	0.127	0.95	0.83	2.43	—	1.26
2015-4	SYB05	5.72	7.95	0.092	0.003	0.000	0.050	0.013	0.014	0.122	0.90	0.94	2.44	—	1.27
2015-4	SYB06	5.93	7.91	0.096	0.003	0.000	0.052	0.020	0.013	0.122	0.88	0.60	2.42	—	1.26
2015-4	SYB07	5.72	7.85	0.094	0.004	0.001	0.042	0.047	0.013	0.153	0.64	0.58	2.41	—	1.26
2015-4	SYB08	6.40	7.97	0.085	0.005	0.001	0.005	0.004	0.013	0.123	0.68	0.56	2.45	—	1.29
2015-4	SYB09	6.76	7.87	0.078	0.003	0.001	0.007	0.013	0.012	0.121	0.72	0.55	2.41	—	1.25
2015-4	SYB10	6.43	7.96	0.094	0.002	0.000	0.007	0.008	0.011	0.123	0.70	0.89	2.45	—	1.30
2015-4	SYB11	6.66	7.91	0.094	0.002	0.001	0.008	0.009	0.014	0.120	0.69	0.59	2.41	—	1.24
2015-4	SYB12	6.00	7.95	0.083	0.005	0.006	0.036	0.075	0.046	0.186	1.38	1.30	2.42	—	2.59
2015-4	SYB13	5.47	7.89	0.081	0.010	0.015	0.111	0.110	0.080	0.322	2.32	2.30	2.41	—	1.76
2015-7	SYB01	6.60	8.03	0.149	0.013	0.016	0.055	0.023	0.042	0.170	0.58	0.78	2.49	—	2.08
2015-7	SYB02	6.64	8.09	0.087	0.004	0.002	0.007	0.008	0.026	0.154	0.58	0.87	2.53	—	2.83
2015-7	SYB03	6.49	8.04	0.102	0.004	0.002	0.009	0.010	0.018	0.163	0.58	0.72	2.47	—	2.33
2015-7	SYB04	6.23	8.01	0.117	0.003	0.001	0.012	0.013	0.015	0.145	0.58	0.74	2.44	—	1.58
2015-7	SYB05	6.52	8.07	0.119	0.006	0.005	0.011	0.011	0.030	0.173	0.56	0.74	2.53	—	1.84
2015-7	SYB06	6.49	7.98	0.108	0.005	0.005	0.009	0.008	0.020	0.152	0.56	0.68	2.43	—	1.51
2015-7	SYB07	6.41	8.04	0.122	0.001	0.004	0.006	0.013	0.015	0.139	0.52	0.42	2.44	—	1.47
2015-7	SYB08	6.28	8.03	0.106	0.003	0.029	0.014	0.008	0.016	0.171	1.70	0.74	2.47	—	1.98
2015-7	SYB09	6.29	8.04	0.111	0.002	0.002	0.008	0.021	0.016	0.189	0.67	0.60	2.44	—	2.42

（续）

时间 （年-月）	站位	溶解氧浓度/ （mg/L）	pH	活性硅酸盐/ （mg/L）	活性磷酸盐/ （mg/L）	亚硝酸盐/ （mg/L）	硝酸盐/ （mg/L）	氨及部分氨基酸/ （mg/L）	总磷/ （mg/L）	总氮/ （mg/L）	化学需氧量/ （mg/L）	生化需氧量/ （mg/L）	碱度/ （mg/L）	总无机碳/ （mg/L）	溶解有机碳/ （mg/L）
2015-7	SYB10	6.17	8.03	0.113	0.003	0.002	0.010	0.007	0.016	0.172	0.45	0.57	2.44	—	1.97
2015-7	SYB11	6.19	8.03	0.113	0.003	0.002	0.012	0.011	0.018	0.163	0.49	0.83	2.44	—	2.14
2015-7	SYB12	6.36	7.95	0.198	0.062	0.039	0.027	0.012	0.103	0.215	1.43	1.32	2.47	—	2.44
2015-7	SYB13	6.22	7.83	0.266	0.100	0.064	0.072	0.046	0.161	0.294	2.26	2.73	2.39	—	2.14
2015-10	SYB01	5.66	7.57	0.119	0.014	0.016	0.043	0.080	0.030	0.030	2.67	1.45	2.31	—	1.60
2015-10	SYB02	5.91	7.75	0.093	—	0.003	0.012	0.062	0.012	0.012	2.06	0.84	2.39	—	1.44
2015-10	SYB03	6.48	7.59	0.103	0.007	0.006	0.008	0.015	0.007	0.007	2.13	0.55	2.40	—	1.41
2015-10	SYB04	6.34	7.33	0.105	—	0.002	0.011	0.022	0.007	0.007	2.54	0.61	2.31	—	1.35
2015-10	SYB05	6.65	7.76	0.092	—	0.003	0.011	0.018	0.008	0.008	2.11	0.52	2.41	—	1.46
2015-10	SYB06	6.37	7.90	0.104	—	0.003	0.012	0.019	0.009	0.009	2.51	0.77	2.41	—	1.50
2015-10	SYB07	6.44	7.63	0.102	0.006	0.004	0.008	0.019	0.008	0.008	2.77	0.47	2.32	—	1.54
2015-10	SYB08	6.50	7.60	0.108	0.007	0.002	0.014	0.017	0.009	0.009	1.69	0.57	2.38	—	1.64
2015-10	SYB09	6.50	7.66	0.102	0.006	0.003	0.012	0.009	0.010	0.010	1.10	0.91	2.33	—	1.60
2015-10	SYB10	6.50	7.62	0.099	0.007	0.002	0.012	0.014	0.009	0.009	1.02	0.62	2.35	—	1.61
2015-10	SYB11	6.57	7.82	0.089	0.009	0.003	0.011	0.015	0.007	0.007	0.93	0.37	2.40	—	1.53
2015-10	SYB12	6.36	7.74	0.152	0.037	0.033	0.051	0.032	0.067	0.067	2.39	1.31	2.37	—	2.14
2015-10	SYB13	5.45	7.59	0.219	0.060	0.067	0.129	0.075	0.123	0.123	2.75	2.03	2.33	—	2.51

3.3　沉积物理化学要素

3.3.1　沉积物理要素

3.3.1.1　概述

本部分数据为三亚站 2007—2015 年 12 个长期监测站点年度尺度的沉积物粒度测定数据，包括沙土百分比、粉沙土百分比、黏土百分比、砾石百分比、平均粒径（Mz）、中值粒径（Md）。

3.3.1.2　数据采集和处理方法

按照 CERN 观测规范，在每个调查站点用采泥器抓取 3 斗沉积物样品，置于干净的不锈钢大盆中混合均匀，用干净的勺从盆中取约 200g 沉积物样品放入一次性聚丙烯袋中，封紧袋口，供测定用。

按照《海洋调查规范》（GB/T 12763—2007），利用 Mastersizer2000 型激光粒度分析仪分析沉积物样品，获得样品的粒组百分含量并命名。

3.3.1.3　数据质量控制和评估

整理历年上报数据并进行质量控制，核实异常数据。质控方法包括：阈值检查、完整性检查、一致性检查等。

插补原始的缺失数据或者异常数据，采用平均值法插补缺失值，插补数据以下划线标记。

3.3.1.4　数据价值/数据使用方法和建议

海湾沉积物是底栖生物重要的栖息环境，对沉积物理要素的长期监测，有助于了解海湾沉积特征的长期演变。

3.3.1.5　数据

具体数据见表 3-8。

表 3-8　沉积物理要素数据表

年份	站位	沙土百分比/%	粉沙土百分比/%	黏土百分比/%	砾石百分比/%	平均粒径（Mz）/μm	中值粒径（Md）/μm	底质名称
2007	SYB01	4.03	71.75	24.22	0.00	8.58	9.96	黏土质粉沙
2007	SYB02	53.99	36.14	9.88	0.00	42.81	70.20	粉沙质沙
2007	SYB03	10.06	69.69	20.24	0.00	12.33	14.09	黏土质粉沙
2007	SYB04	8.79	70.08	21.13	0.00	11.73	13.42	黏土质粉沙
2007	SYB05	27.75	56.91	15.34	0.00	22.01	24.81	沙质粉沙
2007	SYB06	30.41	54.52	15.07	0.00	22.93	25.89	沙质粉沙
2007	SYB07	22.89	59.71	17.40	0.00	18.78	20.43	沙质粉沙
2007	SYB09	29.47	50.05	20.48	0.00	25.38	15.47	黏土-沙-粉沙
2007	SYB11	5.86	73.19	20.95	0.00	11.33	13.43	黏土质粉沙
2008	SYB01	4.79	71.45	23.76	0.00	9.05	10.66	黏土质粉沙
2008	SYB03	11.45	67.21	21.34	0.00	12.60	14.98	黏土质粉沙
2008	SYB04	15.53	65.48	18.99	0.00	15.76	20.11	粉沙
2008	SYB05	51.27	35.73	10.07	2.94	44.90	71.89	粉沙质沙
2008	SYB06	27.09	49.82	16.40	6.69	27.62	28.20	沙质粉沙
2008	SYB07	11.17	70.35	18.49	0.00	14.50	18.27	粉沙
2008	SYB08	40.34	8.73	3.98	46.94	1 206.64	1 351.91	沙质砾
2008	SYB11	17.52	63.78	18.70	0.00	16.15	19.68	粉沙

（续）

年份	站位	沙土百分比/%	粉沙土百分比/%	黏土百分比/%	砾石百分比/%	平均粒径（Mz）/μm	中值粒径（Md）/μm	底质名称
2009	SYB01	12.65	45.94	41.41	0.00	6.17	5.49	黏土质粉沙
2009	SYB02	42.70	44.41	12.89	0.00	31.27	42.81	沙质粉沙
2009	SYB03	5.49	73.37	21.15	0.00	11.41	14.02	黏土质粉沙
2009	SYB04	6.88	72.18	20.94	0.00	11.83	14.31	黏土质粉沙
2009	SYB05	53.35	36.85	9.80	0.00	43.95	68.49	粉沙质沙
2009	SYB06	20.44	60.39	19.17	0.00	16.70	18.35	沙质粉沙
2009	SYB07	25.19	57.39	17.42	0.00	20.80	23.20	沙质粉沙
2009	SYB09	49.95	31.04	8.45	10.56	112.58	103.81	粉沙质沙
2009	SYB11	19.14	63.33	17.54	0.00	17.62	21.85	中粗沙
2010	SYB01	2.36	67.47	30.17	0.00	7.05	8.21	黏土质粉沙
2010	SYB02	29.98	57.12	12.91	0.00	24.96	26.64	沙质粉沙
2010	SYB03	6.47	71.66	21.87	0.00	11.37	13.56	黏土质粉沙
2010	SYB04	10.93	67.35	21.68	0.00	12.29	14.00	黏土质粉沙
2010	SYB05	46.84	41.29	11.88	0.00	36.80	55.75	粉沙质沙
2010	SYB06	40.05	47.84	12.11	0.00	32.00	43.08	沙质粉沙
2010	SYB07	19.85	61.01	19.15	0.00	17.09	20.43	粉沙
2010	SYB08	96.14	2.58	1.28	0.00	455.97	463.62	中粗沙
2010	SYB09	48.30	22.40	3.29	26.01	277.39	219.76	砾-沙-粉沙
2010	SYB10	24.79	58.99	16.22	0.00	20.92	23.63	沙质粉沙
2010	SYB11	9.71	72.08	18.21	0.00	13.93	17.03	中粉沙
2010	SYB12	100.00	0.00	0.00	0.00	421.32	423.37	中粗沙
2011	SYB01	19.90	73.19	6.91	0.00	31.88	35.60	中粗粉沙
2011	SYB02	54.65	39.99	5.36	0.00	52.80	69.97	粉沙质沙
2011	SYB03	5.49	71.54	22.97	0.00	10.50	12.44	黏土质粉沙
2011	SYB04	5.52	69.89	24.59	0.00	9.76	11.05	黏土质粉沙
2011	SYB05	52.75	36.98	10.27	0.00	41.73	67.28	粉沙质沙
2011	SYB06	44.67	45.34	6.00	3.99	49.44	59.87	沙质粉沙
2011	SYB07	7.27	69.51	23.22	0.00	10.82	12.57	黏土质粉沙
2011	SYB08	85.58	9.16	1.24	4.01	376.49	390.96	粗中沙
2011	SYB09	44.38	26.28	5.05	24.29	218.76	176.61	砾-沙-粉沙
2011	SYB10	88.78	0.00	0.00	11.22	590.13	580.03	中粗沙
2011	SYB11	12.73	68.94	18.33	0.00	15.06	18.39	中粉沙

（续）

年份	站位	沙土 百分比/%	粉沙土 百分比/%	黏土 百分比/%	砾石 百分比/%	平均粒径 （Mz）/μm	中值粒径 （Md）/μm	底质名称
2011	SYB12	89.90	0.00	0.00	10.10	571.37	573.83	中粗沙
2012	SYB01	3.07	75.09	21.84	0.00	9.56	11.04	黏土质粉沙
2012	SYB02	37.49	49.09	13.42	0.00	27.13	31.16	沙质粉沙
2012	SYB03	5.51	73.22	21.27	0.00	10.69	12.69	黏土质粉沙
2012	SYB04	8.74	69.85	21.41	0.00	11.00	12.30	黏土质粉沙
2012	SYB05	41.99	46.25	11.76	0.00	32.55	46.91	沙质粉沙
2012	SYB06	24.30	58.18	8.89	8.63	34.27	30.84	沙质粉沙
2012	SYB07	31.07	40.85	10.46	17.62	96.66	56.48	沙质粉沙
2012	SYB08	74.54	16.64	3.54	5.29	184.92	360.23	粗中沙
2012	SYB09	32.42	23.52	5.31	38.76	285.59	463.62	砾—沙—粉沙
2012	SYB10	74.78	11.18	2.49	11.56	569.59	538.87	中粗沙
2012	SYB11	8.51	73.85	17.64	0.00	13.73	16.35	中粉沙
2012	SYB12	80.87	11.80	2.45	4.89	494.49	559.42	中粗沙
2013	SYB01	16.29	64.00	19.70	0.00	13.84	13.53	细粉沙
2013	SYB02	28.46	57.41	14.13	0.00	23.04	25.24	沙质粉沙
2013	SYB04	5.96	71.59	22.44	0.00	10.47	12.28	黏土质粉沙
2013	SYB05	38.00	49.63	12.36	0.00	29.49	38.92	沙质粉沙
2013	SYB06	39.58	48.82	6.76	4.85	44.43	53.01	沙质粉沙
2013	SYB07	6.47	71.07	22.46	0.00	10.70	12.73	黏土质粉沙
2013	SYB08	84.55	9.31	1.81	4.33	365.77	373.48	中沙
2013	SYB09	52.84	9.73	1.37	36.07	836.59	815.75	砾质沙
2013	SYB10	87.02	3.86	0.40	8.72	551.37	522.17	粗中沙
2013	SYB11	40.56	49.42	5.98	4.04	47.39	53.62	沙质粉沙
2014	SYB01	4.88	69.77	25.35	0.00	8.17	9.36	黏土质粉沙
2014	SYB02	53.43	36.99	9.58	0.00	43.40	68.84	粉沙质沙
2014	SYB03	22.85	59.02	18.13	0.00	18.17	20.22	粉沙质沙
2014	SYB04	12.44	64.60	22.96	0.00	11.97	13.90	黏土质粉沙
2014	SYB05	59.52	30.95	4.99	4.54	72.16	91.04	粉沙质沙
2014	SYB06	58.28	34.13	3.70	3.89	85.74	87.02	粉沙质沙
2014	SYB07	21.02	61.56	17.42	0.00	18.07	21.08	沙质粉沙
2014	SYB08	93.85	2.87	3.28	0.00	360.88	368.90	粗中沙
2014	SYB09	47.35	14.45	2.83	35.37	516.52	404.86	砾沙

（续）

年份	站位	沙土 百分比/%	粉沙土 百分比/%	黏土 百分比/%	砾石 百分比/%	平均粒径 （Mz）/μm	中值粒径 （Md）/μm	底质名称
2014	SYB10	88.79	2.80	0.32	8.09	540.77	516.02	粗中沙
2014	SYB11	6.97	72.07	20.96	0.00	11.97	14.82	黏土质粉沙
2014	SYB12	93.94	5.00	1.06	0.00	338.75	380.61	粗中沙
2015	SYB01	29.40	51.48	19.12	0.00	19.14	15.53	沙质粉沙
2015	SYB02	32.90	54.35	12.75	0.00	26.42	30.77	沙质粉沙
2015	SYB03	10.02	64.85	25.13	0.00	10.59	11.99	黏土质粉沙
2015	SYB04	4.70	70.64	24.67	0.00	9.36	11.08	黏土质粉沙
2015	SYB05	29.87	53.72	16.41	0.00	21.05	24.24	沙质粉沙
2015	SYB06	32.60	54.02	13.38	0.00	26.58	35.11	沙质粉沙
2015	SYB07	38.55	46.84	14.62	0.00	28.50	37.23	沙质粉沙
2015	SYB08	69.33	2.34	0.33	28.01	840.95	610.90	砾沙
2015	SYB09	62.70	9.43	1.29	26.58	613.36	509.80	砾沙
2015	SYB10	86.33	3.65	0.64	9.38	594.69	562.41	砾沙
2015	SYB11	6.57	73.24	20.20	0.00	11.99	14.78	黏土质粉沙
2015	SYB12	100.00	0.00	0.00	0.00	500.38	503.23	粗中沙

3.3.2　沉积化学要素

3.3.2.1　概述

本部分数据为三亚站 2008—2015 年 12 个长期监测站点季度尺度的化学要素测定数据，包括全磷、全氮、有机物含量、含氮率、含碳率。

3.3.2.2　数据采集和处理方法

按照 CERN 观测规范，在每个调查站点用采泥器抓取 3 斗沉积物样品，置于干净的不锈钢大盆中混合均匀，用干净的勺从盆中取 500～600g 沉积物样品放入一次性聚丙烯袋中，封紧袋口，供测定用。

沉积物有机质和总碳采用重铬酸钾氧化-外加热法测定，全氮采用《森林土壤全氮的测定》（LY/T 1228—1999）中的方法测定，全磷采用《森林土壤全磷的测定》（LY/T 1232—1999）中的方法测定。

3.3.2.3　数据质量控制和评估

整理历年上报数据并进行质量控制，核实异常数据。质控方法包括：阈值检查、完整性检查、一致性检查等。

插补原始的缺失数据或者异常数据，采用平均值法插补缺失值，插补数据以下划线标记。

3.3.2.4　数据价值/数据使用方法和建议

海湾沉积物是底栖生物重要的栖息环境，对沉积物化学要素的长期监测，有助于了解海湾受人类活动和气候变化影响生态环境发生变化，导致沉积物中化学要素变化的演变规律。

3.3.2.5　数据

具体数据见表 3-9。

表 3 - 9　沉积化学要素数据表

时间（年-月）	站位	全磷/（mg/kg）	全氮/（mg/kg）	含氮率/%	含碳率/%	有机质含量/%
2008 - 1	SYB05	239	100	0.010	0.280	0.490
2008 - 1	SYB08	198	100	0.010	0.180	0.310
2008 - 1	SYB10	162	50	0.005	0.180	0.310
2008 - 1	SYB11	414	500	0.050	0.550	0.950
2008 - 5	SYB01	466	900	0.090	1.100	1.900
2008 - 5	SYB02	230	300	0.030	0.390	0.680
2008 - 5	SYB03	458	600	0.060	0.740	1.300
2008 - 5	SYB04	444	500	0.050	0.570	0.980
2008 - 5	SYB05	218	200	0.020	0.310	0.530
2008 - 5	SYB06	416	500	0.050	0.600	1.000
2008 - 5	SYB07	472	600	0.060	0.670	1.200
2008 - 5	SYB09	661	500	0.050	0.540	0.940
2008 - 5	SYB11	393	400	0.040	0.460	0.790
2008 - 8	SYB01	531	1 000	0.100	1.400	2.400
2008 - 8	SYB02	236	300	0.030	0.380	0.660
2008 - 8	SYB03	503	800	0.080	0.850	1.500
2008 - 8	SYB04	524	800	0.080	0.960	1.700
2008 - 8	SYB05	228	300	0.030	0.290	0.500
2008 - 8	SYB06	340	400	0.040	0.410	0.700
2008 - 8	SYB07	476	600	0.060	0.680	1.200
2008 - 8	SYB08	255	100	0.010	0.200	0.340
2008 - 8	SYB09	565	300	0.030	0.330	0.580
2008 - 8	SYB10	197	50	0.005	0.200	0.340
2008 - 8	SYB11	438	600	0.060	0.630	1.100
2008 - 8	SYB12	183	50	0.005	0.150	0.260
2008 - 10	SYB01	250	700	0.070	0.570	0.990
2008 - 10	SYB02	236	300	0.030	0.330	0.570
2008 - 10	SYB03	484	800	0.080	0.790	1.400
2008 - 10	SYB04	525	800	0.080	0.830	1.400
2008 - 10	SYB05	254	200	0.020	0.290	0.500
2008 - 10	SYB06	407	600	0.060	0.570	0.980
2008 - 10	SYB07	440	800	0.080	0.690	1.200
2008 - 10	SYB08	201	90	0.009	0.160	0.280
2008 - 10	SYB09	528	700	0.070	0.610	1.000
2008 - 10	SYB11	486	600	0.060	0.640	1.100

（续）

时间（年-月）	站位	全磷/（mg/kg）	全氮/（mg/kg）	含氮率/％	含碳率/％	有机质含量/％
2009 - 1	SYB01	453	960	0.096	1.300	2.200
2009 - 1	SYB02	208	400	0.040	0.430	0.740
2009 - 1	SYB03	396	640	0.064	0.760	1.300
2009 - 1	SYB04	418	650	0.065	0.800	1.400
2009 - 1	SYB05	263	410	0.041	0.420	0.720
2009 - 1	SYB06	342	400	0.040	0.590	1.000
2009 - 1	SYB07	377	580	0.058	0.620	1.100
2009 - 1	SYB09	446	580	0.058	0.670	1.200
2009 - 1	SYB11	415	580	0.058	0.720	1.200
2009 - 4	SYB01	377	700	0.070	1.100	1.800
2009 - 4	SYB02	224	430	0.043	0.420	0.730
2009 - 4	SYB03	394	610	0.061	0.780	1.300
2009 - 4	SYB04	403	640	0.064	0.770	1.300
2009 - 4	SYB05	230	410	0.041	0.370	0.630
2009 - 4	SYB06	352	550	0.055	0.600	1.000
2009 - 4	SYB07	378	550	0.055	0.670	1.200
2009 - 4	SYB09	461	760	0.076	0.720	1.200
2009 - 4	SYB11	408	550	0.055	0.670	1.200
2009 - 8	SYB01	415	750	0.075	1.000	1.800
2009 - 8	SYB02	222	340	0.034	0.380	0.660
2009 - 8	SYB03	416	720	0.072	0.880	1.500
2009 - 8	SYB04	425	700	0.070	0.790	1.400
2009 - 8	SYB05	251	350	0.035	0.370	0.640
2009 - 8	SYB06	343	520	0.052	0.580	1.000
2009 - 8	SYB07	389	520	0.052	0.600	1.000
2009 - 8	SYB08	386	290	0.029	0.370	0.640
2009 - 8	SYB09	439	640	0.064	0.680	1.200
2009 - 8	SYB10	193	220	0.022	0.300	0.510
2009 - 8	SYB11	413	640	0.064	0.760	1.300
2009 - 8	SYB12	152	120	0.012	0.170	0.290
2009 - 11	SYB01	407	780	0.078	1.100	1.900
2009 - 11	SYB02	275	300	0.030	0.430	0.740
2009 - 11	SYB03	420	810	0.081	0.890	1.500
2009 - 11	SYB04	422	670	0.067	0.830	1.400
2009 - 11	SYB05	256	260	0.026	0.370	0.640

（续）

时间（年-月）	站位	全磷/（mg/kg）	全氮/（mg/kg）	含氮率/%	含碳率/%	有机质含量/%
2009 – 11	SYB06	332	350	0.035	0.480	0.830
2009 – 11	SYB07	384	520	0.052	0.650	1.100
2009 – 11	SYB09	432	530	0.053	0.750	1.300
2009 – 11	SYB10	198	170	0.017	0.220	0.390
2009 – 11	SYB11	402	610	0.061	0.680	1.200
2010 – 1	SYB01	483	1 000	0.100	1.190	2.060
2010 – 1	SYB02	274	440	0.044	0.450	0.777
2010 – 1	SYB03	452	830	0.083	0.909	1.570
2010 – 1	SYB04	462	780	0.078	0.884	1.520
2010 – 1	SYB05	284	400	0.040	0.430	0.743
2010 – 1	SYB06	327	430	0.043	0.373	0.644
2010 – 1	SYB07	431	500	0.050	0.545	0.940
2010 – 1	SYB09	483	700	0.070	0.767	1.320
2010 – 1	SYB11	428	660	0.066	0.652	1.120
2010 – 4	SYB01	472	960	0.096	1.150	1.980
2010 – 4	SYB02	282	460	0.046	0.462	0.798
2010 – 4	SYB03	485	780	0.078	0.825	1.420
2010 – 4	SYB04	431	610	0.061	0.820	1.420
2010 – 4	SYB05	266	460	0.046	0.497	0.857
2010 – 4	SYB06	310	450	0.045	0.474	0.818
2010 – 4	SYB07	428	500	0.050	0.517	0.892
2010 – 4	SYB09	464	680	0.068	0.780	1.350
2010 – 4	SYB11	462	580	0.058	0.686	1.180
2010 – 7	SYB01	483	980	0.098	1.300	2.240
2010 – 7	SYB02	294	450	0.045	0.444	0.765
2010 – 7	SYB03	449	630	0.063	0.789	1.360
2010 – 7	SYB04	449	720	0.072	0.812	1.400
2010 – 7	SYB05	256	330	0.033	0.310	0.534
2010 – 7	SYB06	343	470	0.047	0.492	0.848
2010 – 7	SYB07	428	650	0.065	0.706	1.220
2010 – 7	SYB09	530	500	0.050	0.475	0.819
2010 – 7	SYB11	454	680	0.068	0.738	1.270
2010 – 10	SYB01	284	580	0.058	0.721	1.240
2010 – 10	SYB02	261	350	0.035	0.368	0.635
2010 – 10	SYB03	468	730	0.073	0.612	1.050

（续）

时间（年-月）	站位	全磷/（mg/kg）	全氮/（mg/kg）	含氮率/%	含碳率/%	有机质含量/%
2010 - 10	SYB04	459	700	0.070	0.810	1.400
2010 - 10	SYB05	306	500	0.050	0.471	0.812
2010 - 10	SYB06	356	450	0.045	0.518	0.894
2010 - 10	SYB07	421	620	0.062	0.688	1.190
2010 - 10	SYB09	457	450	0.045	0.709	1.220
2010 - 10	SYB11	444	600	0.060	0.698	1.200
2011 - 1	SYB01	503	1 050	0.105	1.255	2.170
2011 - 1	SYB02	231	420	0.042	0.420	0.725
2011 - 1	SYB03	522	900	0.090	0.905	1.560
2011 - 1	SYB04	406	650	0.065	0.650	1.120
2011 - 1	SYB05	228	360	0.036	0.307	0.529
2011 - 1	SYB06	297	480	0.048	0.484	0.834
2011 - 1	SYB07	486	760	0.076	0.812	1.400
2011 - 1	SYB09	406	710	0.071	0.702	1.210
2011 - 1	SYB10	297	140	0.014	0.146	0.251
2011 - 1	SYB11	442	670	0.067	0.673	1.160
2011 - 4	SYB01	457	890	0.089	1.030	1.780
2011 - 4	SYB02	294	420	0.042	0.448	0.772
2011 - 4	SYB03	484	880	0.088	0.870	1.500
2011 - 4	SYB04	515	830	0.083	0.766	1.320
2011 - 4	SYB05	301	370	0.037	0.387	0.667
2011 - 4	SYB06	294	440	0.044	0.404	0.696
2011 - 4	SYB07	466	650	0.065	0.673	1.160
2011 - 4	SYB09	526	740	0.074	0.737	1.270
2011 - 4	SYB10	245	140	0.014	0.145	0.250
2011 - 4	SYB11	462	480	0.048	0.651	1.120
2011 - 4	SYB12	223	280	0.028	0.226	0.388
2011 - 7	SYB01	358	930	0.093	1.070	1.840
2011 - 7	SYB02	308	450	0.045	0.503	0.867
2011 - 7	SYB03	444	880	0.088	0.910	1.570
2011 - 7	SYB04	444	880	0.088	0.864	1.490
2011 - 7	SYB05	352	370	0.037	0.374	0.644
2011 - 7	SYB06	397	600	0.060	0.579	0.999
2011 - 7	SYB07	417	620	0.062	0.699	1.200
2011 - 7	SYB08	337	510	0.051	0.406	0.701

（续）

时间（年-月）	站位	全磷/（mg/kg）	全氮/（mg/kg）	含氮率/%	含碳率/%	有机质含量/%
2011 - 7	SYB09	390	420	0.042	0.398	0.687
2011 - 7	SYB10	225	140	0.014	0.352	0.606
2011 - 7	SYB11	417	670	0.067	0.652	1.120
2011 - 7	SYB12	219	110	0.011	0.345	0.595
2011 - 11	SYB01	431	710	0.071	0.791	1.360
2011 - 11	SYB02	266	390	0.039	0.416	0.718
2011 - 11	SYB03	531	800	0.080	0.936	1.610
2011 - 11	SYB04	451	940	0.094	0.996	1.720
2011 - 11	SYB05	259	310	0.031	0.360	0.620
2011 - 11	SYB06	395	580	0.058	0.590	1.020
2011 - 11	SYB07	419	770	0.077	0.850	1.460
2011 - 11	SYB08	315	200	0.020	0.245	0.423
2011 - 11	SYB09	580	770	0.077	0.694	1.200
2011 - 11	SYB10	281	170	0.017	0.198	0.341
2011 - 11	SYB11	446	680	0.068	0.691	1.190
2011 - 11	SYB12	214	140	0.014	0.160	0.276
2012 - 2	SYB01	523	1 100	0.110	1.320	2.280
2012 - 2	SYB02	265	390	0.039	0.466	0.803
2012 - 2	SYB03	480	870	0.087	0.966	1.660
2012 - 2	SYB04	502	780	0.078	0.871	1.500
2012 - 2	SYB05	300	280	0.028	0.358	0.617
2012 - 2	SYB06	475	660	0.066	0.579	0.966
2012 - 2	SYB07	446	640	0.064	0.663	1.140
2012 - 2	SYB08	424	110	0.011	0.167	0.287
2012 - 2	SYB09	559	820	0.082	0.745	1.280
2012 - 2	SYB10	327	140	0.014	0.181	0.312
2012 - 2	SYB11	460	600	0.060	0.718	1.240
2012 - 2	SYB12	251	140	0.014	0.232	0.400
2012 - 4	SYB01	523	1 200	0.120	1.400	2.410
2012 - 4	SYB02	300	310	0.031	0.367	0.633
2012 - 4	SYB03	478	780	0.078	0.923	1.590
2012 - 4	SYB04	497	870	0.087	0.971	1.670
2012 - 4	SYB05	253	340	0.034	0.346	0.596
2012 - 4	SYB06	359	480	0.048	0.528	0.911
2012 - 4	SYB07	451	680	0.068	0.704	1.210

（续）

时间（年-月）	站位	全磷/（mg/kg）	全氮/（mg/kg）	含氮率/%	含碳率/%	有机质含量/%
2012 - 4	SYB08	311	240	0.024	0.205	0.353
2012 - 4	SYB09	488	650	0.065	0.562	0.967
2012 - 4	SYB10	352	140	0.014	0.182	0.313
2012 - 4	SYB11	482	730	0.073	0.721	1.240
2012 - 4	SYB12	228	56	0.006	0.143	0.246
2012 - 9	SYB01	278	900	0.090	1.230	1.980
2012 - 9	SYB02	244	370	0.037	0.490	0.878
2012 - 9	SYB03	423	620	0.062	0.837	1.450
2012 - 9	SYB04	482	450	0.045	0.628	1.450
2012 - 9	SYB05	271	280	0.028	0.387	0.595
2012 - 9	SYB06	401	510	0.051	0.588	1.020
2012 - 9	SYB07	449	590	0.059	0.592	1.240
2012 - 9	SYB08	373	220	0.022	0.199	0.204
2012 - 9	SYB09	547	390	0.039	0.392	0.148
2012 - 9	SYB10	188	170	0.017	0.092	0.960
2012 - 9	SYB11	462	700	0.070	0.720	1.300
2012 - 9	SYB12	239	140	0.014	0.143	0.134
2012 - 11	SYB01	450	830	0.083	1.150	1.430
2012 - 11	SYB02	327	450	0.045	0.510	0.609
2012 - 11	SYB03	480	760	0.076	0.842	1.555
2012 - 11	SYB04	473	720	0.072	0.844	1.635
2012 - 11	SYB05	289	300	0.030	0.345	0.556
2012 - 11	SYB06	374	540	0.054	0.589	0.906
2012 - 11	SYB07	487	680	0.068	0.717	1.335
2012 - 11	SYB08	284	220	0.022	0.118	0.524
2012 - 11	SYB09	215	560	0.056	0.086	1.023
2012 - 11	SYB10	502	590	0.059	0.558	0.251
2012 - 11	SYB11	507	670	0.067	0.756	1.230
2012 - 11	SYB12	190	85	0.009	0.078	0.194
2013 - 1	SYB01	460	1 200	0.120	1.250	2.150
2013 - 1	SYB02	310	630	0.063	0.533	0.918
2013 - 1	SYB03	400	680	0.068	0.836	1.440
2013 - 1	SYB04	430	880	0.088	0.820	1.410
2013 - 1	SYB05	270	540	0.054	0.355	0.611
2013 - 1	SYB06	360	630	0.063	0.646	1.110

（续）

时间（年-月）	站位	全磷/（mg/kg）	全氮/（mg/kg）	含氮率/%	含碳率/%	有机质含量/%
2013 - 1	SYB07	450	720	0.072	0.762	1.310
2013 - 1	SYB08	200	83	0.008	0.134	0.231
2013 - 1	SYB09	460	610	0.061	0.475	0.818
2013 - 1	SYB10	190	82	0.008	0.157	0.270
2013 - 1	SYB11	470	800	0.080	0.861	1.480
2013 - 1	SYB12	180	240	0.024	0.109	0.188
2013 - 4	SYB01	460	1 100	0.110	1.320	2.280
2013 - 4	SYB02	310	410	0.041	0.500	0.861
2013 - 4	SYB03	430	880	0.088	0.942	1.620
2013 - 4	SYB04	410	860	0.086	0.826	1.420
2013 - 4	SYB05	240	300	0.030	0.382	0.659
2013 - 4	SYB06	380	740	0.074	0.560	0.964
2013 - 4	SYB07	450	1 100	0.110	0.856	1.470
2013 - 4	SYB09	450	560	0.056	0.386	0.664
2013 - 4	SYB10	210	140	0.014	0.112	0.192
2013 - 4	SYB11	430	730	0.073	0.726	1.250
2013 - 4	SYB12	170	250	0.025	0.144	0.248
2013 - 7	SYB01	400	720	0.072	1.070	1.840
2013 - 7	SYB02	290	510	0.051	0.538	0.928
2013 - 7	SYB03	427	750	0.075	0.878	1.515
2013 - 7	SYB04	430	910	0.091	0.966	1.660
2013 - 7	SYB05	290	410	0.041	0.470	0.810
2013 - 7	SYB06	370	550	0.055	0.606	1.040
2013 - 7	SYB07	450	770	0.077	0.816	1.400
2013 - 7	SYB08	190	190	0.019	0.112	0.192
2013 - 7	SYB09	640	250	0.025	0.256	0.441
2013 - 7	SYB10	210	110	0.011	0.083	0.142
2013 - 7	SYB11	420	740	0.074	0.755	1.300
2013 - 7	SYB12	315	365	0.037	0.595	1.028
2013 - 11	SYB01	330	520	0.052	0.871	1.500
2013 - 11	SYB02	350	300	0.030	0.290	0.500
2013 - 11	SYB03	430	790	0.079	0.870	1.500
2013 - 11	SYB04	450	850	0.085	0.900	1.550
2013 - 11	SYB05	220	330	0.033	0.285	0.491
2013 - 11	SYB06	360	470	0.047	0.459	0.791

（续）

时间（年-月）	站位	全磷/（mg/kg）	全氮/（mg/kg）	含氮率/%	含碳率/%	有机质含量/%
2013 - 11	SYB07	430	620	0.062	0.702	1.210
2013 - 11	SYB11	420	680	0.068	0.738	1.270
2014 - 1	SYB01	360	560	0.056	1.010	1.740
2014 - 1	SYB02	270	340	0.034	0.446	0.770
2014 - 1	SYB03	510	560	0.056	0.733	1.260
2014 - 1	SYB04	460	660	0.066	0.844	1.450
2014 - 1	SYB05	220	260	0.026	0.316	0.544
2014 - 1	SYB06	400	340	0.034	0.472	0.814
2014 - 1	SYB07	480	480	0.048	0.321	0.554
2014 - 1	SYB11	460	590	0.059	0.791	1.360
2014 - 4	SYB01	450	820	0.082	1.350	2.330
2014 - 4	SYB02	300	340	0.034	0.438	0.754
2014 - 4	SYB03	390	500	0.050	0.665	1.150
2014 - 4	SYB04	470	590	0.059	0.910	1.570
2014 - 4	SYB05	220	370	0.037	0.356	0.614
2014 - 4	SYB06	320	370	0.037	0.469	0.808
2014 - 4	SYB07	400	420	0.042	0.590	1.020
2014 - 4	SYB11	470	560	0.056	0.718	1.240
2014 - 7	SYB01	450	930	0.093	1.250	2.160
2014 - 7	SYB02	210	260	0.026	0.360	0.620
2014 - 7	SYB03	410	620	0.062	0.845	1.460
2014 - 7	SYB04	460	650	0.065	0.788	1.360
2014 - 7	SYB05	250	260	0.026	0.380	0.656
2014 - 7	SYB06	360	510	0.051	0.611	1.050
2014 - 7	SYB07	440	620	0.062	0.837	1.440
2014 - 7	SYB09	620	820	0.082	0.474	0.816
2014 - 7	SYB11	480	640	0.064	0.844	1.460
2014 - 10	SYB01	310	310	0.031	0.450	0.780
2014 - 10	SYB02	280	420	0.042	0.530	0.907
2014 - 10	SYB03	380	590	0.059	0.680	1.170
2014 - 10	SYB04	430	600	0.060	0.700	1.200
2014 - 10	SYB05	230	190	0.019	0.240	0.423
2014 - 10	SYB06	350	480	0.048	0.540	0.940
2014 - 10	SYB07	430	360	0.036	0.480	0.834
2014 - 10	SYB08	200	850	0.085	0.720	1.250

（续）

时间（年-月）	站位	全磷/（mg/kg）	全氮/（mg/kg）	含氮率/%	含碳率/%	有机质含量/%
2014 - 10	SYB09	480	400	0.040	0.490	0.840
2014 - 10	SYB10	130	85	0.009	0.057	0.098
2014 - 10	SYB11	430	650	0.065	0.680	1.170
2014 - 10	SYB12	110	84	0.008	0.048	0.084
2015 - 1	SYB01	100	410	0.041	0.578	0.997
2015 - 1	SYB02	110	420	0.042	0.411	0.708
2015 - 1	SYB03	170	730	0.073	0.769	1.330
2015 - 1	SYB04	120	810	0.081	0.923	1.590
2015 - 1	SYB05	160	420	0.042	0.454	0.783
2015 - 1	SYB06	170	510	0.051	0.492	0.849
2015 - 1	SYB07	110	730	0.073	0.730	1.260
2015 - 1	SYB08	140	110	0.011	0.114	0.197
2015 - 1	SYB09	100	250	0.025	0.188	0.324
2015 - 1	SYB10	200	110	0.011	0.131	0.226
2015 - 1	SYB11	71	680	0.068	0.781	1.350
2015 - 1	SYB12	81	110	0.011	0.095	0.164
2015 - 4	SYB01	110	170	0.017	0.374	0.645
2015 - 4	SYB02	170	390	0.039	0.381	0.657
2015 - 4	SYB03	180	730	0.073	0.796	1.380
2015 - 4	SYB04	180	500	0.050	0.610	1.050
2015 - 4	SYB05	110	390	0.039	0.360	0.621
2015 - 4	SYB06	160	640	0.064	0.654	1.130
2015 - 4	SYB07	180	700	0.070	0.758	1.310
2015 - 4	SYB08	130	180	0.018	0.134	0.232
2015 - 4	SYB09	190	340	0.034	0.288	0.497
2015 - 4	SYB10	100	84	0.008	0.138	0.237
2015 - 4	SYB11	180	590	0.059	0.631	1.090
2015 - 4	SYB12	61	140	0.014	0.084	0.144
2015 - 7	SYB01	425	825	0.083	1.160	2.000
2015 - 7	SYB02	94	340	0.034	0.262	0.453
2015 - 7	SYB03	180	680	0.068	0.629	1.170
2015 - 7	SYB04	170	620	0.062	0.699	1.210
2015 - 7	SYB05	980	340	0.034	0.286	0.493
2015 - 7	SYB06	120	510	0.051	0.394	0.679
2015 - 7	SYB07	180	660	0.066	0.597	1.030

（续）

时间（年-月）	站位	全磷/（mg/kg）	全氮/（mg/kg）	含氮率/%	含碳率/%	有机质含量/%
2015 - 7	SYB09	180	620	0.062	0.557	0.961
2015 - 7	SYB11	220	450	0.045	0.410	0.707
2015 - 11	SYB01	110	560	0.056	0.737	1.270
2015 - 11	SYB02	100	340	0.034	0.331	0.572
2015 - 11	SYB03	170	730	0.073	0.764	1.320
2015 - 11	SYB04	91	400	0.040	0.591	1.020
2015 - 11	SYB05	88	390	0.039	0.328	0.565
2015 - 11	SYB06	130	510	0.051	0.463	0.800
2015 - 11	SYB07	140	450	0.045	0.416	0.718
2015 - 11	SYB08	120	140	0.014	0.095	0.164
2015 - 11	SYB09	180	510	0.051	0.494	0.852
2015 - 11	SYB10	91	56	0.006	0.130	0.224
2015 - 11	SYB11	180	730	0.073	0.720	1.240
2015 - 11	SYB12	84	84	0.008	0.082	0.142

3.4 水体生物要素

3.4.1 表层细菌

3.4.1.1 概述

本部分数据为三亚站2007—2015年13个长期监测站点各年度数据汇总，水体细菌参数包括大肠菌群、蓝细菌、异养菌和水样含菌数，来源于13个站位的水体样品，而沉积物数据指标（即泥样含菌数）来源于除SYB13之外的12个站位的沉积物样品。大肠杆菌指标于2007年10月开始监测，因此缺少2007年1月、4月和7月的监测数据。蓝细菌指标于2009年1月开始监测，因此缺少2007和2008年的监测数据。异养菌指标于2008年1月开始检测，因此缺少2007年的监测数据，2008年10月的样品在运输和保藏过程中损坏，造成监测数据缺失。2011年7月、11月以及2013年11月的水样含菌数样品在运输和保藏过程中损坏，造成了这3批样品的监测数据缺失。泥样含菌数指标于2008年1月开始监测，因此缺少2007年的监测数据，泥样含菌数样品未采集SYB13，因此该站位监测数据缺失，2015年1月的SYB12、7月的SYB01和11月的SYB08未能采集到沉积物样品，造成了这3个样品监测数据缺失。

3.4.1.2 数据采集和分析方法

依据CERN观测规范和《海洋监测规范 第7部分：近海污染生态调查和生物监测》（GB 17378.7—2007）采集水样和沉积物样品，并分析和检测样品，大肠杆菌采用发酵法检测，异养菌和泥样含菌数采用平板计数法检测，水样含菌数和蓝细菌采用流式细胞分析法检测（2011年水样含菌数采用荧光显微计数法检测）。

3.4.1.3 数据质量控制和评估

整理历年上报数据并进行质量控制，核实异常数据。质控方法包括：阈值检查、完整性检查、一致性检查等。

插补或删除原始的部分缺失数据或者异常数据，采用平均值法插补缺失值，插补数据以下划线标记。未插补的缺失值用"—"表示。

3.4.1.4　数据

具体数据见表 3-10。

表 3-10　三亚湾表层细菌数据表（水体和沉积物表层样品）

时间（年-月）	站位	大肠菌群/ (ind. /mL)	蓝细菌/ (ind. /mL)	异养菌/ (ind. /mL)	水样含菌数/ (ind. /mL)	泥样含菌数/ (ind. /g)
2007 - 1	SYB01	—	—	—	1 456 640	—
2007 - 1	SYB02	—	—	—	862 720	—
2007 - 1	SYB03	—	—	—	719 360	—
2007 - 1	SYB04	—	—	—	494 080	—
2007 - 1	SYB05	—	—	—	650 240	—
2007 - 1	SYB06	—	—	—	721 920	—
2007 - 1	SYB07	—	—	—	483 840	—
2007 - 1	SYB08	—	—	—	775 680	—
2007 - 1	SYB09	—	—	—	478 720	—
2007 - 1	SYB10	—	—	—	640 000	—
2007 - 1	SYB11	—	—	—	468 480	—
2007 - 1	SYB12	—	—	—	921 600	—
2007 - 1	SYB13	—	—	—	3 023 360	—
2007 - 4	SYB01	—	—	—	1 840 640	—
2007 - 4	SYB02	—	—	—	1 351 680	—
2007 - 4	SYB03	—	—	—	1 098 240	—
2007 - 4	SYB04	—	—	—	642 560	—
2007 - 4	SYB05	—	—	—	875 520	—
2007 - 4	SYB06	—	—	—	796 160	—
2007 - 4	SYB07	—	—	—	499 200	—
2007 - 4	SYB08	—	—	—	642 560	—
2007 - 4	SYB09	—	—	—	391 680	—
2007 - 4	SYB10	—	—	—	775 680	—
2007 - 4	SYB11	—	—	—	450 560	—
2007 - 4	SYB12	—	—	—	768 000	—
2007 - 4	SYB13	—	—	—	3 594 240	—
2007 - 7	SYB01	—	—	—	1 689 600	—
2007 - 7	SYB02	—	—	—	1 512 960	—
2007 - 7	SYB03	—	—	—	1 167 360	—
2007 - 7	SYB04	—	—	—	760 320	—
2007 - 7	SYB05	—	—	—	1 310 720	—

（续）

时间（年-月）	站位	大肠菌群/ (ind. /mL)	蓝细菌/ (ind. /mL)	异养菌/ (ind. /mL)	水样含菌数/ (ind. /mL)	泥样含菌数/ (ind. /g)
2007 - 7	SYB06	—	—	—	906 240	—
2007 - 7	SYB07	—	—	—	760 320	—
2007 - 7	SYB08	—	—	—	936 960	—
2007 - 7	SYB09	—	—	—	581 120	—
2007 - 7	SYB10	—	—	—	573 440	—
2007 - 7	SYB11	—	—	—	494 080	—
2007 - 7	SYB12	—	—	—	1 031 680	—
2007 - 7	SYB13	—	—	—	4 684 800	—
2007 - 10	SYB01	11	—	—	1 830 400	3 000 000
2007 - 10	SYB02	0	—	—	1 543 680	2 968 182
2007 - 10	SYB03	—	—	—	1 159 680	410 000
2007 - 10	SYB04	—	—	—	665 600	845 455
2007 - 10	SYB05	—	—	—	1 443 840	258 800
2007 - 10	SYB06	—	—	—	1 013 760	176 923
2007 - 10	SYB07	—	—	—	522 240	643 750
2007 - 10	SYB08	—	—	—	1 034 240	106 981
2007 - 10	SYB09	—	—	—	522 240	59 464
2007 - 10	SYB10	0	—	—	637 440	17 582
2007 - 10	SYB11	—	—	—	412 160	252 000
2007 - 10	SYB12	0	—	—	924 160	316 000
2007 - 10	SYB13	110	—	—	4 889 600	—
2008 - 1	SYB01	0	5 900	—	1 502 720	1 015 789
2008 - 1	SYB02	0	2 860	—	975 360	1 395 000
2008 - 1	SYB03	0	1 430	—	737 280	321 212
2008 - 1	SYB04	0	3 700	—	512 000	363 750
2008 - 1	SYB05	0	1 720	—	796 160	512 000
2008 - 1	SYB06	0	1 250	—	522 240	452 174
2008 - 1	SYB07	0	4 200	—	389 120	438 461
2008 - 1	SYB08		750	—	773 120	39 737
2008 - 1	SYB09	0	2 370	—	419 840	228 800
2008 - 1	SYB10	0	167	—	568 320	562 727
2008 - 1	SYB11	0	13 200	—	407 040	211 739
2008 - 1	SYB12	0	193	—	832 000	298 750

（续）

时间（年-月）	站位	大肠菌群/ (ind. /mL)	蓝细菌/ (ind. /mL)	异养菌/ (ind. /mL)	水样含菌数/ (ind. /mL)	泥样含菌数/ (ind. /g)
2008 - 1	SYB13	0	11 900	—	3 287 040	—
2008 - 5	SYB01	2	17 000	—	1 379 840	4 013 636
2008 - 5	SYB02	0	1 087	—	970 240	460 000
2008 - 5	SYB03	0	1 787	—	542 720	371 364
2008 - 5	SYB04	0	713	—	504 320	157 143
2008 - 5	SYB05	0	867	—	1 052 160	315 833
2008 - 5	SYB06	0	380	—	529 920	240 435
2008 - 5	SYB07	0	376	—	478 720	295 238
2008 - 5	SYB08	0	417	—	640 000	69 574
2008 - 5	SYB09	0	200	—	460 800	203 703
2008 - 5	SYB10	0	1 383	—	506 880	58 409
2008 - 5	SYB11	0	497	—	437 760	316 667
2008 - 5	SYB12	0	183	—	768 000	211 750
2008 - 5	SYB13	8	85 300	—	2 570 240	—
2008 - 8	SYB01	0	15 400	—	1 671 680	5 931 034
2008 - 8	SYB02	0	253	—	1 036 800	894 643
2008 - 8	SYB03	0	183	—	783 360	1 807 692
2008 - 8	SYB04	0	163	—	586 240	1 510 714
2008 - 8	SYB05	0	347	—	880 640	513 333
2008 - 8	SYB06	0	73	—	596 480	2 108 824
2008 - 8	SYB07	0	250	—	483 840	452 000
2008 - 8	SYB08	0	563	—	691 200	254 167
2008 - 8	SYB09	0	310	—	373 760	1 608 571
2008 - 8	SYB10	0	3 345	—	765 440	72 404
2008 - 8	SYB11	0	170	—	504 320	414 815
2008 - 8	SYB12	0	1 040	—	770 560	17 170
2008 - 8	SYB13	—	50 300	—	2 570 240	—
2008 - 10	SYB01	24	—	—	3 210 240	2 578 261
2008 - 10	SYB02	11	—	—	2 209 280	418 500
2008 - 10	SYB03	0	—	—	1 835 520	721 053
2008 - 10	SYB04	0	—	—	1 546 240	454 545
2008 - 10	SYB05	0	—	—	1 722 880	245 455
2008 - 10	SYB06	0	—	—	1 331 200	348 636

（续）

时间（年-月）	站位	大肠菌群/ (ind. /mL)	蓝细菌/ (ind. /mL)	异养菌/ (ind. /mL)	水样含菌数/ (ind. /mL)	泥样含菌数/ (ind. /g)
2008 - 10	SYB07	0	—	—	926 720	361 905
2008 - 10	SYB08	0	—	—	1 297 920	114 130
2008 - 10	SYB09	0	—	—	990 720	389 655
2008 - 10	SYB10	0	—	—	1 377 280	25 000
2008 - 10	SYB11	0	—	—	1 029 120	191 667
2008 - 10	SYB12	240	—	—	1 671 680	26 667
2008 - 10	SYB13	—	—	—	3 998 720	—
2009 - 1	SYB01	0	11 215	96 000	2 746 880	446 522
2009 - 1	SYB02	0	31 729	1 160	1 804 800	955 417
2009 - 1	SYB03	0	14 579	100	1 561 600	422 381
2009 - 1	SYB04	0	10 218	177	1 413 120	147 368
2009 - 1	SYB05	0	20 966	287	1 876 480	38 913
2009 - 1	SYB06	0	31 402	327	1 525 760	366 818
2009 - 1	SYB07	0	16 745	177	924 160	854 545
2009 - 1	SYB08	0	12 508	157	1 177 600	26 667
2009 - 1	SYB09	0	12 695	153	1 041 920	358 333
2009 - 1	SYB10	0	24 346	300	1 326 080	17 692
2009 - 1	SYB11	0	14 798	75	903 680	311 765
2009 - 1	SYB12	0	55 000	257	1 510 400	47 750
2009 - 1	SYB13	15	12 928	264 500	4 572 160	—
2009 - 4	SYB01	0	93 520	9 100	1 889 280	3 723 529
2009 - 4	SYB02	0	82 648	277	1 633 280	1 151 515
2009 - 4	SYB03	0	82 414	12 950	1 141 760	553 889
2009 - 4	SYB04	0	70 857	1 733	913 920	117 857
2009 - 4	SYB05	0	66 293	520	1 584 640	1 120 588
2009 - 4	SYB06	0	54 346	217	1 249 280	169 259
2009 - 4	SYB07	0	67 788	470	803 840	296 667
2009 - 4	SYB08	0	53 006	7 270	1 062 400	586 970
2009 - 4	SYB09	0	59 190	133	768 000	452 581
2009 - 4	SYB10	0	52 882	250	814 080	56 667
2009 - 4	SYB11	0	59 377	200	640 000	380 588
2009 - 4	SYB12	0	63 536	200	919 040	212 162
2009 - 4	SYB13	23	251 869	222 700	4 403 200	—

（续）

时间（年-月）	站位	大肠菌群/ (ind. /mL)	蓝细菌/ (ind. /mL)	异养菌/ (ind. /mL)	水样含菌数/ (ind. /mL)	泥样含菌数/ (ind. /g)
2009 - 8	SYB01	11	137 305	6 130	1 576 960	1 100 000
2009 - 8	SYB02	0	184 143	337	1 377 280	250 952
2009 - 8	SYB03	0	74 579	103	1 226 240	525 000
2009 - 8	SYB04	0	116 900	77	837 120	323 810
2009 - 8	SYB05	0	123 427	343	1 272 320	147 619
2009 - 8	SYB06	0	119 097	200	808 960	866 667
2009 - 8	SYB07	0	75 810	773	785 920	557 143
2009 - 8	SYB08	0	57 352	707	855 040	232 000
2009 - 8	SYB09	5	71 776	6 270	698 880	537 826
2009 - 8	SYB10	0	156 090	847	829 440	21 429
2009 - 8	SYB11	0	101 526	463	576 000	491 500
2009 - 8	SYB12	0	188 941	187	936 960	22 593
2009 - 8	SYB13	238	55 872	90 700	4 372 480	—
2009 - 11	SYB01	11	20 623	17 370	1 940 480	2 941 176
2009 - 11	SYB02	0	45 981	903	1 377 280	490 909
2009 - 11	SYB03	0	33 193	413	988 160	412 500
2009 - 11	SYB04	0	14 159	540	852 480	263 333
2009 - 11	SYB05	0	48 879	520	1 395 200	248 333
2009 - 11	SYB06	0	21 620	620	1 259 520	1 337 500
2009 - 11	SYB07	0	15 685	613	844 800	705 000
2009 - 11	SYB08	0	39 065	575	867 840	31 852
2009 - 11	SYB09	0	19 128	513	696 320	570 000
2009 - 11	SYB10	0	27 477	440	675 840	23 955
2009 - 11	SYB11	0	20 826	393	529 920	952 632
2009 - 11	SYB12	0	20 280	620	744 960	30 625
2009 - 11	SYB13	11	4 938	122 000	4 244 480	—
2010 - 1	SYB01	110	15 234	41 000	2 291 200	3 185 000
2010 - 1	SYB02	0	9 237	997	1 454 080	461 905
2010 - 1	SYB03	0	6 589	353	1 031 680	655 000
2010 - 1	SYB04	0	15 685	307	919 040	230 000
2010 - 1	SYB05	0	24 953	230	1 287 680	193 158
2010 - 1	SYB06	0	14 299	267	1 236 480	440 526
2010 - 1	SYB07	0	15 234	220	744 960	223 810

（续）

时间（年-月）	站位	大肠菌群/ (ind. /mL)	蓝细菌/ (ind. /mL)	异养菌/ (ind. /mL)	水样含菌数/ (ind. /mL)	泥样含菌数/ (ind. /g)
2010 - 1	SYB08	0	31 558	127	990 720	353 333
2010 - 1	SYB09	0	12 477	597	890 880	271 429
2010 - 1	SYB10	0	43 801	133	885 760	46 957
2010 - 1	SYB11	0	28 411	273	698 880	431 905
2010 - 1	SYB12	0	54 688	103	901 120	68 565
2010 - 1	SYB13	238	12 960	119 000	4 126 720	—
2010 - 4	SYB01	4	23 738	19 970	1 784 320	2 826 316
2010 - 4	SYB02	0	20 561	3 400	1 308 160	685 789
2010 - 4	SYB03	0	8 754	5 600	1 013 760	535 000
2010 - 4	SYB04	0	8 754	1 040	706 560	201 500
2010 - 4	SYB05	0	6 963	283	1 262 080	468 824
2010 - 4	SYB06	0	16 620	407	791 040	479 375
2010 - 4	SYB07	0	16 215	460	527 360	135 000
2010 - 4	SYB08	0	14 875	443	911 360	92 188
2010 - 4	SYB09	0	22 305	243	606 720	227 143
2010 - 4	SYB10	0	7 975	400	721 920	144 048
2010 - 4	SYB11	0	13 162	5 700	606 720	235 000
2010 - 4	SYB12	0	14 455	250	944 640	21 138
2010 - 4	SYB13	23	2 695	91 700	3 768 320	—
2010 - 7	SYB01	4	14 704	11 870	1 694 720	2 668 182
2010 - 7	SYB02	0	6 044	467	1 008 640	300 000
2010 - 7	SYB03	0	6 791	1 220	591 360	605 263
2010 - 7	SYB04	0	5 343	1 510	506 880	270 000
2010 - 7	SYB05	0	6 713	440	798 720	60 476
2010 - 7	SYB06	0	7 087	265	655 360	196 667
2010 - 7	SYB07	0	4 470	360	640 000	328 667
2010 - 7	SYB08	9	7 555	6 730	680 960	140 741
2010 - 7	SYB09	0	5 592	193	458 240	170 357
2010 - 7	SYB10	0	5 545	347	596 480	68 529
2010 - 7	SYB11	0	5 857	4 030	430 080	359 444
2010 - 7	SYB12	0	6 604	913	806 400	5 719
2010 - 7	SYB13	460	0	249 700	4 224 000	—
2010 - 10	SYB01	46	15 171	25 300	1 584 640	4 368 421

（续）

时间（年-月）	站位	大肠菌群/ (ind. /mL)	蓝细菌/ (ind. /mL)	异养菌/ (ind. /mL)	水样含菌数/ (ind. /mL)	泥样含菌数/ (ind. /g)
2010 – 10	SYB02	0	52 944	2 585	1 098 240	460 588
2010 – 10	SYB03	11	19 798	2 143	701 440	138 889
2010 – 10	SYB04	1	7 181	400	512 000	314 286
2010 – 10	SYB05	0	74 330	2 400	872 960	136 500
2010 – 10	SYB06	0	34 019	1 520	650 240	187 500
2010 – 10	SYB07	0	28 131	687	445 440	370 556
2010 – 10	SYB08	0	32 134	763	737 280	40 588
2010 – 10	SYB09	1	27 383	2 097	458 240	136 667
2010 – 10	SYB10	0	33 894	1 493	657 920	50 208
2010 – 10	SYB11	0	29 393	293	478 720	365 238
2010 – 10	SYB12	0	28 022	1 800	770 560	32 115
2010 – 10	SYB13	1 100	44 798	79 500	4 346 880	—
2011 – 1	SYB01	24	24 614	14 230	1 356 800	4 388 889
2011 – 1	SYB02	0	43 235	1 430	1 006 080	2 125 000
2011 – 1	SYB03	0	26 503	177	547 840	206 250
2011 – 1	SYB04	0	34 317	340	537 600	262 000
2011 – 1	SYB05	0	119 851	697	855 040	178 947
2011 – 1	SYB06	0	86 596	167	791 040	306 500
2011 – 1	SYB07	0	54 491	300	573 440	144 667
2011 – 1	SYB08	0	69 478	225	704 000	54 038
2011 – 1	SYB09	0	66 289	175	527 360	137 500
2011 – 1	SYB10	0	81 685	470	704 000	16 231
2011 – 1	SYB11	0	85 972	350	535 040	176 667
2011 – 1	SYB12	0	92 958	340	1 000 960	26 524
2011 – 1	SYB13	460	13 370	90 000	3 568 640	—
2011 – 4	SYB01	24	—	44 300	1 192 960	2 250 000
2011 – 4	SYB02	1	—	23 900	988 160	1 659 091
2011 – 4	SYB03	0	—	517	637 440	440 000
2011 – 4	SYB04	0	—	1 117	527 360	144 444
2011 – 4	SYB05	0	—	1 587	919 040	436 154
2011 – 4	SYB06	0	—	920	808 960	377 778
2011 – 4	SYB07	0	—	620	545 280	278 500
2011 – 4	SYB08	0	—	720	770 560	78 333

（续）

时间（年-月）	站位	大肠菌群/ (ind. /mL)	蓝细菌/ (ind. /mL)	异养菌/ (ind. /mL)	水样含菌数/ (ind. /mL)	泥样含菌数/ (ind. /g)
2011 - 4	SYB09	0	—	1 173	560 640	221 429
2011 - 4	SYB10	0	—	467	691 200	40 526
2011 - 4	SYB11	0	—	800	486 400	237 857
2011 - 4	SYB12	0	—	2 719	872 960	500 000
2011 - 4	SYB13	460	—	281 500	3 471 360	—
2011 - 7	SYB01	0	43 626	3 470	—	6 807 143
2011 - 7	SYB02	0	64 933	5 200	—	2 365 000
2011 - 7	SYB03	0	53 187	1 597	—	1 662 500
2011 - 7	SYB04	0	53 496	843	—	425 000
2011 - 7	SYB05	0	36 373	6 130	—	726 316
2011 - 7	SYB06	0	62 107	12 900	—	347 368
2011 - 7	SYB07	0	65 828	3 170	—	512 500
2011 - 7	SYB08	0	52 694	907	—	281 481
2011 - 7	SYB09	0	46 771	117	—	715 000
2011 - 7	SYB10	0	39 233	153	—	65 854
2011 - 7	SYB11	0	33 424	213	—	660 476
2011 - 7	SYB12	0	35 310	1 200	—	150 938
2011 - 7	SYB13	46	7 765	311 500	—	—
2011 - 11	SYB01	24	101 334	61 670	—	3 698 571
2011 - 11	SYB02	0	108 172	10 633	—	1 068 500
2011 - 11	SYB03	11	148 710	18 167	—	337 056
2011 - 11	SYB04	0	107 024	973	—	678 680
2011 - 11	SYB05	0	129 332	353	—	493 667
2011 - 11	SYB06	0	139 259	353	—	508 313
2011 - 11	SYB07	0	92 490	233	—	404 188
2011 - 11	SYB08	0	110 230	403	—	398 500
2011 - 11	SYB09	0	109 863	455	—	280 318
2011 - 11	SYB10	0	242 411	333	—	37 526
2011 - 11	SYB11	0	162 903	407	—	382 680
2011 - 11	SYB12	0	196 503	670	—	337 320
2011 - 11	SYB13	1 500	16 173	114 500	—	—
2012 - 2	SYB01	9	24 575	57 500	3 589 243	2 060 000
2012 - 2	SYB02	0	70 360	63 700	1 674 687	1 870 000

（续）

时间（年-月）	站位	大肠菌群/ (ind. /mL)	蓝细菌/ (ind. /mL)	异养菌/ (ind. /mL)	水样含菌数/ (ind. /mL)	泥样含菌数/ (ind. /g)
2012 - 2	SYB03	1	86 848	15 550	2 186 408	856 154
2012 - 2	SYB04	0	11 410	567	366 980	344 444
2012 - 2	SYB05	0	15 875	313	921 328	1 414 286
2012 - 2	SYB06	0	8 815	133	920 077	1 050 000
2012 - 2	SYB07	0	14 768	970	429 059	333 333
2012 - 2	SYB08	0	25 826	293	898 610	268 571
2012 - 2	SYB09	0	10 769	2 150	613 046	340 909
2012 - 2	SYB10	0	41 988	600	1 021 141	48 371
2012 - 2	SYB11	0	55 198	350	730 900	748 667
2012 - 2	SYB12	0	49 410	3 365	1 226 200	124 280
2012 - 2	SYB13	238	20 056	197 000	7 247 054	—
2012 - 4	SYB01	24	65 022	70 000	3 447 537	4 807 143
2012 - 4	SYB02	0	27 253	3 850	427 493	1 218 182
2012 - 4	SYB03	0	69 885	410	329 310	240 526
2012 - 4	SYB04	0	32 391	470	289 712	342 778
2012 - 4	SYB05	0	69 402	967	584 212	558 824
2012 - 4	SYB06	0	59 694	507	541 786	442 941
2012 - 4	SYB07	0	58 933	460	333 086	112 778
2012 - 4	SYB08	0	42 307	1 560	417 950	302 500
2012 - 4	SYB09	—	—	—	—	—
2012 - 4	SYB10	0	58 188	467	546 476	327 391
2012 - 4	SYB11	0	71 351	665	397 188	535 263
2012 - 4	SYB12	0	28 364	2 390	632 500	38 333
2012 - 4	SYB13	93	22 504	347 000	3 300 678	—
2012 - 9	SYB01	46	73 472	18 100	681 864	3 000 000
2012 - 9	SYB02	0	52 758	3 630	352 718	1 129 545
2012 - 9	SYB03	0	36 673	2 425	489 052	323 077
2012 - 9	SYB04	0	61 581	473	1 305 554	900 000
2012 - 9	SYB05	0	200 273	1 800	961 135	284 667
2012 - 9	SYB06	0	61 513	220	460 534	348 636
2012 - 9	SYB07	0	77 470	1 007	468 617	265 000
2012 - 9	SYB08	2	78 126	8 450	758 705	74 000
2012 - 9	SYB09	0	42 189	795	383 456	323 750

（续）

时间（年-月）	站位	大肠菌群/ (ind. /mL)	蓝细菌/ (ind. /mL)	异养菌/ (ind. /mL)	水样含菌数/ (ind. /mL)	泥样含菌数/ (ind. /g)
2012 - 9	SYB10	0	120 185	11 250	418 017	39 292
2012 - 9	SYB11	0	71 401	1 250	754 500	435 625
2012 - 9	SYB12	0	97 443	103	133 085	56 842
2012 - 9	SYB13	2 380	23 506	180 500	2 784 165	—
2012 - 11	SYB01	110	124 115	138 000	2 003 692	2 380 769
2012 - 11	SYB02	2	40 337	63 600	1 672 300	905 556
2012 - 11	SYB03	0	50 927	1 590	550 952	1 106 667
2012 - 11	SYB04	0	72 867	5 250	2 640 559	412 500
2012 - 11	SYB05	0	59 923	745	114 931	1 015 385
2012 - 11	SYB06	0	62 052	923	1 336 059	421 053
2012 - 11	SYB07	0	160 274	7 900	473 415	198 235
2012 - 11	SYB08	0	69 885	553	1 284 337	504 545
2012 - 11	SYB09	0	128 760	12 870	905 294	403 333
2012 - 11	SYB10	0	117 347	917	592 685	96 667
2012 - 11	SYB11	0	65 170	360	990 873	505 833
2012 - 11	SYB12	0	89 391	573	690 219	334 643
2012 - 11	SYB13	238	16 290	299 500	3 641 274	—
2013 - 1	SYB01	9	79 859	83 500	1 076 133	1 071 429
2013 - 1	SYB02	0	133 528	3 017	739 928	236 842
2013 - 1	SYB03	0	101 334	2 480	264 160	165 789
2013 - 1	SYB04	0	155 194	3 970	371 449	120 769
2013 - 1	SYB05	0	250 520	3 200	572 852	1 035 333
2013 - 1	SYB06	0	154 489	1 460	619 394	172 353
2013 - 1	SYB07	0	83 323	1 815	292 986	252 143
2013 - 1	SYB08	0	148 042	657	252 892	70 682
2013 - 1	SYB09	0	292 578	715	294 674	55 000
2013 - 1	SYB10	0	—	570	389 058	73 500
2013 - 1	SYB11	0	65 414	2 455	50 116	783 333
2013 - 1	SYB12	0	164 794	2 760	299 038	80 250
2013 - 1	SYB13	43	54 332	170 500	1 351 509	—
2013 - 4	SYB01	0	266 240	7 850	660 644	2 000 000
2013 - 4	SYB02	0	224 509	15 550	862 658	833 333
2013 - 4	SYB03	0	257 468	2 905	396 081	368 824

（续）

时间（年-月）	站位	大肠菌群/ (ind. /mL)	蓝细菌/ (ind. /mL)	异养菌/ (ind. /mL)	水样含菌数/ (ind. /mL)	泥样含菌数/ (ind. /g)
2013 - 4	SYB04	0	226 082	710	209 525	96 429
2013 - 4	SYB05	0	203 812	1 360	111 744	464 286
2013 - 4	SYB06	0	253 252	2 097	259 093	464 706
2013 - 4	SYB07	0	75 292	923	184 289	483 125
2013 - 4	SYB08	0	205 736	883	221 825	83 947
2013 - 4	SYB09	0	136 415	1 260	101 833	389 474
2013 - 4	SYB10	0	119 744	397	339 151	95 652
2013 - 4	SYB11	0	156 673	533	132 288	418 000
2013 - 4	SYB12	0	123 784	1 173	483 429	22 375
2013 - 4	SYB13	23	85 511	85 700	2 334 444	—
2013 - 7	SYB01	110	221 520	6 800	911 824	434 810
2013 - 7	SYB02	5	145 772	13 170	169 978	701 493
2013 - 7	SYB03	5	133 519	1 840	494 578	—
2013 - 7	SYB04	5	489 989	5 000	679 750	806 767
2013 - 7	SYB05	1	97 200	890	485 829	699 351
2013 - 7	SYB06	1	154 874	795	509 204	546 970
2013 - 7	SYB07	0	527 730	600	659 814	902 516
2013 - 7	SYB08	1	182 793	710	473 042	35 315
2013 - 7	SYB09	0	594 062	615	381 141	400 000
2013 - 7	SYB10	5	728 267	1 180	900 761	455 959
2013 - 7	SYB11	0	748 475	640	652 731	165 680
2013 - 7	SYB12	5	236 893	1 400	537 431	15 343
2013 - 7	SYB13	238	4 760	15 500	1 723 166	—
2013 - 11	SYB01	0	28 667	3 065	—	2 967 949
2013 - 11	SYB02	0	45 035	3 250	—	413 971
2013 - 11	SYB03	0	54 836	18 470	—	120 909
2013 - 11	SYB04	0	98 459	14 700	—	390 506
2013 - 11	SYB05	0	126 533	770	—	945 578
2013 - 11	SYB06	0	61 013	7 900	—	831 624
2013 - 11	SYB07	—	273 211	—	—	482 677
2013 - 11	SYB08	0	38 189	1 665	—	394 515
2013 - 11	SYB09	0	—	667	—	43 713
2013 - 11	SYB10	0	52 612	283	—	44 517

（续）

时间（年-月）	站位	大肠菌群/ (ind. /mL)	蓝细菌/ (ind. /mL)	异养菌/ (ind. /mL)	水样含菌数/ (ind. /mL)	泥样含菌数/ (ind. /g)
2013 - 11	SYB11	0	61 069	400	—	537 302
2013 - 11	SYB12	0	31 446	627	—	62 021
2013 - 11	SYB13	1	52 945	263 000	—	—
2013 - 1	SYB01	9	79 859	83 500	1 076 133	1 071 429
2013 - 1	SYB02	0	133 528	3 017	739 928	236 842
2013 - 1	SYB03	0	101 334	2 480	264 160	165 789
2013 - 1	SYB04	0	155 194	3 970	371 449	120 769
2013 - 1	SYB05	0	250 520	3 200	572 852	1 035 333
2013 - 1	SYB06	0	154 489	1 460	619 394	172 353
2013 - 1	SYB07	0	83 323	1 815	292 986	252 143
2013 - 1	SYB08	0	148 042	657	252 892	70 682
2013 - 1	SYB09	0	292 578	715	294 674	55 000
2013 - 1	SYB10	0	—	570	389 058	73 500
2013 - 1	SYB11	0	65 414	2 455	50 116	783 333
2013 - 1	SYB12	0	164 794	2 760	299 038	80 250
2013 - 1	SYB13	43	54 332	170 500	1 351 509	—
2013 - 4	SYB01	0	266 240	7 850	660 644	2 000 000
2013 - 4	SYB02	0	224 509	15 550	862 658	833 333
2013 - 4	SYB03	0	257 468	2 905	396 081	368 824
2013 - 4	SYB04	0	226 082	710	209 525	96 429
2013 - 4	SYB05	0	203 812	1 360	111 744	464 286
2013 - 4	SYB06	0	253 252	2 097	259 093	464 706
2013 - 4	SYB07	0	75 292	923	184 289	483 125
2013 - 4	SYB08	0	205 736	883	221 825	83 947
2013 - 4	SYB09	0	136 415	1 260	101 833	389 474
2013 - 4	SYB10	0	119 744	397	339 151	95 652
2013 - 4	SYB11	0	156 673	533	132 288	418 000
2013 - 4	SYB12	0	123 784	1 173	483 429	22 375
2013 - 4	SYB13	23	85 511	85 700	2 334 444	—
2013 - 7	SYB01	110	221 520	6 800	911 824	434 810
2013 - 7	SYB02	5	145 772	13 170	169 978	701 493
2013 - 7	SYB03	5	133 519	1 840	494 578	—
2013 - 7	SYB04	5	489 989	5 000	679 750	806 767

（续）

时间（年-月）	站位	大肠菌群/ (ind. /mL)	蓝细菌/ (ind. /mL)	异养菌/ (ind. /mL)	水样含菌数/ (ind. /mL)	泥样含菌数/ (ind. /g)
2013 - 7	SYB05	1	97 200	890	485 829	699 351
2013 - 7	SYB06	1	154 874	795	509 204	546 970
2013 - 7	SYB07	0	527 730	600	659 814	902 516
2013 - 7	SYB08	1	182 793	710	473 042	35 315
2013 - 7	SYB09	0	594 062	615	381 141	400 000
2013 - 7	SYB10	5	728 267	1 180	900 761	455 959
2013 - 7	SYB11	0	748 475	640	652 731	165 680
2013 - 7	SYB12	5	236 893	1 400	537 431	15 343
2013 - 7	SYB13	238	4 760	15 500	1 723 166	—
2013 - 11	SYB01	0	28 667	3 065	—	2 967 949
2013 - 11	SYB02	0	45 035	3 250	—	413 971
2013 - 11	SYB03	0	54 836	18 470	—	120 909
2013 - 11	SYB04	0	98 459	14 700	—	390 506
2013 - 11	SYB05	0	126 533	770	—	945 578
2013 - 11	SYB06	0	61 013	7 900	—	831 624
2013 - 11	SYB07	—	273 211	—	—	482 677
2013 - 11	SYB08	0	38 189	1 665	—	394 515
2013 - 11	SYB09	0	—	667	—	43 713
2013 - 11	SYB10	0	52 612	283	—	44 517
2013 - 11	SYB11	0	61 069	400	—	537 302
2013 - 11	SYB12	0	31 446	627	—	62 021
2013 - 11	SYB13	1	52 945	263 000	—	—
2014 - 1	SYB01	2	37 503	70 000	4 541 457	5 322 581
2014 - 1	SYB02	0	91 398	11 000	1 381 489	440 299
2014 - 1	SYB03	0	20 667	427	2 568 083	137 594
2014 - 1	SYB04	0	22 333	133	3 541 943	271 084
2014 - 1	SYB05	0	51 068	240	840 640	1 449 102
2014 - 1	SYB06	0	15 184	147	218 522	1 021 429
2014 - 1	SYB07	0	2 723	207	1 878 700	357 143
2014 - 1	SYB08	0	19 794	250	189 257	76 919
2014 - 1	SYB09	0	8 555	233	259 239	29 433
2014 - 1	SYB10	0	31 747	497	1 138 949	44 854
2014 - 1	SYB11	0	13 929	100	577 808	506 299

（续）

时间（年-月）	站位	大肠菌群/ (ind. /mL)	蓝细菌/ (ind. /mL)	异养菌/ (ind. /mL)	水样含菌数/ (ind. /mL)	泥样含菌数/ (ind. /g)
2014 - 1	SYB12	0	55 965	203	3 103 292	31 280
2014 - 1	SYB13	238	9 745	677 000	4 539 826	—
2014 - 4	SYB01	4	140 447	13 050	2 876 400	4 057 325
2014 - 4	SYB02	0	42 080	1 030	1 131 252	582 635
2014 - 4	SYB03	0	28 243	1 423	921 087	155 689
2014 - 4	SYB04	0	34 925	1 000	1 217 677	75 568
2014 - 4	SYB05	0	41 768	133	908 582	462 406
2014 - 4	SYB06	0	52 589	223	1 251 536	312 069
2014 - 4	SYB07	0	36 274	1 463	649 103	62 147
2014 - 4	SYB08	0	54 600	240	1 032 324	13 918
2014 - 4	SYB09	0	29 320	113	1 049 657	61 607
2014 - 4	SYB10	0	43 970	240	971 087	82 095
2014 - 4	SYB11	0	33 139	157	420 784	40 606
2014 - 4	SYB12	0	104 562	307	1 546 049	309 353
2014 - 4	SYB13	24	356 151	14 300	6 853 831	—
2014 - 7	SYB01	24	225 222	4 050	3 098 560	4 768 817
2014 - 7	SYB02	0	78 108	1 777	2 149 502	101 942
2014 - 7	SYB03	0	69 772	293	502 049	358 128
2014 - 7	SYB04	0	59 133	160	437 823	291 667
2014 - 7	SYB05	0	201 692	1 113	747 053	134 409
2014 - 7	SYB06	0	78 214	127	525 290	82 051
2014 - 7	SYB07	0	83 200	200	476 598	106 373
2014 - 7	SYB08	0	165 788	227	1 028 920	61 321
2014 - 7	SYB09	0	87 216	133	565 092	148 500
2014 - 7	SYB10	0	59 671	123	405 205	38 289
2014 - 7	SYB11	0	104 182	1 650	720 215	263 158
2014 - 7	SYB12	0	137 718	127	1 032 765	21 212
2014 - 7	SYB13	238	65 646	31 000	5 131 482	—
2014 - 10	SYB01	24	52 792	13 000	878 400	340 000
2014 - 10	SYB02	0	121 222	11 230	2 139 981	605 660
2014 - 10	SYB03	0	75 173	1 540	1 140 480	162 500
2014 - 10	SYB04	0	24 375	1 425	328 545	389 441
2014 - 10	SYB05	0	92 674	167	745 550	150 000

（续）

时间（年-月）	站位	大肠菌群/ (ind. /mL)	蓝细菌/ (ind. /mL)	异养菌/ (ind. /mL)	水样含菌数/ (ind. /mL)	泥样含菌数/ (ind. /g)
2014 - 10	SYB06	0	68 860	120	433 292	403 846
2014 - 10	SYB07	0	27 432	640	303 086	72 436
2014 - 10	SYB08	0	33 676	197	426 542	26 037
2014 - 10	SYB09	0	116 480	180	725 440	355 195
2014 - 10	SYB10	0	129 422	277	646 164	129 504
2014 - 10	SYB11	0	33 924	290	366 566	181 818
2014 - 10	SYB12	0	69 733	297	468 000	27 992
2014 - 10	SYB13	460	49 413	247 500	3 163 491	—
2015 - 1	SYB01	1	34 067	19 330	337 694	296 032
2015 - 1	SYB02	0	50 539	14 500	181 682	78 947
2015 - 1	SYB03	0	58 864	1 493	92 548	634 731
2015 - 1	SYB04	0	93 915	2 490	68 367	179 641
2015 - 1	SYB05	0	126 286	6 770	146 089	448 718
2015 - 1	SYB06	0	41 527	260	137 535	159 649
2015 - 1	SYB07	0	62 107	1 805	80 575	352 632
2015 - 1	SYB08	0	83 893	310	48 731	1 107 570
2015 - 1	SYB09	0	91 644	2 950	68 467	129 032
2015 - 1	SYB10	0	242 219	843	67 685	2 633 641
2015 - 1	SYB11	0	57 402	697	79 040	265 605
2015 - 1	SYB12	0	19 286	273	21 311	—
2015 - 1	SYB13	9	21 919	510 000	699 369	—
2015 - 4	SYB01	0	112 774	8 500	280 800	1 732 353
2015 - 4	SYB02	0	308 218	11 330	179 227	82 659
2015 - 4	SYB03	0	345 118	1 340	188 314	328 931
2015 - 4	SYB04	0	175 583	443	176 800	191 124
2015 - 4	SYB05	0	126 668	776	156 085	140 972
2015 - 4	SYB06	0	30 787	333	91 650	138 312
2015 - 4	SYB07	0	115 733	1 053	65 488	185 443
2015 - 4	SYB08	0	122 200	437	137 583	591 078
2015 - 4	SYB09	0	126 170	517	105 733	120 833
2015 - 4	SYB10	0	196 931	210	95 005	655 392

（续）

时间（年-月）	站位	大肠菌群/ (ind. /mL)	蓝细菌/ (ind. /mL)	异养菌/ (ind. /mL)	水样含菌数/ (ind. /mL)	泥样含菌数/ (ind. /g)
2015－4	SYB11	0	75 596	337	71 082	135 115
2015－4	SYB12	0	177 680	290	159 467	184 583
2015－4	SYB13	15	167 297	119 000	787 467	—
2015－7	SYB01	5	124 004	7 700	653 810	—
2015－7	SYB02	0	172 735	7 570	206 754	196 078
2015－7	SYB03	24	402 296	9 270	306 284	432 927
2015－7	SYB04	2	332 192	1 533	264 727	255 952
2015－7	SYB05	0	294 925	5 970	320 113	86 145
2015－7	SYB06	2	263 442	1 963	183 841	210 526
2015－7	SYB07	11	918 616	490	248 911	100 617
2015－7	SYB08	1	419 388	690	252 825	31 301
2015－7	SYB09	0	196 913	780	188 340	144 578
2015－7	SYB10	0	370 833	373	220 597	48 026
2015－7	SYB11	0	175 517	510	10 177	319 883
2015－7	SYB12	0	257 576	9 330	201 505	21 702
2015－7	SYB13	110	7 815	85 500	1 514 157	—
2015－11	SYB01	110	48 368	98 250	753 000	888 889
2015－11	SYB02	0	66 835	1 210	301 205	621 472
2015－11	SYB03	0	75 697	3 830	41 600	299 359
2015－11	SYB04	0	39 302	863	141 712	192 262
2015－11	SYB05	0	60 000	393	118 610	560 625
2015－11	SYB06	0	26 008	2 193	207 414	326 923
2015－11	SYB07	0	92 403	795	77 490	373 885
2015－11	SYB08	0	88 819	1 547	246 025	—
2015－11	SYB09	0	33 072	495	64 640	242 593
2015－11	SYB10	0	82 348	547	118 682	154 167
2015－11	SYB11	0	50 584	520	82 797	203 205
2015－11	SYB12	0	92 262	9 970	275 492	103 300
2015－11	SYB13	2 380	8 820	920 000	1 648 960	—

3.4.2 水柱细菌平均

3.4.2.1 概述

本部分数据为三亚站 2007—2015 年 13 个长期监测站点各年度数据汇总，水样含菌数和蓝细菌菌数的数据来源于 13 个站位的水体样品。2011 年 7 月、11 月以及 2013 年 11 月的水样含菌数样品在运输和保藏过程中损坏，造成了这 3 批样品的监测数据缺失。蓝细菌指标于 2009 年 1 月开始监测，因此缺少 2007 年和 2008 年的监测数据，2010 年 7 月 SYB13 和 2011 年 4 月的蓝细菌样品在运输和保藏过程中损坏，造成了监测数据缺失。

3.4.2.2 数据采集和分析方法

依据 CERN 观测规范和《海洋监测规范 第 7 部分：近海污染生态调查和生物监测》 （GB 17378.7—2007）采集水样，并分析和检测样品，水样含菌数和蓝细菌采用流式细胞分析法检测（2011 年水样含菌数采用荧光显微计数法检测）。

3.4.2.3 数据质量控制和评估

整理历年上报数据并进行质量控制，核实异常数据。质控方法包括：阈值检查、完整性检查、一致性检查等。

在计算水柱参数平均值时，若采样层次仅有表层数据，取表层数据；若采样层次有表层和底层时，取其平均值。若采样层为 3 层时，计算公式如下：

$$W = \left[(Wh_表 + Wh_中)/2 \times (h_中 - h_表) + (Wh_中 + Wh_底)/2 \times (h_底 - h_中) \right]/h_底$$

式中，W 为站位水样含菌数或蓝细菌的水柱平均；$Wh_表$、$Wh_中$ 和 $Wh_底$ 为站位在表、中、底层测得的水样含菌数或蓝细菌参数；$h_表$、$h_中$ 和 $h_底$ 分别为采样表层、中层和底层的水深数据。

插补或删除原始的部分缺失数据或者异常数据，采用平均值法插补缺失值，插补数据以下划线标记，未插补的缺失值用"—"表示。

3.4.2.4 数据

具体数据见表 3-11。

表 3-11 三亚湾水柱细菌平均数据表（水柱细菌平均）

时间（年-月）	站位	水样含菌数/（ind./mL）	蓝细菌菌数/（ind./mL）
2007-1	SYB01	2 746 880	—
2007-1	SYB02	1 804 800	—
2007-1	SYB03	1 561 600	—
2007-1	SYB04	1 413 120	—
2007-1	SYB05	1 876 480	—
2007-1	SYB06	1 525 760	—
2007-1	SYB07	924 160	—
2007-1	SYB08	1 177 600	—
2007-1	SYB09	1 041 920	—
2007-1	SYB10	1 326 080	—
2007-1	SYB11	903 680	—
2007-1	SYB12	1 510 400	—
2007-1	SYB13	4 572 160	—
2007-4	SYB01	1 889 280	—

（续）

时间（年-月）	站位	水样含菌数/（ind./mL）	蓝细菌菌数/（ind./mL）
2007 - 4	SYB02	1 633 280	—
2007 - 4	SYB03	1 141 760	—
2007 - 4	SYB04	913 920	—
2007 - 4	SYB05	1 584 640	—
2007 - 4	SYB06	1 249 280	—
2007 - 4	SYB07	803 840	—
2007 - 4	SYB08	1 062 400	—
2007 - 4	SYB09	768 000	—
2007 - 4	SYB10	814 080	—
2007 - 4	SYB11	640 000	—
2007 - 4	SYB12	919 040	—
2007 - 4	SYB13	4 403 200	—
2007 - 7	SYB01	1 576 960	—
2007 - 7	SYB02	1 377 280	—
2007 - 7	SYB03	1 226 240	—
2007 - 7	SYB04	837 120	—
2007 - 7	SYB05	1 272 320	—
2007 - 7	SYB06	808 960	—
2007 - 7	SYB07	785 920	—
2007 - 7	SYB08	855 040	—
2007 - 7	SYB09	698 880	—
2007 - 7	SYB10	829 440	—
2007 - 7	SYB11	576 000	—
2007 - 7	SYB12	936 960	—
2007 - 7	SYB13	4 372 480	—
2007 - 10	SYB01	1 940 480	—
2007 - 10	SYB02	1 377 280	—
2007 - 10	SYB03	988 160	—
2007 - 10	SYB04	852 480	—
2007 - 10	SYB05	1 395 200	—
2007 - 10	SYB06	1 259 520	—
2007 - 10	SYB07	844 800	—
2007 - 10	SYB08	867 840	—
2007 - 10	SYB09	696 320	—
2007 - 10	SYB10	675 840	—

（续）

时间（年-月）	站位	水样含菌数/（ind./mL）	蓝细菌菌数/（ind./mL）
2007 - 10	SYB11	529 920	—
2007 - 10	SYB12	744 960	—
2007 - 10	SYB13	4 244 480	—
2008 - 1	SYB01	2 291 200	—
2008 - 1	SYB02	1 454 080	—
2008 - 1	SYB03	1 031 680	—
2008 - 1	SYB04	919 040	—
2008 - 1	SYB05	1 287 680	—
2008 - 1	SYB06	1 236 480	—
2008 - 1	SYB07	744 960	—
2008 - 1	SYB08	990 720	—
2008 - 1	SYB09	890 880	—
2008 - 1	SYB10	885 760	—
2008 - 1	SYB11	698 880	—
2008 - 1	SYB12	901 120	—
2008 - 1	SYB13	4 126 720	—
2008 - 5	SYB01	1 784 320	—
2008 - 5	SYB02	1 308 160	—
2008 - 5	SYB03	1 013 760	—
2008 - 5	SYB04	706 560	—
2008 - 5	SYB05	1 262 080	—
2008 - 5	SYB06	791 040	—
2008 - 5	SYB07	527 360	—
2008 - 5	SYB08	911 360	—
2008 - 5	SYB09	606 720	—
2008 - 5	SYB10	721 920	—
2008 - 5	SYB11	606 720	—
2008 - 5	SYB12	944 640	—
2008 - 5	SYB13	3 768 320	—
2008 - 8	SYB01	1 694 720	—
2008 - 8	SYB02	1 008 640	—
2008 - 8	SYB03	591 360	—
2008 - 8	SYB04	506 880	—
2008 - 8	SYB05	798 720	—
2008 - 8	SYB06	655 360	—

（续）

时间（年-月）	站位	水样含菌数/（ind. /mL）	蓝细菌菌数/（ind. /mL）
2008 - 8	SYB07	640 000	—
2008 - 8	SYB08	680 960	—
2008 - 8	SYB09	458 240	—
2008 - 8	SYB10	596 480	—
2008 - 8	SYB11	430 080	—
2008 - 8	SYB12	806 400	—
2008 - 8	SYB13	4 224 000	—
2008 - 10	SYB01	1 584 640	—
2008 - 10	SYB02	1 098 240	—
2008 - 10	SYB03	701 440	—
2008 - 10	SYB04	512 000	—
2008 - 10	SYB05	872 960	—
2008 - 10	SYB06	650 240	—
2008 - 10	SYB07	445 440	—
2008 - 10	SYB08	737 280	—
2008 - 10	SYB09	458 240	—
2008 - 10	SYB10	657 920	—
2008 - 10	SYB11	478 720	—
2008 - 10	SYB12	770 560	—
2008 - 10	SYB13	4 346 880	—
2009 - 1	SYB01	1 356 800	14 548
2009 - 1	SYB02	1 006 080	27 780
2009 - 1	SYB03	547 840	14 164
2009 - 1	SYB04	537 600	12 902
2009 - 1	SYB05	855 040	29 120
2009 - 1	SYB06	791 040	27 653
2009 - 1	SYB07	573 440	18 868
2009 - 1	SYB08	704 000	14 603
2009 - 1	SYB09	527 360	14 398
2009 - 1	SYB10	704 000	24 774
2009 - 1	SYB11	535 040	14 107
2009 - 1	SYB12	1 000 960	49 431
2009 - 1	SYB13	3 568 640	12 142
2009 - 4	SYB01	1 192 960	85 755
2009 - 4	SYB02	988 160	63 372

（续）

时间（年-月）	站位	水样含菌数/（ind./mL）	蓝细菌菌数/（ind./mL）
2009 - 4	SYB03	637 440	74 148
2009 - 4	SYB04	527 360	62 767
2009 - 4	SYB05	919 040	52 056
2009 - 4	SYB06	808 960	55 145
2009 - 4	SYB07	545 280	56 994
2009 - 4	SYB08	770 560	49 673
2009 - 4	SYB09	560 640	49 730
2009 - 4	SYB10	691 200	51 861
2009 - 4	SYB11	486 400	64 616
2009 - 4	SYB12	872 960	58 107
2009 - 4	SYB13	3 471 360	324 174
2009 - 8	SYB01	—	108 995
2009 - 8	SYB02	—	192 290
2009 - 8	SYB03	—	81 064
2009 - 8	SYB04	—	93 847
2009 - 8	SYB05	—	107 555
2009 - 8	SYB06	—	112 503
2009 - 8	SYB07	—	80 992
2009 - 8	SYB08	—	65 802
2009 - 8	SYB09	—	63 780
2009 - 8	SYB10	—	120 989
2009 - 8	SYB11	—	93 276
2009 - 8	SYB12	—	164 229
2009 - 8	SYB13	—	64 494
2009 - 11	SYB01	—	26 776
2009 - 11	SYB02	—	40 164
2009 - 11	SYB03	—	34 720
2009 - 11	SYB04	—	11 651
2009 - 11	SYB05	—	53 458
2009 - 11	SYB06	—	25 228
2009 - 11	SYB07	—	13 339
2009 - 11	SYB08	—	29 540
2009 - 11	SYB09	—	16 511
2009 - 11	SYB10	—	24 089
2009 - 11	SYB11	—	14 704

（续）

时间（年-月）	站位	水样含菌数/（ind./mL）	蓝细菌菌数/（ind./mL）
2009 - 11	SYB12	—	26 355
2009 - 11	SYB13	—	10 288
2010 - 1	SYB01	1 356 800	25 506
2010 - 1	SYB02	1 006 080	8 403
2010 - 1	SYB03	547 840	8 448
2010 - 1	SYB04	537 600	16 791
2010 - 1	SYB05	855 040	23 645
2010 - 1	SYB06	791 040	13 920
2010 - 1	SYB07	573 440	12 960
2010 - 1	SYB08	704 000	39 914
2010 - 1	SYB09	527 360	14 356
2010 - 1	SYB10	704 000	40 187
2010 - 1	SYB11	535 040	28 401
2010 - 1	SYB12	1 000 960	52 601
2010 - 1	SYB13	3 568 640	13 014
2010 - 4	SYB01	1 192 960	20 903
2010 - 4	SYB02	988 160	17 757
2010 - 4	SYB03	637 440	9 024
2010 - 4	SYB04	527 360	9 974
2010 - 4	SYB05	919 040	8 442
2010 - 4	SYB06	808 960	16 075
2010 - 4	SYB07	545 280	14 195
2010 - 4	SYB08	770 560	15 467
2010 - 4	SYB09	560 640	18 941
2010 - 4	SYB10	691 200	10 592
2010 - 4	SYB11	486 400	13 120
2010 - 4	SYB12	872 960	13 785
2010 - 4	SYB13	3 471 360	3 520
2010 - 7	SYB01	—	10 070
2010 - 7	SYB02	—	4 953
2010 - 7	SYB03	—	3 977
2010 - 7	SYB04	—	3 115
2010 - 7	SYB05	—	4 346
2010 - 7	SYB06	—	5 571
2010 - 7	SYB07	—	4 730

（续）

时间（年-月）	站位	水样含菌数/（ind. /mL）	蓝细菌菌数/（ind. /mL）
2010 - 7	SYB08	—	7 555
2010 - 7	SYB09	—	3 972
2010 - 7	SYB10	—	5 569
2010 - 7	SYB11	—	4 450
2010 - 7	SYB12	—	6 776
2010 - 7	SYB13	—	0
2010 - 10	SYB01	—	14 790
2010 - 10	SYB02	—	69 650
2010 - 10	SYB03	—	9 439
2010 - 10	SYB04	—	3 853
2010 - 10	SYB05	—	52 368
2010 - 10	SYB06	—	15 234
2010 - 10	SYB07	—	11 231
2010 - 10	SYB08	—	24 502
2010 - 10	SYB09	—	12 290
2010 - 10	SYB10	—	25 296
2010 - 10	SYB11	—	16 734
2010 - 10	SYB12	—	25 576
2010 - 10	SYB13	—	37 375
2011 - 1	SYB01	3 589 243	24 685
2011 - 1	SYB02	1 674 687	49 280
2011 - 1	SYB03	2 186 408	16 919
2011 - 1	SYB04	366 980	22 204
2011 - 1	SYB05	921 328	121 142
2011 - 1	SYB06	920 077	51 411
2011 - 1	SYB07	429 059	34 634
2011 - 1	SYB08	898 610	74 217
2011 - 1	SYB09	613 046	37 687
2011 - 1	SYB10	1 021 141	83 367
2011 - 1	SYB11	730 900	43 599
2011 - 1	SYB12	1 226 200	97 334
2011 - 1	SYB13	7 247 054	14 403
2011 - 4	SYB01	3 447 537	—
2011 - 4	SYB02	427 493	—
2011 - 4	SYB03	329 310	—

（续）

时间（年-月）	站位	水样含菌数/（ind./mL）	蓝细菌菌数/（ind./mL）
2011 - 4	SYB04	289 712	—
2011 - 4	SYB05	584 212	—
2011 - 4	SYB06	541 786	—
2011 - 4	SYB07	333 086	—
2011 - 4	SYB08	417 950	—
2011 - 4	SYB09	—	—
2011 - 4	SYB10	546 476	—
2011 - 4	SYB11	397 188	—
2011 - 4	SYB12	632 500	—
2011 - 4	SYB13	3 300 678	—
2011 - 7	SYB01	681 864	50 737
2011 - 7	SYB02	352 718	83 148
2011 - 7	SYB03	489 052	34 373
2011 - 7	SYB04	1 305 554	29 453
2011 - 7	SYB05	961 135	45 645
2011 - 7	SYB06	460 534	57 741
2011 - 7	SYB07	468 617	46 911
2011 - 7	SYB08	758 705	40 308
2011 - 7	SYB09	383 456	38 384
2011 - 7	SYB10	418 017	41 840
2011 - 7	SYB11	754 500	46 688
2011 - 7	SYB12	133 085	41 868
2011 - 7	SYB13	2 784 165	23 072
2011 - 11	SYB01	2 003 692	103 756
2011 - 11	SYB02	1 672 300	129 227
2011 - 11	SYB03	550 952	120 311
2011 - 11	SYB04	2 640 559	109 345
2011 - 11	SYB05	114 931	118 734
2011 - 11	SYB06	1 336 059	164 352
2011 - 11	SYB07	473 415	103 285
2011 - 11	SYB08	1 284 337	114 723
2011 - 11	SYB09	905 294	88 053
2011 - 11	SYB10	592 685	221 289
2011 - 11	SYB11	990 873	140 000
2011 - 11	SYB12	690 219	193 466

（续）

时间（年-月）	站位	水样含菌数/（ind./mL）	蓝细菌菌数/（ind./mL）
2011 - 11	SYB13	3 641 274	43 029
2012 - 2	SYB01	1 076 133	29 070
2012 - 2	SYB02	739 928	68 772
2012 - 2	SYB03	264 160	48 997
2012 - 2	SYB04	371 449	15 073
2012 - 2	SYB05	572 852	20 129
2012 - 2	SYB06	619 394	9 955
2012 - 2	SYB07	292 986	13 600
2012 - 2	SYB08	252 892	26 453
2012 - 2	SYB09	294 674	14 564
2012 - 2	SYB10	389 058	38 034
2012 - 2	SYB11	50 116	48 311
2012 - 2	SYB12	299 038	48 090
2012 - 2	SYB13	1 351 509	17 823
2012 - 4	SYB01	660 644	61 067
2012 - 4	SYB02	862 658	38 316
2012 - 4	SYB03	396 081	56 371
2012 - 4	SYB04	209 525	41 823
2012 - 4	SYB05	111 744	59 445
2012 - 4	SYB06	259 093	57 280
2012 - 4	SYB07	184 289	58 368
2012 - 4	SYB08	221 825	74 121
2012 - 4	SYB09	101 833	—
2012 - 4	SYB10	339 151	58 232
2012 - 4	SYB11	132 288	53 027
2012 - 4	SYB12	483 429	35 003
2012 - 4	SYB13	2 334 444	23 034
2012 - 9	SYB01	911 824	74 170
2012 - 9	SYB02	169 978	55 667
2012 - 9	SYB03	494 578	47 672
2012 - 9	SYB04	679 750	74 549
2012 - 9	SYB05	485 829	160 754
2012 - 9	SYB06	509 204	61 355
2012 - 9	SYB07	659 814	70 633
2012 - 9	SYB08	473 042	101 661

（续）

时间（年-月）	站位	水样含菌数/（ind. /mL）	蓝细菌菌数/（ind. /mL）
2012 - 9	SYB09	381 141	65 745
2012 - 9	SYB10	900 761	117 092
2012 - 9	SYB11	652 731	78 220
2012 - 9	SYB12	537 431	102 847
2012 - 9	SYB13	1 723 166	38 796
2012 - 11	SYB01	—	103 513
2012 - 11	SYB02	—	41 695
2012 - 11	SYB03	—	54 771
2012 - 11	SYB04	—	83 083
2012 - 11	SYB05	—	43 643
2012 - 11	SYB06	—	67 879
2012 - 11	SYB07	—	134 699
2012 - 11	SYB08	—	67 421
2012 - 11	SYB09	—	157 496
2012 - 11	SYB10	—	113 893
2012 - 11	SYB11	—	67 607
2012 - 11	SYB12	—	114 258
2012 - 11	SYB13	—	18 905
2013 - 1	SYB01	1 076 133	173 552
2013 - 1	SYB02	739 928	127 594
2013 - 1	SYB03	264 160	146 988
2013 - 1	SYB04	371 449	123 620
2013 - 1	SYB05	572 852	150 129
2013 - 1	SYB06	619 394	191 720
2013 - 1	SYB07	292 986	114 432
2013 - 1	SYB08	252 892	149 278
2013 - 1	SYB09	294 674	203 901
2013 - 1	SYB10	389 058	145 888
2013 - 1	SYB11	50 116	88 994
2013 - 1	SYB12	299 038	179 152
2013 - 1	SYB13	1 351 509	63 862
2013 - 4	SYB01	660 644	194 653
2013 - 4	SYB02	862 658	224 917
2013 - 4	SYB03	396 081	191 892
2013 - 4	SYB04	209 525	170 835

（续）

时间（年-月）	站位	水样含菌数/（ind. /mL）	蓝细菌菌数/（ind. /mL）
2013 - 4	SYB05	111 744	256 866
2013 - 4	SYB06	259 093	211 045
2013 - 4	SYB07	184 289	68 648
2013 - 4	SYB08	221 825	205 736
2013 - 4	SYB09	101 833	142 270
2013 - 4	SYB10	339 151	136 311
2013 - 4	SYB11	132 288	164 109
2013 - 4	SYB12	483 429	171 936
2013 - 4	SYB13	2 334 444	95 648
2013 - 7	SYB01	911 824	222 896
2013 - 7	SYB02	169 978	132 381
2013 - 7	SYB03	494 578	134 866
2013 - 7	SYB04	679 750	458 725
2013 - 7	SYB05	485 829	109 239
2013 - 7	SYB06	509 204	143 573
2013 - 7	SYB07	659 814	303 307
2013 - 7	SYB08	473 042	147 882
2013 - 7	SYB09	381 141	380 374
2013 - 7	SYB10	900 761	517 462
2013 - 7	SYB11	652 731	357 822
2013 - 7	SYB12	537 431	158 005
2013 - 7	SYB13	1 723 166	13 511
2013 - 11	SYB01	—	42 387
2013 - 11	SYB02	—	47 485
2013 - 11	SYB03	—	45 916
2013 - 11	SYB04	—	134 477
2013 - 11	SYB05	—	90 262
2013 - 11	SYB06	—	40 553
2013 - 11	SYB07	—	144 938
2013 - 11	SYB08	—	27 085
2013 - 11	SYB09	—	58 693
2013 - 11	SYB10	—	65 380
2013 - 11	SYB11	—	52 876
2013 - 11	SYB12	—	31 205
2013 - 11	SYB13	—	47 021

（续）

时间（年-月）	站位	水样含菌数/（ind./mL）	蓝细菌菌数/（ind./mL）
2014-1	SYB01	4 541 457	38 885
2014-1	SYB02	1 381 489	70 025
2014-1	SYB03	2 568 083	16 428
2014-1	SYB04	3 541 943	26 772
2014-1	SYB05	840 640	81 226
2014-1	SYB06	218 522	27 773
2014-1	SYB07	1 878 700	8 251
2014-1	SYB08	189 257	22 087
2014-1	SYB09	259 239	15 753
2014-1	SYB10	1 138 949	32 957
2014-1	SYB11	577 808	31 096
2014-1	SYB12	3 103 292	90 144
2014-1	SYB13	4 539 826	12 072
2014-4	SYB01	2 876 400	106 955
2014-4	SYB02	1 131 252	40 566
2014-4	SYB03	921 087	38 827
2014-4	SYB04	1 217 677	42 677
2014-4	SYB05	908 582	42 618
2014-4	SYB06	1 251 536	61 845
2014-4	SYB07	649 103	38 402
2014-4	SYB08	1 032 324	65 685
2014-4	SYB09	1 049 657	50 214
2014-4	SYB10	971 087	46 702
2014-4	SYB11	420 784	37 052
2014-4	SYB12	1 546 049	111 173
2014-4	SYB13	6 853 831	197 695
2014-7	SYB01	3 098 560	164 114
2014-7	SYB02	2 149 502	87 166
2014-7	SYB03	502 049	122 572
2014-7	SYB04	437 823	65 946
2014-7	SYB05	747 053	161 143
2014-7	SYB06	525 290	99 435
2014-7	SYB07	476 598	87 535
2014-7	SYB08	1 028 920	132 140
2014-7	SYB09	565 092	92 783

（续）

时间（年-月）	站位	水样含菌数/（ind. /mL）	蓝细菌菌数/（ind. /mL）
2014 - 7	SYB10	405 205	92 235
2014 - 7	SYB11	720 215	119 725
2014 - 7	SYB12	1 032 765	143 602
2014 - 7	SYB13	5 131 482	185 748
2014 - 10	SYB01	878 400	40 691
2014 - 10	SYB02	2 139 981	121 344
2014 - 10	SYB03	1 140 480	43 609
2014 - 10	SYB04	328 545	19 312
2014 - 10	SYB05	745 550	84 453
2014 - 10	SYB06	433 292	99 922
2014 - 10	SYB07	303 086	26 586
2014 - 10	SYB08	426 542	40 905
2014 - 10	SYB09	725 440	81 758
2014 - 10	SYB10	646 164	88 773
2014 - 10	SYB11	366 566	38 241
2014 - 10	SYB12	468 000	62 645
2014 - 10	SYB13	3 163 491	42 126
2015 - 1	SYB01	337 694	35 651
2015 - 1	SYB02	181 682	42 858
2015 - 1	SYB03	92 548	29 664
2015 - 1	SYB04	68 367	82 686
2015 - 1	SYB05	146 089	113 567
2015 - 1	SYB06	137 535	41 495
2015 - 1	SYB07	80 575	63 857
2015 - 1	SYB08	48 731	74 816
2015 - 1	SYB09	68 467	57 388
2015 - 1	SYB10	67 685	148 911
2015 - 1	SYB11	79 040	68 357
2015 - 1	SYB12	21 311	38 030
2015 - 1	SYB13	699 369	37 441
2015 - 4	SYB01	280 800	158 852
2015 - 4	SYB02	179 227	524 758
2015 - 4	SYB03	188 314	399 413
2015 - 4	SYB04	176 800	212 661
2015 - 4	SYB05	156 085	78 687

（续）

时间（年-月）	站位	水样含菌数/（ind./mL）	蓝细菌菌数/（ind./mL）
2015 - 4	SYB06	91 650	147 631
2015 - 4	SYB07	65 488	134 221
2015 - 4	SYB08	137 583	281 441
2015 - 4	SYB09	105 733	108 490
2015 - 4	SYB10	95 005	192 206
2015 - 4	SYB11	71 082	97 779
2015 - 4	SYB12	159 467	262 022
2015 - 4	SYB13	787 467	142 761
2015 - 7	SYB01	653 810	91 559
2015 - 7	SYB02	206 754	116 605
2015 - 7	SYB03	306 284	344 265
2015 - 7	SYB04	264 727	253 594
2015 - 7	SYB05	320 113	152 823
2015 - 7	SYB06	183 841	142 129
2015 - 7	SYB07	248 911	445 224
2015 - 7	SYB08	252 825	307 331
2015 - 7	SYB09	188 340	236 829
2015 - 7	SYB10	220 597	264 247
2015 - 7	SYB11	10 177	156 425
2015 - 7	SYB12	201 505	265 337
2015 - 7	SYB13	1 514 157	43 845
2015 - 11	SYB01	753 000	45 498
2015 - 11	SYB02	301 205	66 323
2015 - 11	SYB03	41 600	54 542
2015 - 11	SYB04	141 712	28 651
2015 - 11	SYB05	118 610	67 439
2015 - 11	SYB06	207 414	69 843
2015 - 11	SYB07	77 490	69 909
2015 - 11	SYB08	246 025	59 534
2015 - 11	SYB09	64 640	49 131
2015 - 11	SYB10	118 682	135 028
2015 - 11	SYB11	82 797	60 409
2015 - 11	SYB12	275 492	91 595
2015 - 11	SYB13	1 648 960	15 105

3.4.3　叶绿素与初级生产力

3.4.3.1　概述

本部分数据为三亚站 2007—2015 年 13 个长期监测站点季度表层水体叶绿素与初级生产力数据。

3.4.3.2　数据采集和处理方法

依据 CERN 观测规范和《海洋调查规范》（GB/T 12763—2007）采集水样，并对样品进行分析和检测。

叶绿素采用荧光法，初级生产力采用"黑白瓶"测氧法。

3.4.3.3　数据质量控制和评估

整理历年上报数据并进行质量控制，核实异常数据。质控方法包括：阈值检查、完整性检查、一致性检查等。

插补或删除原始的部分缺失数据或者异常数据，采用平均值法插补缺失值，插补数据以下划线标记，未插补的缺失值用"—"表示。

3.4.3.4　数据

具体数据见表 3-12。

表 3-12　水体叶绿素与初级生产力数据表

时间 （年-月）	站位	表层叶绿素含量/ （µg/L）	叶绿素水柱平均/ （µg/m²）	水柱日产毛量（O₂）/ [mg/（m²·d）]	水柱日呼吸量（O₂）/ [mg/（m²·d）]	水柱日净生产量（O₂）/ [mg/（m²·d）]
2007-1	SYB01	9.17	8.52	3.95	0.60	3.32
2007-1	SYB02	3.62	3.83	1.03	0.32	1.09
2007-1	SYB03	0.75	0.90	0.96	0.27	1.06
2007-1	SYB04	0.60	0.60	0.65	0.14	0.72
2007-1	SYB05	1.10	1.13	1.14	0.51	1.05
2007-1	SYB06	0.85	1.13	0.59	0.13	0.69
2007-1	SYB07	0.96	1.08	0.86	0.08	0.69
2007-1	SYB08	1.23	1.13	0.85	0.53	0.83
2007-1	SYB09	0.99	1.02	0.62	0.42	0.63
2007-1	SYB10	1.13	1.21	1.05	0.28	0.86
2007-1	SYB11	1.10	1.08	0.99	0.25	0.79
2007-1	SYB12	0.81	0.92	0.56	0.16	0.57
2007-1	SYB13	19.03	17.66	15.50	0.47	15.97
2007-4	SYB01	14.77	10.20	1.17	0.33	0.84
2007-4	SYB02	2.66	2.01	0.57	0.22	0.34
2007-4	SYB03	0.69	0.80	1.90	0.62	1.39
2007-4	SYB04	0.49	0.57	0.42	0.24	0.14
2007-4	SYB05	0.42	0.43	0.72	0.60	0.12
2007-4	SYB06	0.44	0.49	0.37	0.33	0.33
2007-4	SYB07	0.45	0.51	0.29	0.15	0.14
2007-4	SYB08	0.31	0.35	0.49	0.44	0.50
2007-4	SYB09	0.42	0.42	0.46	0.29	0.17
2007-4	SYB10	0.43	0.40	0.18	0.08	0.12

（续）

时间 （年-月）	站位	表层叶绿素含量/ （µg/L）	叶绿素水柱平均/ （µg/m²）	水柱日产毛量（O₂）/ [mg/（m²·d）]	水柱日呼吸量（O₂）/ [mg/（m²·d）]	水柱日净生产量（O₂）/ [mg/（m²·d）]
2007 – 4	SYB11	0.43	0.43	0.25	0.09	0.28
2007 – 4	SYB12	0.47	0.48	0.56	0.18	0.38
2007 – 4	SYB13	10.92	11.64	9.27	1.18	10.20
2007 – 7	SYB01	5.41	4.37	2.56	0.77	1.79
2007 – 7	SYB02	1.28	1.25	0.45	0.29	0.56
2007 – 7	SYB03	0.92	1.22	0.79	0.02	0.77
2007 – 7	SYB04	0.73	0.87	0.63	0.23	0.60
2007 – 7	SYB05	1.13	1.01	0.68	0.13	0.55
2007 – 7	SYB06	0.39	1.17	0.32	0.31	0.31
2007 – 7	SYB07	0.45	0.85	0.86	0.31	0.85
2007 – 7	SYB08	0.44	0.53	1.38	0.37	1.15
2007 – 7	SYB09	0.68	1.54	0.55	0.24	0.31
2007 – 7	SYB10	0.62	0.79	0.62	0.24	0.39
2007 – 7	SYB11	0.69	0.87	1.18	0.10	1.08
2007 – 7	SYB12	1.14	1.44	0.70	0.24	0.69
2007 – 7	SYB13	34.26	25.34	10.14	1.32	11.46
2007 – 10	SYB01	17.55	13.58	0.79	0.43	1.30
2007 – 10	SYB02	1.23	1.16	0.91	0.15	1.53
2007 – 10	SYB03	1.97	2.05	1.24	1.19	0.05
2007 – 10	SYB04	1.61	1.58	0.60	0.24	0.36
2007 – 10	SYB05	0.48	0.58	0.30	0.19	0.11
2007 – 10	SYB06	0.69	0.83	0.43	0.17	0.26
2007 – 10	SYB07	2.13	2.10	0.70	0.12	0.58
2007 – 10	SYB08	1.07	1.14	0.25	0.15	0.32
2007 – 10	SYB09	1.30	1.18	0.49	0.18	0.31
2007 – 10	SYB10	0.96	1.07	1.26	0.65	0.61
2007 – 10	SYB11	1.12	1.11	0.63	0.27	0.36
2007 – 10	SYB12	1.25	1.15	0.77	0.74	0.03
2007 – 10	SYB13	65.40	39.21	13.81	1.88	13.70
2008 – 1	SYB01	3.09	2.51	1.92	0.46	1.41
2008 – 1	SYB02	2.51	2.05	1.33	0.35	1.15
2008 – 1	SYB03	1.25	1.55	0.49	0.22	0.39
2008 – 1	SYB04	0.77	0.86	0.73	0.13	0.46

（续）

时间 （年-月）	站位	表层叶绿素含量/ （μg/L）	叶绿素水柱平均/ （μg/m²）	水柱日产毛量（O₂）/ [mg/（m²·d）]	水柱日呼吸量（O₂）/ [mg/（m²·d）]	水柱日净生产量（O₂）/ [mg/（m²·d）]
2008 - 1	SYB05	2.27	2.38	1.08	0.61	0.70
2008 - 1	SYB06	0.75	0.97	0.34	0.12	0.16
2008 - 1	SYB07	0.82	0.91	0.64	0.15	0.31
2008 - 1	SYB08	0.61	0.71	0.56	0.62	0.25
2008 - 1	SYB09	2.61	1.47	0.63	0.49	0.48
2008 - 1	SYB10	0.92	0.90	0.74	0.29	0.20
2008 - 1	SYB11	0.93	0.89	1.10	0.29	0.37
2008 - 1	SYB12	0.49	0.54	0.27	0.17	0.15
2008 - 1	SYB13	4.12	3.64	15.63	0.49	16.12
2008 - 5	SYB01	3.39	2.33	0.71	0.34	0.37
2008 - 5	SYB02	1.61	1.56	0.86	0.33	0.51
2008 - 5	SYB03	0.81	1.14	0.31	0.04	0.48
2008 - 5	SYB04	1.38	1.22	0.53	0.28	0.16
2008 - 5	SYB05	0.59	0.90	0.42	0.24	0.18
2008 - 5	SYB06	0.59	0.83	0.47	0.23	0.27
2008 - 5	SYB07	0.63	0.71	0.29	0.13	0.16
2008 - 5	SYB08	1.77	1.34	0.27	0.21	0.06
2008 - 5	SYB09	0.90	0.79	0.77	0.54	0.23
2008 - 5	SYB10	0.69	0.76	0.24	0.14	0.10
2008 - 5	SYB11	0.54	0.56	0.18	0.11	0.31
2008 - 5	SYB12	0.66	0.91	0.79	0.32	0.47
2008 - 5	SYB13	17.02	16.91	9.32	1.21	10.23
2008 - 8	SYB01	0.87	2.00	0.40	0.15	0.25
2008 - 8	SYB02	0.35	0.31	0.13	0.25	0.69
2008 - 8	SYB03	0.36	1.48	0.18	0.01	0.17
2008 - 8	SYB04	0.28	1.01	0.71	0.16	0.55
2008 - 8	SYB05	0.95	1.12	0.28	0.05	0.23
2008 - 8	SYB06	0.28	1.20	0.51	0.06	0.45
2008 - 8	SYB07	0.44	1.67	0.85	0.05	0.80
2008 - 8	SYB08	0.67	1.23	0.96	0.46	0.50
2008 - 8	SYB09	0.96	1.61	0.53	0.31	0.22
2008 - 8	SYB10	0.48	0.80	0.26	0.06	0.20
2008 - 8	SYB11	0.97	1.42	0.47	0.17	0.30

（续）

时间 （年-月）	站位	表层叶绿素含量/ （μg/L）	叶绿素水柱平均/ （μg/m²）	水柱日产毛量（O₂）/ [mg/（m²·d）]	水柱日呼吸量（O₂）/ [mg/（m²·d）]	水柱日净生产量（O₂）/ [mg/（m²·d）]
2008 - 8	SYB12	0.61	0.70	0.35	0.20	0.63
2008 - 8	SYB13	3.78	3.19	10.22	1.34	11.56
2008 - 10	SYB01	3.85	3.45	5.35	0.31	5.04
2008 - 10	SYB02	2.75	2.57	5.37	0.17	5.20
2008 - 10	SYB03	0.94	1.02	2.05	0.33	1.72
2008 - 10	SYB04	0.76	0.97	1.89	0.49	1.40
2008 - 10	SYB05	1.51	2.04	1.63	0.07	1.56
2008 - 10	SYB06	1.49	1.27	0.88	0.19	0.69
2008 - 10	SYB07	1.05	1.02	0.99	0.01	0.98
2008 - 10	SYB08	1.76	1.82	1.22	0.29	1.27
2008 - 10	SYB09	1.11	1.36	1.31	0.08	1.23
2008 - 10	SYB10	2.11	2.02	0.76	0.56	0.20
2008 - 10	SYB11	2.01	1.99	1.19	0.15	1.04
2008 - 10	SYB12	1.16	2.06	2.00	0.80	1.20
2008 - 10	SYB13	13.22	8.60	13.93	2.02	13.56
2009 - 1	SYB01	12.85	9.53	5.97	0.74	5.23
2009 - 1	SYB02	1.69	1.64	0.73	0.30	1.02
2009 - 1	SYB03	0.70	0.63	1.43	0.31	1.73
2009 - 1	SYB04	0.44	0.41	0.56	0.14	0.97
2009 - 1	SYB05	0.90	0.90	1.19	0.42	1.40
2009 - 1	SYB06	4.43	2.78	0.84	0.13	1.21
2009 - 1	SYB07	0.46	0.44	1.08	0.01	1.07
2009 - 1	SYB08	0.26	0.50	1.13	0.45	1.40
2009 - 1	SYB09	0.25	0.43	0.60	0.34	0.77
2009 - 1	SYB10	0.75	0.93	1.35	0.27	1.51
2009 - 1	SYB11	0.71	0.62	0.87	0.21	1.20
2009 - 1	SYB12	1.26	1.29	0.85	0.15	0.99
2009 - 1	SYB13	14.40	32.89	15.38	0.44	15.82
2009 - 4	SYB01	4.13	4.06	1.62	0.31	1.31
2009 - 4	SYB02	0.26	0.54	0.27	0.11	0.16
2009 - 4	SYB03	6.26	2.72	3.48	1.19	2.29
2009 - 4	SYB04	0.64	0.65	0.31	0.19	0.12
2009 - 4	SYB05	0.37	0.41	1.01	0.95	0.06

（续）

时间 （年-月）	站位	表层叶绿素含量/ （µg/L）	叶绿素水柱平均/ （µg/m²）	水柱日产毛量（O₂）/ [mg/（m²·d）]	水柱日呼吸量（O₂）/ [mg/（m²·d）]	水柱日净生产量（O₂）/ [mg/（m²·d）]
2009 – 4	SYB06	0.25	0.38	0.27	0.42	0.38
2009 – 4	SYB07	0.30	0.53	0.28	0.16	0.12
2009 – 4	SYB08	0.56	0.57	0.72	0.67	0.93
2009 – 4	SYB09	0.43	0.54	0.15	0.04	0.11
2009 – 4	SYB10	0.34	0.38	0.12	0.02	0.14
2009 – 4	SYB11	0.27	0.32	0.31	0.07	0.24
2009 – 4	SYB12	0.58	0.55	0.32	0.03	0.29
2009 – 4	SYB13	35.54	30.14	9.22	1.16	10.17
2009 – 8	SYB01	14.99	9.61	4.73	1.40	3.33
2009 – 8	SYB02	1.55	2.39	0.76	0.33	0.43
2009 – 8	SYB03	0.77	1.13	1.40	0.03	1.38
2009 – 8	SYB04	0.02	0.36	0.55	0.29	0.65
2009 – 8	SYB05	1.43	1.44	1.07	0.20	0.87
2009 – 8	SYB06	0.40	1.27	0.13	0.57	0.17
2009 – 8	SYB07	1.08	1.04	0.87	0.58	0.90
2009 – 8	SYB08	6.72	4.36	1.80	0.28	1.80
2009 – 8	SYB09	0.73	0.74	0.56	0.17	0.39
2009 – 8	SYB10	1.03	1.63	0.99	0.42	0.57
2009 – 8	SYB11	1.12	1.02	1.89	0.03	1.86
2009 – 8	SYB12	2.51	2.15	1.04	0.29	0.76
2009 – 8	SYB13	17.50	15.50	10.05	1.30	11.36
2009 – 11	SYB01	3.21	6.32	4.59	0.54	4.04
2009 – 11	SYB02	1.64	3.00	0.65	0.13	0.52
2009 – 11	SYB03	3.54	3.44	1.42	0.68	0.73
2009 – 11	SYB04	1.43	1.64	1.00	0.16	0.84
2009 – 11	SYB05	4.23	3.98	1.00	0.11	1.50
2009 – 11	SYB06	1.71	1.89	0.76	0.24	0.93
2009 – 11	SYB07	7.98	3.55	0.93	0.22	0.71
2009 – 11	SYB08	0.98	2.12	1.22	0.01	1.21
2009 – 11	SYB09	1.32	1.22	1.05	0.76	1.10
2009 – 11	SYB10	1.99	2.24	0.54	0.17	0.36
2009 – 11	SYB11	0.93	1.13	0.90	0.17	0.73
2009 – 11	SYB12	2.99	2.37	0.71	0.79	4.10

（续）

时间 （年-月）	站位	表层叶绿素含量/ （μg/L）	叶绿素水柱平均/ （μg/m²）	水柱日产毛量（O₂）/ [mg/（m²·d）]	水柱日呼吸量（O₂）/ [mg/（m²·d）]	水柱日净生产量（O₂）/ [mg/（m²·d）]
2009-11	SYB13	3.58	3.99	13.68	1.75	13.84
2010-1	SYB01	6.47	4.68	2.14	0.17	1.96
2010-1	SYB02	3.08	2.45	0.78	0.39	0.88
2010-1	SYB03	0.78	0.89	1.83	0.12	1.72
2010-1	SYB04	0.77	0.64	0.10	0.12	0.10
2010-1	SYB05	1.13	1.35	0.65	0.79	0.66
2010-1	SYB06	0.46	0.71	0.58	0.10	0.36
2010-1	SYB07	0.92	0.89	0.41	0.28	0.13
2010-1	SYB08	1.01	0.89	0.35	0.79	0.71
2010-1	SYB09	0.54	0.64	0.01	0.64	0.29
2010-1	SYB10	0.82	0.83	0.34	0.32	0.55
2010-1	SYB11	0.71	0.87	1.17	0.38	0.80
2010-1	SYB12	0.71	0.69	1.33	0.19	4.16
2010-1	SYB13	3.75	4.39	15.88	0.55	16.43
2010-4	SYB01	2.93	2.05	1.37	0.06	1.30
2010-4	SYB02	1.47	1.04	1.26	0.29	0.98
2010-4	SYB03	0.41	0.65	3.65	0.86	3.99
2010-4	SYB04	0.42	0.72	0.89	0.62	0.95
2010-4	SYB05	0.30	0.78	0.94	0.49	0.67
2010-4	SYB06	0.56	0.42	0.39	0.29	0.43
2010-4	SYB07	0.67	0.80	0.73	0.38	0.36
2010-4	SYB08	0.84	0.53	0.81	0.32	1.12
2010-4	SYB09	1.28	0.95	0.47	0.11	0.47
2010-4	SYB10	0.19	0.37	0.31	0.01	0.37
2010-4	SYB11	0.50	0.64	0.98	0.51	1.09
2010-4	SYB12	0.65	0.75	1.39	0.26	1.48
2010-4	SYB13	29.23	17.50	9.43	1.26	10.29
2010-7	SYB01	8.44	6.68	5.82	0.32	5.50
2010-7	SYB02	1.66	2.35	0.50	0.16	0.34
2010-7	SYB03	2.62	3.60	3.72	0.22	3.50
2010-7	SYB04	5.09	4.40	1.36	0.19	1.17
2010-7	SYB05	1.37	1.52	0.61	0.07	0.54
2010-7	SYB06	1.25	2.75	1.30	0.51	0.79

（续）

时间 （年-月）	站位	表层叶绿素含量/ （μg/L）	叶绿素水柱平均/ （μg/m²）	水柱日产毛量（O₂）/ [mg/（m²·d）]	水柱日呼吸量（O₂）/ [mg/（m²·d）]	水柱日净生产量（O₂）/ [mg/（m²·d）]
2010 - 7	SYB07	2.75	2.33	0.70	0.93	0.81
2010 - 7	SYB08	0.86	1.00	0.87	0.47	0.81
2010 - 7	SYB09	0.74	2.08	0.33	0.15	0.28
2010 - 7	SYB10	0.38	0.51	0.55	0.34	0.48
2010 - 7	SYB11	0.44	0.57	0.21	0.16	1.24
2010 - 7	SYB12	1.45	1.45	1.58	0.11	1.47
2010 - 7	SYB13	27.12	40.22	10.39	1.38	11.77
2010 - 10	SYB01	1.36	0.94	1.22	0.03	1.19
2010 - 10	SYB02	4.14	3.94	2.64	0.26	2.38
2010 - 10	SYB03	2.79	2.46	2.87	0.58	2.29
2010 - 10	SYB04	2.92	2.05	1.23	0.99	1.54
2010 - 10	SYB05	3.09	2.23	3.09	0.12	2.97
2010 - 10	SYB06	2.39	2.14	0.35	0.39	0.77
2010 - 10	SYB07	2.15	1.41	1.71	0.56	1.65
2010 - 10	SYB08	2.91	2.34	2.12	0.57	1.55
2010 - 10	SYB09	1.90	1.42	1.18	0.02	1.16
2010 - 10	SYB10	3.05	1.99	1.29	0.15	1.32
2010 - 10	SYB11	1.00	1.18	1.47	0.04	1.43
2010 - 10	SYB12	1.93	2.05	1.59	0.62	1.66
2010 - 10	SYB13	2.37	2.53	14.18	2.29	13.29
2011 - 1	SYB01	5.74	5.07	3.41	0.35	2.62
2011 - 1	SYB02	6.17	6.74	1.20	0.21	2.36
2011 - 1	SYB03	1.72	1.64	0.51	0.51	0.54
2011 - 1	SYB04	2.01	1.85	0.31	0.17	0.06
2011 - 1	SYB05	1.56	1.37	0.72	0.05	1.11
2011 - 1	SYB06	1.67	1.83	0.33	0.16	0.74
2011 - 1	SYB07	1.88	1.88	0.51	1.03	0.94
2011 - 1	SYB08	1.91	1.83	1.53	0.11	1.52
2011 - 1	SYB09	2.00	2.08	0.80	0.04	0.28
2011 - 1	SYB10	0.83	0.86	0.67	0.22	0.71
2011 - 1	SYB11	1.52	1.63	1.06	0.05	0.90
2011 - 1	SYB12	0.91	0.94	0.26	0.10	7.33
2011 - 1	SYB13	7.54	6.08	15.88	0.55	16.43

（续）

时间 （年-月）	站位	表层叶绿素含量/ （μg/L）	叶绿素水柱平均/ （μg/m²）	水柱日产毛量（O₂）/ [mg/（m²·d）]	水柱日呼吸量（O₂）/ [mg/（m²·d）]	水柱日净生产量（O₂）/ [mg/（m²·d）]
2011-4	SYB01	9.16	5.55	3.55	1.57	4.58
2011-4	SYB02	5.48	3.44	2.59	0.41	3.16
2011-4	SYB03	0.54	0.47	0.60	0.53	2.53
2011-4	SYB04	0.28	0.51	0.77	1.05	0.21
2011-4	SYB05	1.01	1.13	0.86	0.04	1.20
2011-4	SYB06	0.34	0.40	0.33	0.16	0.33
2011-4	SYB07	0.44	0.69	1.28	0.04	1.49
2011-4	SYB08	0.30	0.18	0.62	1.02	0.74
2011-4	SYB09	0.42	0.37	0.04	0.18	0.13
2011-4	SYB10	0.52	0.63	0.51	0.03	0.59
2011-4	SYB11	0.73	0.71	0.04	0.96	1.22
2011-4	SYB12	0.89	0.98	0.11	0.48	5.92
2011-4	SYB13	21.63	15.90	9.43	1.26	10.29
2011-7	SYB01	5.49	5.80	0.52	0.21	0.68
2011-7	SYB02	1.97	2.19	0.72	0.83	0.26
2011-7	SYB03	4.37	6.41	1.09	0.06	1.15
2011-7	SYB04	2.59	4.99	0.13	0.40	0.56
2011-7	SYB05	0.64	1.15	0.45	0.19	0.63
2011-7	SYB06	4.65	4.09	1.10	0.62	0.72
2011-7	SYB07	1.05	3.94	0.47	0.22	0.54
2011-7	SYB08	0.89	2.78	0.24	0.10	0.48
2011-7	SYB09	0.32	2.12	0.09	0.13	0.06
2011-7	SYB10	0.37	1.19	0.11	0.26	0.15
2011-7	SYB11	1.30	5.05	0.67	0.06	0.63
2011-7	SYB12	1.90	1.77	0.09	0.29	6.61
2011-7	SYB13	43.14	33.41	10.39	1.38	11.77
2011-11	SYB01	20.32	15.81	10.86	0.11	8.78
2011-11	SYB02	6.96	7.48	1.38	0.21	0.80
2011-11	SYB03	11.00	6.93	3.44	0.34	3.10
2011-11	SYB04	2.97	2.90	0.68	0.04	1.19
2011-11	SYB05	1.41	1.81	1.19	0.09	0.89
2011-11	SYB06	1.55	2.29	0.24	0.10	0.71
2011-11	SYB07	2.63	2.86	1.05	0.89	1.21

（续）

时间 （年-月）	站位	表层叶绿素含量/ （μg/L）	叶绿素水柱平均/ （μg/m²）	水柱日产毛量（O₂）/ [mg/（m²·d）]	水柱日呼吸量（O₂）/ [mg/（m²·d）]	水柱日净生产量（O₂）/ [mg/（m²·d）]
2011 - 11	SYB08	3.14	3.06	1.81	0.44	1.15
2011 - 11	SYB09	2.51	2.54	0.95	0.13	1.05
2011 - 11	SYB10	1.48	1.92	0.59	0.13	0.10
2011 - 11	SYB11	1.90	2.55	0.93	0.22	0.08
2011 - 11	SYB12	1.65	1.74	0.11	0.45	6.54
2011 - 11	SYB13	28.33	20.79	14.18	2.29	13.29
2012 - 2	SYB01	2.42	1.89	10.90	0.54	11.44
2012 - 2	SYB02	2.24	3.18	1.71	0.34	2.05
2012 - 2	SYB03	0.84	1.11	0.62	0.30	0.59
2012 - 2	SYB04	1.83	1.43	0.87	0.17	1.04
2012 - 2	SYB05	1.59	1.44	1.57	0.46	1.48
2012 - 2	SYB06	0.92	1.23	0.23	0.29	0.51
2012 - 2	SYB07	1.29	1.62	0.70	0.20	0.90
2012 - 2	SYB08	2.55	1.50	0.94	0.14	0.64
2012 - 2	SYB09	0.91	0.96	0.90	0.37	0.71
2012 - 2	SYB10	1.11	1.20	0.71	0.16	0.63
2012 - 2	SYB11	0.47	0.60	0.51	0.39	0.32
2012 - 2	SYB12	0.91	0.95	0.56	0.20	0.58
2012 - 2	SYB13	25.46	16.36	16.88	0.76	17.64
2012 - 4	SYB01	0.58	0.63	3.58	1.46	3.68
2012 - 4	SYB02	1.76	1.98	2.36	0.52	3.20
2012 - 4	SYB03	1.94	1.59	0.73	0.45	2.49
2012 - 4	SYB04	0.85	0.75	0.86	1.13	0.33
2012 - 4	SYB05	0.71	0.62	0.79	0.16	1.19
2012 - 4	SYB06	1.68	1.56	0.45	0.24	0.55
2012 - 4	SYB07	1.63	2.33	1.37	0.12	1.38
2012 - 4	SYB08	0.24	0.27	0.44	1.18	0.65
2012 - 4	SYB10	0.63	0.68	0.43	0.10	0.56
2012 - 4	SYB11	0.93	0.85	0.07	0.90	1.33
2012 - 4	SYB12	1.62	6.56	0.16	0.62	3.98
2012 - 4	SYB13	13.59	11.50	9.87	1.48	10.53
2012 - 9	SYB01	3.18	2.51	0.61	2.55	3.16
2012 - 9	SYB02	1.69	1.23	0.94	0.41	1.35

（续）

时间 （年-月）	站位	表层叶绿素含量/ （μg/L）	叶绿素水柱平均/ （μg/m²）	水柱日产毛量（O₂）/ [mg/（m²·d）]	水柱日呼吸量（O₂）/ [mg/（m²·d）]	水柱日净生产量（O₂）/ [mg/（m²·d）]
2012 - 9	SYB03	0.83	1.33	0.86	0.47	0.73
2012 - 9	SYB04	0.77	1.08	0.13	0.35	0.48
2012 - 9	SYB05	0.91	0.69	0.20	3.03	0.93
2012 - 9	SYB06	0.96	1.49	0.90	0.32	0.15
2012 - 9	SYB07	0.75	0.95	0.57	0.21	0.78
2012 - 9	SYB08	0.70	0.67	1.78	0.66	2.44
2012 - 9	SYB09	1.37	2.57	0.06	0.96	1.02
2012 - 9	SYB10	0.68	0.82	0.89	0.46	0.97
2012 - 9	SYB11	0.93	1.24	0.20	0.55	0.75
2012 - 9	SYB12	1.83	2.18	0.71	1.92	1.90
2012 - 9	SYB13	28.31	21.35	11.07	1.53	12.60
2012 - 11	SYB01	9.36	5.37	10.86	0.20	8.78
2012 - 11	SYB02	1.01	1.53	1.38	0.16	0.80
2012 - 11	SYB03	1.73	2.38	3.44	0.11	3.10
2012 - 11	SYB04	1.95	1.35	0.14	0.35	0.84
2012 - 11	SYB05	0.68	0.75	1.19	0.92	0.89
2012 - 11	SYB06	0.81	1.32	0.24	0.10	0.65
2012 - 11	SYB07	2.68	1.96	1.05	0.12	0.77
2012 - 11	SYB08	1.30	1.36	1.81	0.32	1.15
2012 - 11	SYB09	1.10	1.13	0.72	0.13	0.93
2012 - 11	SYB10	1.13	1.17	0.59	0.29	1.00
2012 - 11	SYB11	1.44	1.40	0.39	0.39	0.82
2012 - 11	SYB12	1.53	1.43	0.11	0.16	6.54
2012 - 11	SYB13	58.87	37.01	15.18	3.39	12.20
2013 - 1	SYB01	8.82	5.71	10.13	0.30	10.43
2013 - 1	SYB02	2.28	2.47	1.86	0.19	2.05
2013 - 1	SYB03	1.26	0.87	1.00	0.09	1.09
2013 - 1	SYB04	0.98	0.66	0.70	0.14	0.84
2013 - 1	SYB05	1.88	1.93	2.18	0.04	2.22
2013 - 1	SYB06	0.66	0.44	0.36	0.16	0.52
2013 - 1	SYB07	0.87	0.57	0.42	0.48	0.90
2013 - 1	SYB08	0.94	0.79	0.61	0.04	0.65
2013 - 1	SYB09	0.89	0.60	0.86	0.15	1.01

(续)

时间 (年-月)	站位	表层叶绿素含量/ （μg/L）	叶绿素水柱平均/ （μg/m²）	水柱日产毛量（O₂）/ ［mg/（m²·d）］	水柱日呼吸量（O₂）/ ［mg/（m²·d）］	水柱日净生产量（O₂）/ ［mg/（m²·d）］
2013－1	SYB10	0.56	0.54	0.54	0.07	0.61
2013－1	SYB11	0.56	0.40	0.29	0.03	0.32
2013－1	SYB12	0.62	0.63	0.48	0.10	0.58
2013－1	SYB13	33.76	20.67	14.87	0.34	15.21
2013－4	SYB01	1.59	1.63	2.98	1.07	4.05
2013－4	SYB02	2.14	1.84	1.88	0.21	2.09
2013－4	SYB03	0.92	0.77	0.81	0.42	1.23
2013－4	SYB04	0.38	0.49	0.94	1.02	1.96
2013－4	SYB05	0.61	0.74	0.83	0.05	0.88
2013－4	SYB06	0.52	0.77	0.53	0.18	0.71
2013－4	SYB07	0.64	0.67	1.14	0.09	1.23
2013－4	SYB08	0.49	0.60	0.39	0.12	0.51
2013－4	SYB09	0.34	0.48	0.89	0.03	0.92
2013－4	SYB10	0.47	0.47	0.68	0.07	0.75
2013－4	SYB11	0.39	0.41	0.28	0.98	1.26
2013－4	SYB12	0.91	0.90	0.37	0.47	0.84
2013－4	SYB13	11.53	8.66	9.00	1.05	10.05
2013－7	SYB01	2.49	2.21	0.97	1.98	2.95
2013－7	SYB02	2.91	2.14	1.01	0.51	1.52
2013－7	SYB03	1.83	1.54	0.98	0.04	1.02
2013－7	SYB04	2.78	2.86	0.26	0.28	0.54
2013－7	SYB05	2.26	2.10	1.35	0.17	1.52
2013－7	SYB06	2.38	2.03	1.22	0.47	1.69
2013－7	SYB07	2.56	2.28	0.94	0.15	1.09
2013－7	SYB08	2.27	1.86	1.59	0.10	1.69
2013－7	SYB09	3.44	2.46	0.89	0.08	0.97
2013－7	SYB10	2.95	4.28	1.67	0.12	1.79
2013－7	SYB11	3.24	3.20	0.34	0.33	0.67
2013－7	SYB12	2.35	2.32	1.32	0.46	1.78
2013－7	SYB13	1.94	1.88	9.71	1.23	10.94
2013－11	SYB01	4.20	4.77	10.05	0.21	10.26
2013－11	SYB02	4.91	4.82	1.43	0.12	1.55
2013－11	SYB03	10.88	7.22	2.33	0.08	2.41

（续）

时间 （年-月）	站位	表层叶绿素含量/ （μg/L）	叶绿素水柱平均/ （μg/m²）	水柱日产毛量（O₂）/ [mg/（m²·d）]	水柱日呼吸量（O₂）/ [mg/（m²·d）]	水柱日净生产量（O₂）/ [mg/（m²·d）]
2013 - 11	SYB04	6.93	5.63	0.23	0.03	0.26
2013 - 11	SYB05	2.49	3.28	1.15	0.07	1.22
2013 - 11	SYB06	11.33	6.45	0.21	0.07	0.28
2013 - 11	SYB07	3.45	3.64	1.02	0.04	1.06
2013 - 11	SYB08	1.67	1.82	1.74	0.08	1.82
2013 - 11	SYB09	2.92	3.06	0.14	0.08	0.22
2013 - 11	SYB10	2.32	2.34	0.59	0.12	0.71
2013 - 11	SYB11	2.16	2.84	0.48	0.01	0.49
2013 - 11	SYB12	2.34	2.37	0.18	0.06	0.24
2013 - 11	SYB13	9.65	8.00	13.18	1.20	14.38
2014 - 1	SYB01	7.08	5.60	9.24	0.40	9.64
2014 - 1	SYB02	4.21	4.24	2.07	0.13	2.20
2014 - 1	SYB03	1.72	1.36	1.03	0.26	1.29
2014 - 1	SYB04	1.44	1.18	0.72	0.29	1.01
2014 - 1	SYB05	1.01	1.08	2.18	0.15	2.33
2014 - 1	SYB06	0.73	0.81	0.57	0.25	0.82
2014 - 1	SYB07	0.20	0.53	0.50	0.45	0.95
2014 - 1	SYB08	0.78	0.97	0.51	0.19	0.70
2014 - 1	SYB09	0.45	0.60	0.68	0.33	1.01
2014 - 1	SYB10	0.66	0.67	0.58	0.35	0.93
2014 - 1	SYB11	0.41	0.70	0.69	0.23	0.92
2014 - 1	SYB12	1.29	1.36	0.68	0.18	0.86
2014 - 1	SYB13	31.65	22.02	13.27	0.24	13.51
2014 - 4	SYB01	20.58	13.84	2.53	1.28	3.80
2014 - 4	SYB02	1.56	1.82	1.72	0.49	2.21
2014 - 4	SYB03	0.29	0.48	0.67	0.45	1.12
2014 - 4	SYB04	0.43	0.66	0.74	1.07	1.81
2014 - 4	SYB05	0.35	0.66	0.78	0.01	0.79
2014 - 4	SYB06	1.91	1.70	0.61	0.13	0.74
2014 - 4	SYB07	0.80	0.77	1.11	0.16	1.27
2014 - 4	SYB08	1.08	0.81	0.42	0.07	0.49
2014 - 4	SYB09	1.00	1.05	0.47	0.44	0.91
2014 - 4	SYB10	0.97	1.01	0.58	0.12	0.70

（续）

时间 （年-月）	站位	表层叶绿素含量/ （μg/L）	叶绿素水柱平均/ （μg/m²）	水柱日产毛量（O₂）/ ［mg/（m²·d）］	水柱日呼吸量（O₂）/ ［mg/（m²·d）］	水柱日净生产量（O₂）/ ［mg/（m²·d）］
2014 - 4	SYB11	0.80	0.80	0.33	1.18	1.51
2014 - 4	SYB12	2.02	2.80	0.55	0.70	1.25
2014 - 4	SYB13	26.94	17.02	11.36	0.48	11.84
2014 - 7	SYB01	3.27	2.70	1.10	1.90	3.00
2014 - 7	SYB02	9.90	9.02	1.05	0.36	1.41
2014 - 7	SYB03	2.87	2.87	0.91	0.15	1.06
2014 - 7	SYB04	2.61	2.88	0.18	0.22	0.40
2014 - 7	SYB05	5.76	4.70	1.28	0.15	1.43
2014 - 7	SYB06	3.44	3.06	1.80	0.19	1.99
2014 - 7	SYB07	2.39	2.57	0.90	0.25	1.15
2014 - 7	SYB08	1.56	2.02	1.34	0.28	1.62
2014 - 7	SYB09	1.17	1.23	1.07	0.13	1.20
2014 - 7	SYB10	1.05	1.32	1.63	0.18	1.81
2014 - 7	SYB11	0.43	0.80	0.36	0.36	0.72
2014 - 7	SYB12	3.07	3.01	1.46	0.21	1.67
2014 - 7	SYB13	44.37	29.38	9.37	0.96	10.33
2014 - 10	SYB01	3.49	2.90	7.20	0.27	7.47
2014 - 10	SYB02	7.18	6.31	2.41	0.13	2.54
2014 - 10	SYB03	2.30	1.94	2.05	0.08	2.13
2014 - 10	SYB04	1.11	1.09	0.20	0.17	0.37
2014 - 10	SYB05	2.16	2.32	1.26	0.12	1.38
2014 - 10	SYB06	2.13	2.26	0.50	0.15	0.65
2014 - 10	SYB07	1.42	1.73	0.92	0.17	1.09
2014 - 10	SYB08	2.13	2.32	1.16	0.33	1.49
2014 - 10	SYB09	3.86	2.81	0.01	0.10	0.11
2014 - 10	SYB10	2.16	2.80	0.69	0.27	0.96
2014 - 10	SYB11	2.05	2.20	0.81	0.13	0.94
2014 - 10	SYB12	1.91	2.12	0.40	0.18	0.58
2014 - 10	SYB13	17.94	19.43	12.73	1.08	13.81
2015 - 1	SYB01	22.75	20.80	8.70	1.02	9.73
2015 - 1	SYB02	17.15	15.36	1.41	0.58	2.00
2015 - 1	SYB03	5.68	1.36	2.35	0.75	3.10
2015 - 1	SYB04	7.98	1.18	1.47	0.20	1.67

（续）

时间 （年-月）	站位	表层叶绿素含量/ （μg/L）	叶绿素水柱平均/ （μg/m²）	水柱日产毛量（O₂）/ [mg/（m²·d）]	水柱日呼吸量（O₂）/ [mg/（m²·d）]	水柱日净生产量（O₂）/ [mg/（m²·d）]
2015 - 1	SYB05	4.83	4.93	0.59	0.71	1.30
2015 - 1	SYB06	3.05	0.81	0.72	0.55	1.27
2015 - 1	SYB07	4.19	0.53	0.15	0.58	0.73
2015 - 1	SYB08	4.01	3.69	0.96	0.09	1.06
2015 - 1	SYB09	3.59	0.60	1.46	0.13	1.59
2015 - 1	SYB10	3.59	3.34	0.93	0.14	1.08
2015 - 1	SYB11	2.70	0.70	1.17	0.15	1.32
2015 - 1	SYB12	3.80	4.54	1.52	0.17	1.70
2015 - 1	SYB13	9.16	20.99	12.18	0.40	12.58
2015 - 4	SYB01	10.39	9.84	2.69	1.50	4.19
2015 - 4	SYB02	7.70	7.96	0.90	0.91	1.82
2015 - 4	SYB03	7.06	0.48	5.35	1.12	6.47
2015 - 4	SYB04	4.01	0.66	0.69	1.44	2.13
2015 - 4	SYB05	5.53	5.50	0.58	0.61	1.18
2015 - 4	SYB06	2.20	1.70	0.89	0.98	1.87
2015 - 4	SYB07	6.07	0.77	0.65	0.83	1.48
2015 - 4	SYB08	3.44	3.43	0.55	1.44	1.99
2015 - 4	SYB09	4.22	1.05	0.06	1.54	1.61
2015 - 4	SYB10	3.20	3.43	0.12	1.51	1.63
2015 - 4	SYB11	3.41	0.80	0.19	1.16	1.35
2015 - 4	SYB12	4.68	3.36	0.46	1.16	1.62
2015 - 4	SYB13	86.17	57.76	8.37	0.93	9.30
2015 - 7	SYB01	34.58	21.26	0.83	2.17	3.00
2015 - 7	SYB02	54.03	35.56	1.00	0.45	1.45
2015 - 7	SYB03	42.87	2.87	2.96	0.34	3.31
2015 - 7	SYB04	6.67	2.88	0.29	0.14	0.43
2015 - 7	SYB05	65.79	65.39	1.04	0.38	1.42
2015 - 7	SYB06	37.45	3.06	1.49	0.17	1.67
2015 - 7	SYB07	9.40	2.57	0.61	0.42	1.03
2015 - 7	SYB08	3.20	3.41	1.30	0.28	1.59
2015 - 7	SYB09	8.83	1.23	0.74	0.28	1.03
2015 - 7	SYB10	4.37	4.26	1.42	0.36	1.78
2015 - 7	SYB11	3.27	0.80	0.26	0.47	0.73
2015 - 7	SYB12	34.05	18.75	1.37	0.24	1.60

(续)

时间 （年-月）	站位	表层叶绿素含量/ （μg/L）	叶绿素水柱平均/ （μg/m²）	水柱日产毛量（O₂）/ [mg/（m²·d）]	水柱日呼吸量（O₂）/ [mg/（m²·d）]	水柱日净生产量（O₂）/ [mg/（m²·d）]
2015-7	SYB13	51.95	28.64	9.04	1.01	10.05
2015-11	SYB01	12.73	11.03	6.83	0.45	7.29
2015-11	SYB02	6.03	7.91	1.51	0.31	1.82
2015-11	SYB03	5.78	1.94	3.01	0.11	3.12
2015-11	SYB04	4.90	1.09	0.23	0.32	0.55
2015-11	SYB05	5.96	5.78	1.13	0.27	1.40
2015-11	SYB06	4.19	2.26	0.15	0.48	0.63
2015-11	SYB07	7.52	1.73	0.94	0.13	1.07
2015-11	SYB08	4.90	5.04	0.94	0.54	1.48
2015-11	SYB09	4.47	2.81	0.12	0.30	0.41
2015-11	SYB10	4.79	5.45	0.59	0.22	0.81
2015-11	SYB11	6.17	2.20	0.23	0.49	0.72
2015-11	SYB12	8.47	9.68	0.29	0.35	0.35
2015-11	SYB13	19.43	17.06	11.93	0.35	0.35

3.4.4 浮游植物

3.4.4.1 概述

本部分数据为三亚站 2007—2015 年 12 个长期监测站点年度尺度的浮游植物观测数据，包括浮游植物个体数、浮游植物优势种、硅甲藻比、硅藻、甲藻、蓝藻、金藻。计量单位为 ind./L。

3.4.4.2 数据采集和处理方法

按照《海洋调查规范 第 6 部分：海洋生物调查》（GB/T 12763.6—2007），2007—2010 年在每个调查站点用浅水Ⅲ型浮游生物网从底到表垂直拖网采集浮游植物，样品使用中性甲醛溶液固定（终浓度为 5%），供测定用；2011—2015 年在每个调查站点用采水器采集 500 mL 表层海水，装入样品瓶中，并加入鲁哥氏溶液固定（终浓度为 1.0%~1.5%），供测定用。

浮游植物样品沉淀 24 h 后浓缩，在 Olympus 显微镜下进行种类鉴定与个体计数，获得浮游植物总个体数和不同类群的个体数。

3.4.4.3 数据质量控制和评估

整理历年上报数据并进行质量控制，核实异常数据。质控方法包括：阈值检查、完整性检查、一致性检查等。

插补原始的缺失数据或者异常数据，采用平均值法插补缺失值，插补数据以下划线标记。

3.4.4.4 数据价值/数据使用方法和建议

浮游植物是海洋生态系统中最主要的初级生产者，在海洋生态系统的物质循环和能量流动中起着极其重要的作用，长期监测浮游植物，有助于了解其群落结构的长期演变规律，以及其对海区环境变化的响应。

3.4.4.5 数据

具体数据见表 3-13。

表 3 - 13　浮游植物群落组成数据表

时间 （年-月）	站位	浮游植物个体数/ (ind./L)	浮游植物优势种	硅甲藻比	硅藻/ (ind./L)	甲藻/ (ind./L)	蓝藻/ (ind./L)	金藻/ (ind./L)
2007 - 1	SYB01	23 460 000.0	柔弱角毛藻（Chaetoceros debilis）、中肋骨条藻（Skeletonema costatum）、变异辐杆藻（Bacteriastrum varians）	334.14	23 390 000.0	70 000.0	0.0	0.0
2007 - 1	SYB02	2 619 375.0	菱形海线藻（Thalassionema nitzschioides）、柔弱拟菱形藻（Pseudo-nitzschia delicatissima）、细弱海链藻（Thalassiosira subtilis）	278.40	2 610 000.0	9 375.0	0.0	0.0
2007 - 1	SYB03	4 725 000.0	变异辐杆藻（Bacteriastrum varians）、劳氏角毛藻（Chaetoceros lorenzianus）	188.00	4 700 000.0	25 000.0	0.0	0.0
2007 - 1	SYB04	753 889.1	细弱海链藻、覆瓦根管藻（Rhizosolenia imbricata）	82.25	731 111.1	8 888.9	13 888.9	0.0
2007 - 1	SYB05	761 250.0	细弱海链藻、奇异棍形藻（Bacillaria paradoxa）	54.36	747 500.0	13 750.0	0.0	0.0
2007 - 1	SYB06	770 409.3	距端根管藻（Rhizosolenia calcar-avis）、奇异棍形藻、覆瓦根管藻	70.21	759 591.0	10 818.2	0.0	0.0
2007 - 1	SYB07	2 182 400.0	变异辐杆藻、奇异棍形藻、距端根管藻	371.00	2 176 533.3	5 866.7	0.0	0.0
2007 - 1	SYB08	807 500.0	奇异棍形藻、距端根管藻	107.57	800 062.5	7 437.5	0.0	0.0
2007 - 1	SYB09	1 198 500.0	变异辐杆藻、覆瓦根管藻（Bacillaria paradoxa）、劳氏角毛藻	164.88	1 191 275.0	7 225.0	0.0	0.0
2007 - 1	SYB10	1 642 928.6	覆瓦根管藻、菱形海线藻	450.00	1 639 285.7	3 642.9	0.0	0.0
2007 - 1	SYB11	499 200.0	细弱海链藻、奇异棍形藻	51.00	489 600.0	9 600.0	0.0	0.0
2007 - 1	SYB12	1 634 400.0	细弱海链藻、覆瓦根管藻	81.55	1 614 600.0	19 800.0	0.0	0.0
2007 - 4	SYB01	520 300.0	距端根管藻、奇异棍形藻	22.20	477 300.0	21 500.0	21 500.0	0.0
2007 - 4	SYB02	790 500.0	铁氏束毛藻（Trichodesmium thiebautii）、距端根管藻	4.14	431 375.0	104 125.0	255 000.0	0.0
2007 - 4	SYB03	3 232 532.3	铁氏束毛藻、并基角毛藻（Chaetoceros decipiens）	31.73	812 266.7	25 600.0	2 394 667.0	0.0
2007 - 4	SYB04	1 889 221.3	铁氏束毛藻	11.96	106 944.5	8 944.4	1 773 333.0	0.0
2007 - 4	SYB05	223 833.3	铁氏束毛藻、异常角毛藻（Chaetoceros abnormis）	3.06	77 916.7	25 500.0	120 416.7	0.0
2007 - 4	SYB06	742 636.4	铁氏束毛藻	14.57	194 727.3	13 363.6	534 545.4	0.0
2007 - 4	SYB07	1 545 700.4	铁氏束毛藻	5.86	91 433.3	15 600.0	1 438 667.0	0.0

（续）

时间 （年-月）	站位	浮游植物个体数/ (ind./L)	浮游植物优势种	硅甲藻比	硅藻/ (ind./L)	甲藻/ (ind./L)	蓝藻/ (ind./L)	金藻/ (ind./L)
2007-4	SYB08	1 278 937.5	铁氏束毛藻	8.48	251 750.0	29 687.5	997 500.0	0.0
2007-4	SYB10	259 628.6	铁氏束毛藻	14.78	65 892.8	4 457.1	189 428.6	0.0
2007-4	SYB11	637 107.5	铁氏束毛藻	7.38	100 430.8	13 600.0	523 076.9	0.0
2007-4	SYB12	489 600.0	铁氏束毛藻	6.33	91 200.0	14 400.0	384 000.0	0.0
2007-7	SYB01	1 714.9	拟旋链角毛藻（Chaetoceros pseudocurvisetus）、铁氏束毛藻、透明辐杆藻（Bacteriastrum hyalinum）	43.20	1 443.0	33.4	238.5	0.0
2007-7	SYB02	1 941.3	铁氏束毛藻、红海束毛藻（Trichodesmium erythraeum）、拟旋链角毛藻、劳氏角毛藻	19.50	1 158.3	59.4	723.6	0.0
2007-7	SYB03	1 059.7	铁氏束毛藻、红海束毛藻、翼根管藻（Rhizosolenia alata）	38.86	516.8	13.3	529.5	0.0
2007-7	SYB04	3 086.2	铁氏束毛藻、红海束毛藻	16.23	339.3	20.9	2 726.0	0.0
2007-7	SYB05	10 592.7	铁氏束毛藻、劳氏角毛藻、红海束毛藻	45.30	6 478.6	143.0	3 971.1	0.0
2007-7	SYB06	3 125.6	翼根管藻、红海束毛藻、劳氏角毛藻、厚刺根管藻（Rhizosolenia crassispina）	71.15	2 433.4	34.2	658.1	0.0
2007-7	SYB07	2 481.7	铁氏束毛藻、红海束毛藻、北方劳德藻（Lauderia borealis）	48.72	1 408.0	28.9	1 044.7	0.0
2007-7	SYB08	4 485.1	铁氏束毛藻、翼根管藻	20.05	1 415.8	70.6	2 998.7	0.0
2007-7	SYB09	192.4	翼根管藻纤细变型（Rhizosolenia alata forma. gracillima）、翼根管藻、铁氏束毛藻、劳氏角毛藻	8.67	149.2	17.2	26.0	0.0
2007-7	SYB10	4 040.3	红海束毛藻、铁氏束毛藻、翼根管藻纤细变型	28.50	1 316.7	46.2	2 677.4	0.0
2007-7	SYB11	1 020.2	翼根管藻、红海束毛藻、铁氏束毛藻	15.38	522.9	34.0	463.2	0.0
2007-7	SYB12	4 198.8	红海束毛藻、铁氏束毛藻、翼根管藻	20.63	2 296.3	111.3	1 791.3	0.0
2007-10	SYB01	15 983.7	拟旋链角毛藻、丹麦细柱藻（Leptocylindrus danicus）、铁氏束毛藻、透明辐杆藻	423.16	12 990.9	30.7	2 962.1	0.0
2007-10	SYB02	13 254.3	丹麦细柱藻、透明辐杆藻、拟旋链角毛藻、红海束毛藻	300.75	11 939.7	39.7	1 275.0	0.0

（续）

时间 （年-月）	站位	浮游植物个体数/ （ind./L）	浮游植物优势种	硅甲藻比	硅藻/ （ind./L）	甲藻/ （ind./L）	蓝藻/ （ind./L）	金藻/ （ind./L）
2007-10	SYB03	5 077.3	菱形海线藻、拟旋链角毛藻	297.66	4 643.5	15.6	418.1	0.0
2007-10	SYB04	2 498.5	铁氏束毛藻、菱形海线藻、拟旋链角毛藻、尖刺拟菱形藻（Pseudo-nitzschia pungens）	181.02	1 936.9	10.7	550.9	0.0
2007-10	SYB05	9 993.1	拟旋链角毛藻、尖刺拟菱形藻、丹麦细柱藻、菱形海线藻	143.34	9 130.5	63.7	799.0	0.0
2007-10	SYB06	8 839.2	红海束毛藻、铁氏束毛藻、丹麦细柱藻、尖刺拟菱形藻	209.49	5 174.3	24.7	3 640.2	0.0
2007-10	SYB07	5 177.3	铁氏束毛藻、拟旋链角毛藻、菱形海线藻	261.78	4 005.2	15.3	1 156.9	0.0
2007-10	SYB08	9 346.5	菱形海线藻、铁氏束毛藻、丹麦细柱藻	304.88	7 683.1	25.2	1 638.1	0.0
2007-10	SYB09	7 528.1	铁氏束毛藻、红海束毛藻、拟旋链角毛藻	329.91	4 189.8	12.7	3 325.5	0.0
2007-10	SYB10	9 442.3	尖刺拟菱形藻、丹麦细柱藻、透明辐杆藻	442.06	8 576.0	19.4	846.9	0.0
2007-10	SYB11	5 119.8	铁氏束毛藻、红海束毛藻、菱形海线藻	79.80	2 386.0	29.9	2 703.9	0.0
2007-10	SYB12	14 316.3	丹麦细柱藻、尖刺拟菱形藻、铁氏束毛藻	279.31	12 568.8	45.0	1 702.5	0.0
2008-1	SYB01	669.4	海链藻（Thalassiosira sp.）、红海束毛藻、菱形海线藻	84.00	396.9	4.7	267.8	0.0
2008-1	SYB02	702.0	铁氏束毛藻	38.00	197.6	5.2	499.2	0.0
2008-1	SYB03	521.6	红海束毛藻、奇异棍形藻	34.80	221.1	6.4	294.1	0.0
2008-1	SYB04	381.3	红海束毛藻、奇异棍形藻	55.75	117.3	2.1	261.9	0.0
2008-1	SYB05	4 854.7	红海束毛藻、铁氏束毛藻	27.54	631.8	22.9	4 200.0	0.0
2008-1	SYB06	429.2	红海束毛藻、铁氏束毛藻	22.00	75.1	3.4	350.6	0.0
2008-1	SYB07	1 098.1	红海束毛藻、铁氏束毛藻	43.67	103.5	2.4	992.2	0.0
2008-1	SYB08	1 591.9	红海束毛藻、铁氏束毛藻	20.57	188.5	9.2	1 394.2	0.0
2008-1	SYB09	564.9	红海束毛藻、铁氏束毛藻	26.25	112.6	4.3	448.1	0.0
2008-1	SYB10	1 945.6	铁氏束毛藻、红海束毛藻	15.13	193.6	12.8	1 739.2	0.0
2008-1	SYB11	399.5	铁氏束毛藻、红海束毛藻	18.67	79.1	4.2	316.2	0.0
2008-1	SYB12	1 819.6	铁氏束毛藻	15.00	213.0	14.2	1 592.4	0.0

（续）

时间 （年-月）	站位	浮游植物个体数/ (ind./L)	浮游植物优势种	硅甲藻比	硅藻/ (ind./L)	甲藻/ (ind./L)	蓝藻/ (ind./L)	金藻/ (ind./L)
2008 - 5	SYB01	1 278.9	海链藻、拟旋链角毛藻	26.25	1 232.0	46.9	0.0	0.0
2008 - 5	SYB02	3 046.8	红海束毛藻、海链藻	6.58	1 640.6	249.2	1 157.0	0.0
2008 - 5	SYB03	378.6	红海束毛藻	1.62	43.4	26.8	308.3	0.0
2008 - 5	SYB04	821.4	铁氏束毛藻、红海束毛藻	1.60	118.2	74.0	629.3	0.0
2008 - 5	SYB05	823.1	铁氏束毛藻、红海束毛藻	1.53	85.1	55.6	682.4	0.0
2008 - 5	SYB06	1 021.5	铁氏束毛藻、红海束毛藻	0.89	62.6	70.5	888.4	0.0
2008 - 5	SYB07	440.2	铁氏束毛藻、红海束毛藻	0.98	40.2	40.9	359.2	0.0
2008 - 5	SYB08	388.1	铁氏束毛藻、红海束毛藻	1.50	66.9	44.6	276.6	0.0
2008 - 5	SYB10	233.1	铁氏束毛藻、红海束毛藻	1.08	38.9	36.1	158.0	0.0
2008 - 5	SYB11	509.1	铁氏束毛藻	0.91	108.6	119.3	281.2	0.0
2008 - 5	SYB12	349.6	铁氏束毛藻、红海束毛藻	1.74	44.5	25.6	279.6	0.0
2008 - 8	SYB01	812.0	铁氏束毛藻、奇异棍形藻	4.83	321.9	66.7	423.4	0.0
2008 - 8	SYB02	10 217.1	拟旋链角毛藻、海链藻、变异辐杆藻	469.83	10 195.4	21.7	0.0	0.0
2008 - 8	SYB03	2 919.3	红海束毛藻、海链藻、钟状中鼓藻（*Bellerochea horol-ogicalis*）、拟旋链角毛藻	37.40	2 201.3	58.9	659.2	0.0
2008 - 8	SYB04	2 269.5	拟旋链角毛藻、劳氏角毛藻	117.39	2 250.3	19.2	0.0	0.0
2008 - 8	SYB05	6 351.1	拟旋链角毛藻、海链藻、劳氏角毛藻	192.53	6 318.3	32.8	0.0	0.0
2008 - 8	SYB06	2 122.8	海链藻、菱形海线藻、拟旋链角毛藻、铁氏束毛藻	80.40	1 839.2	22.9	260.8	0.0
2008 - 8	SYB07	1 229.8	海链藻、奇异棍形藻、菱形海线藻、变异辐杆藻	356.50	1 226.4	3.4	0.0	0.0
2008 - 8	SYB08	2 443.0	拟旋链角毛藻、菱形海线藻、钟状中鼓藻、海链藻	81.86	2 328.2	28.4	86.3	0.0
2008 - 8	SYB09	7 907.0	拟旋链角毛藻、海链藻	275.86	7 878.5	28.6	0.0	0.0
2008 - 8	SYB10	1 977.6	海链藻、菱形海线藻、奇异棍形藻	102.00	1 958.4	19.2	0.0	0.0
2008 - 8	SYB11	10 447.7	拟旋链角毛藻、海链藻	191.05	9 919.1	51.9	476.7	0.0

（续）

时间 （年-月）	站位	浮游植物个体数/ (ind./L)	浮游植物优势种	硅甲藻比	硅藻/ (ind./L)	甲藻/ (ind./L)	蓝藻/ (ind./L)	金藻/ (ind./L)
2008-8	SYB12	1 855.7	拟旋链角毛藻、钟状中鼓藻、菱形海线藻	149.63	1 843.4	12.3	0.0	0.0
2008-10	SYB01	1 951.1	海链藻、菱形海线藻、拟旋链角毛藻、劳氏角毛藻、钟状中鼓藻	92.25	1 930.2	20.9	0.0	0.0
2008-10	SYB02	3 518.1	拟旋链角毛藻、劳氏角毛藻	158.33	3 496.0	22.1	0.0	0.0
2008-10	SYB03	2 241.2	拟旋链角毛藻、变异辐杆藻、劳氏角毛藻	106.75	2 220.4	20.8	0.0	0.0
2008-10	SYB04	943.4	拟旋链角毛藻、劳氏角毛藻、笔尖形根管藻（Rhizosolenia styliformis）、变异辐杆藻、尖刺拟菱形藻	124.88	935.9	7.5	0.0	0.0
2008-10	SYB05	909.3	拟旋链角毛藻、劳氏角毛藻、变异辐杆藻	34.57	811.3	23.5	74.6	0.0
2008-10	SYB06	8 380.4	拟旋链角毛藻、劳氏角毛藻	407.80	8 359.9	20.5	0.0	0.0
2008-10	SYB07	1 028.6	劳氏角毛藻、笔尖形根管藻、尖刺拟菱形藻	49.89	821.0	16.5	191.1	0.0
2008-10	SYB08	842.6	笔尖形根管藻、海链藻、劳氏角毛藻	34.38	757.1	22.0	63.5	0.0
2008-10	SYB09	1 261.5	拟旋链角毛藻、劳氏角毛藻	51.25	1 237.3	24.1	0.0	0.0
2008-10	SYB10	1 041.0	拟旋链角毛藻、笔尖形根管藻、劳氏角毛藻	18.15	898.4	49.5	93.2	0.0
2008-10	SYB11	1 209.1	海链藻、笔尖形根管藻、劳氏角毛藻	46.23	1 183.5	25.6	0.0	0.0
2008-10	SYB12	1 497.3	拟旋链角毛藻、海链藻、劳氏角毛藻	58.75	1 472.3	25.1	0.0	0.0
2009-1	SYB01	144 697.6	中肋骨条藻、拟旋链角毛藻	30 144.33	144 692.8	4.8	0.0	0.0
2009-1	SYB02	325 870.4	中肋骨条藻、拟旋链角毛藻、旋链角毛藻（Chaetoceros curvisetus）	11 003.25	324 896.0	29.5	472.4	0.0
2009-1	SYB03	1 130.7	中肋骨条藻、劳氏角毛藻、旋链角毛藻	1 271.00	1 129.8	0.9	0.0	0.0
2009-1	SYB04	495.4	劳氏角毛藻、中肋骨条藻、拟旋链角毛藻	346.40	493.9	1.4	0.0	0.0
2009-1	SYB05	112 549.0	中肋骨条藻、劳氏角毛藻、旋链角毛藻	4 207.56	112 522.2	26.7	0.0	0.0
2009-1	SYB06	1 543.7	劳氏角毛藻、拟旋链角毛藻、中肋骨条藻、旋链角毛藻	612.40	1 541.2	2.5	0.0	0.0
2009-1	SYB07	377.7	中肋骨条藻、铁氏束毛藻、劳氏角毛藻、尖刺拟菱形藻	836.00	303.1	0.4	74.3	0.0
2009-1	SYB08	429.4	劳氏角毛藻、尖刺拟菱形藻、中肋骨条藻、菱形海线藻、拟旋链角毛藻	214.67	427.4	2.0	0.0	0.0

（续）

时间 （年-月）	站位	浮游植物个体数/ (ind./L)	浮游植物优势种	硅甲藻比	硅藻/ (ind./L)	甲藻/ (ind./L)	蓝藻/ (ind./L)	金藻/ (ind./L)
2009-1	SYB09	47.1	劳氏角毛藻、拟旋链角毛藻、菱形海线藻、奇异棍形藻	25.33	45.3	1.8	0.0	0.0
2009-1	SYB10	206.2	菱形海线藻、奇异棍形藻、细弱海链藻、高盒形藻（Biddulphia regia）	79.33	203.6	2.6	0.0	0.0
2009-1	SYB11	244.8	劳氏角毛藻、拟旋链角毛藻、奇异棍形藻	56.00	240.5	4.3	0.0	0.0
2009-1	SYB12	6 990.2	中肋骨条藻、劳氏角毛藻	347.27	6 858.5	19.8	111.9	0.0
2009-4	SYB01	736.5	菱形海线藻、拟旋链角毛藻、膜质半管藻（Hemiaulua membranaceus）	13.19	684.6	51.9	0.0	0.0
2009-4	SYB02	928.0	笔尖形根管藻、菱形海线藻	7.75	760.7	98.2	69.2	0.0
2009-4	SYB03	268.4	红海束毛藻、膜质半管藻	28.00	178.9	6.4	83.1	0.0
2009-4	SYB04	309.3	红海束毛藻、笔尖形根管藻、菱软儿内亚藻、菱形海线藻、膜质半管藻（Guinardia flaccida）、膜质半管藻	16.19	217.3	13.4	78.6	0.0
2009-4	SYB05	570.6	笔尖形根管藻、膜质半管藻、紧挤角毛藻（Chaetoceros coarctatus）	22.72	546.6	24.1	0.0	0.0
2009-4	SYB06	7 631.7	铁氏束毛藻、红海束毛藻	16.50	194.9	11.8	7 425.0	0.0
2009-4	SYB07	472.1	铁氏束毛藻、红海束毛藻、笔尖形根管藻	16.85	172.9	10.3	288.9	0.0
2009-4	SYB08	509.2	红海束毛藻、笔尖形根管藻、菱软儿内亚藻、膜质半管藻	32.25	326.8	10.1	172.3	0.0
2009-4	SYB09	2 076.4	红海束毛藻	22.57	180.8	8.0	1 887.6	0.0
2009-4	SYB10	1 162.8	铁氏束毛藻、海链藻	43.13	475.3	11.0	676.5	0.0
2009-4	SYB11	420.9	铁氏束毛藻、红海束毛藻、笔尖形根管藻	17.67	113.8	6.4	300.6	0.0
2009-4	SYB12	879.5	铁氏束毛藻、红海束毛藻、笔尖形根管藻	16.93	364.4	21.5	493.5	0.0
2009-8	SYB01	547.1	铁氏束毛藻、菱形海线藻、钟状中鼓藻、伏氏海线藻（Thalassiomema frauenfeldii）	41.11	420.9	10.2	116.0	0.0
2009-8	SYB02	379.2	红海束毛藻、伏氏海线藻、中肋骨条藻	18.58	267.6	14.4	97.2	0.0
2009-8	SYB03	531.7	菱形海线藻、铁氏束毛藻、红海束毛藻	40.78	406.5	10.0	115.3	0.0

（续）

时间 （年-月）	站位	浮游植物个体数/ (ind./L)	浮游植物优势种	硅甲藻比	硅藻/ (ind./L)	甲藻/ (ind./L)	蓝藻/ (ind./L)	金藻/ (ind./L)
2009-8	SYB04	654.0	菱形海线藻、伏氏海线藻、铁氏束毛藻	102.00	605.6	5.9	42.5	0.0
2009-8	SYB05	3 168.3	伏氏海线藻、菱形海线藻、红海束毛藻、铁氏束毛藻	227.29	2 519.1	11.1	638.1	0.0
2009-8	SYB06	832.0	伏氏海线藻、菱形海线藻	117.86	825.0	7.0	0.0	0.0
2009-8	SYB07	756.9	菱形海线藻、铁氏束毛藻	119.27	649.1	5.4	102.4	0.0
2009-8	SYB08	540.0	菱形海线藻、奇异棍形藻	336.50	538.4	1.6	0.0	0.0
2009-8	SYB09	234.7	铁氏束毛藻、菱形海线藻	99.80	185.6	1.9	47.2	0.0
2009-8	SYB10	2 976.0	菱形海线藻、伏氏束毛藻、红海束毛藻	633.50	2 356.6	3.7	615.7	0.0
2009-8	SYB11	705.1	伏氏海线藻、菱形海线藻	404.25	703.4	1.7	0.0	0.0
2009-8	SYB12	2 889.8	菱形海线藻、伏氏海线藻	234.56	2 797.1	11.9	80.8	0.0
2009-11	SYB01	8 807.4	菱形海线藻、中肋骨条藻、拟旋链角毛藻	465.17	8 788.5	18.9	0.0	0.0
2009-11	SYB02	10 384.5	菱形海线藻、中肋骨条藻、伏氏海线藻	347.24	10 354.6	29.8	0.0	0.0
2009-11	SYB03	2 107.0	菱形海线藻、劳氏角毛藻	136.81	2 091.7	15.3	0.0	0.0
2009-11	SYB04	735.4	菱形海线藻、奇异棍形藻、拟旋链角毛藻	134.47	730.0	5.4	0.0	0.0
2009-11	SYB05	2 737.8	菱形海线藻、奇异棍形藻	234.00	2 607.4	11.1	119.2	0.0
2009-11	SYB06	1 793.7	菱形海线藻、劳氏角毛藻	248.55	1 679.5	6.8	107.5	0.0
2009-11	SYB07	645.5	劳氏角毛藻、中肋骨条藻、拟旋链角毛藻	115.78	495.0	4.3	146.3	0.0
2009-11	SYB08	2 489.6	菱形海线藻、中肋骨条藻	314.00	2 372.4	7.6	109.6	0.0
2009-11	SYB09	854.5	菱形海线藻、劳氏角毛藻、拟旋链角毛藻、伏氏海线藻	134.55	740.0	5.5	109.0	0.0
2009-11	SYB10	2 770.1	中肋骨条藻、菱形海线藻、奇异棍形藻、拟菱形藻（Pseudo-nitzschia sp.）	386.00	2 402.9	6.2	361.1	0.0
2009-11	SYB11	1 046.0	菱形海线藻、奇异棍形藻、劳氏角毛藻	282.57	939.6	3.3	103.1	0.0
2009-11	SYB12	2 771.4	中肋骨条藻、菱形海线藻、奇异棍形藻、尖刺拟菱形藻	330.71	2 645.7	8.0	117.7	0.0
2010-1	SYB01	1 691.6	尖刺拟菱形藻、菱形海线藻、海链藻	379.60	1 687.1	4.4	0.0	0.0
2010-1	SYB02	1 591.3	菱形海线藻、变异辐杆藻、尖刺拟菱形藻	179.83	1 582.5	8.8	0.0	0.0
2010-1	SYB03	593.4	尖刺拟菱形藻、海链藻、菱形海线藻	147.14	589.4	4.0	0.0	0.0

（续）

时间 （年-月）	站位	浮游植物个体数/ (ind./L)	浮游植物优势种	硅甲藻比	硅藻/ (ind./L)	甲藻/ (ind./L)	蓝藻/ (ind./L)	金藻/ (ind./L)
2010-1	SYB04	512.1	尖刺拟菱形藻、菱形海线藻、海链藻、伏氏海线藻	104.69	507.3	4.8	0.0	0.0
2010-1	SYB05	3 352.6	菱形海线藻、尖刺拟菱形藻、柔弱拟菱形藻	119.72	3 324.9	27.8	0.0	0.0
2010-1	SYB06	749.5	菱形海线藻、尖刺拟菱形藻、劳氏角毛藻	94.33	694.3	7.4	47.8	0.0
2010-1	SYB07	442.3	尖刺拟菱形藻、菱形海线藻、伏氏海线藻	81.16	408.6	5.0	28.6	0.0
2010-1	SYB08	726.2	尖刺拟菱形藻、菱形海线藻、铁氏束毛藻	194.75	594.9	3.1	128.3	0.0
2010-1	SYB09	348.0	尖刺拟菱形藻、菱形海线藻	49.47	322.3	6.5	19.2	0.0
2010-1	SYB10	798.3	尖刺拟菱形藻、菱形海线藻	82.00	738.0	9.0	51.3	0.0
2010-1	SYB11	1 081.0	尖刺拟菱形藻、菱形海线藻	267.57	1 018.4	3.8	58.7	0.0
2010-1	SYB12	2 914.3	尖刺拟菱形藻、菱形海线藻	88.29	2 701.5	30.6	182.1	0.0
2010-4	SYB01	1 121.1	菱形海线藻、尖刺拟菱形藻	149.33	1 113.6	7.5	0.0	0.0
2010-4	SYB02	3 166.4	菱形海线藻、尖刺拟菱形藻	179.20	3 148.8	17.6	0.0	0.0
2010-4	SYB03	754.3	尖刺拟菱形藻、铁氏束毛藻	122.90	683.6	5.6	65.1	0.0
2010-4	SYB04	541.3	尖刺拟菱形藻、拟旋链角毛藻	42.38	528.8	12.5	0.0	0.0
2010-4	SYB05	1 286.6	尖刺拟菱形藻、菱形海线藻	373.00	1 283.1	3.4	0.0	0.0
2010-4	SYB06	1 016.6	尖刺拟菱形藻、菱形海线藻	103.15	897.4	8.7	110.4	0.0
2010-4	SYB07	2 240.9	拟旋链角毛藻、尖刺拟菱形藻	399.17	2 235.3	5.6	0.0	0.0
2010-4	SYB08	2 416.4	尖刺拟菱形藻、拟旋链角毛藻	862.00	2 413.6	2.8	0.0	0.0
2010-4	SYB09	1 718.6	拟旋链角毛藻	419.64	1 714.5	4.1	0.0	0.0
2010-4	SYB10	1 654.0	尖刺拟菱形藻、菱形海线藻	88.38	1 414.0	16.0	224.0	0.0
2010-4	SYB11	958.6	尖刺拟菱形藻、菱形海线藻、拟旋链角毛藻	209.50	911.3	4.4	43.0	0.0
2010-4	SYB12	3 420.9	尖刺拟菱形藻、菱形海线藻	83.88	3 380.6	40.3	0.0	0.0
2010-7	SYB01	4 039.1	菱形海线藻、尖刺拟菱形藻、热骨条藻（Skeletonema tropicum）	265.57	3 965.9	14.9	58.3	0.0
2010-7	SYB02	28 232.5	尖刺拟菱形藻、热带骨条藻	738.16	28 050.1	38.0	144.4	0.0
2010-7	SYB03	17 924.9	尖刺拟菱形藻	4 352.20	17 920.8	4.1	0.0	0.0
2010-7	SYB04	13 846.8	尖刺拟菱形藻	12 980.33	13 845.7	1.1	0.0	0.0

（续）

时间 （年-月）	站位	浮游植物个体数/ (ind./L)	浮游植物优势种	硅甲藻比	硅藻/ (ind./L)	甲藻/ (ind./L)	蓝藻/ (ind./L)	金藻/ (ind./L)
2010-7	SYB05	1 925.0	尖刺拟菱形藻、菱形海线藻、热带骨条藻	174.00	1 914.0	11.0	0.0	0.0
2010-7	SYB06	14 224.0	尖刺拟菱形藻	1 411.14	14 133.1	10.0	80.8	0.0
2010-7	SYB07	12 675.3	尖刺拟菱形藻	1 459.29	12 666.6	8.7	0.0	0.0
2010-7	SYB08	1 092.1	尖刺拟菱形藻、红海束毛藻	84.53	875.3	10.4	206.5	0.0
2010-7	SYB09	15 086.2	尖刺拟菱形藻、拟旋链角毛藻	6 090.50	15 055.7	2.5	28.0	0.0
2010-7	SYB10	1 214.2	尖刺拟菱形藻、菱形海线藻	56.35	989.9	17.6	206.7	0.0
2010-7	SYB11	672.0	尖刺拟菱形藻	95.28	619.3	6.5	46.2	0.0
2010-7	SYB12	3 779.1	尖刺拟菱形藻、菱形海线藻	56.22	3 536.0	62.9	180.2	0.0
2010-10	SYB01	54.8	菱形海线藻、伏氏海毛藻	4.13	44.1	10.7	0.0	0.0
2010-10	SYB02	74.5	钟状中鼓藻、菱形海线藻	20.50	71.1	3.5	0.0	0.0
2010-10	SYB03	119.2	铁氏束毛藻	0.59	10.5	17.9	90.8	0.0
2010-10	SYB04	229.0	铁氏束毛藻、红海束毛藻	2.92	15.5	5.3	208.1	0.0
2010-10	SYB05	468.7	铁氏束毛藻、红海束毛藻	2.94	53.5	18.2	397.0	0.0
2010-10	SYB06	74.3	红海束毛藻、菱形海线藻	15.67	25.7	1.6	47.0	0.0
2010-10	SYB07	278.4	红海束毛藻、铁氏束毛藻	2.58	23.4	9.1	245.9	0.0
2010-10	SYB08	323.3	铁氏束毛藻、红海束毛藻	2.79	52.3	18.7	252.3	0.0
2010-10	SYB09	166.8	红海束毛藻、铁氏束毛藻	2.24	20.1	9.0	137.7	0.0
2010-10	SYB10	121.6	红海束毛藻、菱形海线藻	3.93	42.0	10.7	69.0	0.0
2010-10	SYB11	173.6	铁氏束毛藻、红海束毛藻	3.59	25.8	7.2	140.6	0.0
2010-10	SYB12	510.1	红海束毛藻、铁氏束毛藻	9.33	98.0	10.5	401.6	0.0
2011-1	SYB01	10 395.5	具槽直链藻 (Melosira sulcata)	35.67	7 040.0	197.4	3 158.1	0.0
2011-1	SYB02	4 000.0	美丽斜纹藻 (Pleurosigma formosum)	27.00	3 857.1	142.9	0.0	0.0
2011-1	SYB03	3 985.4	具槽直链藻、奇异棍形藻、相似斜纹藻 (Pleurosigma affine)		3 985.4	0.0	0.0	0.0
2011-1	SYB04	6 320.0	菱形海线藻、美丽斜纹藻	45.00	6 182.6	137.4	0.0	0.0

（续）

时间 （年-月）	站位	浮游植物个体数/ （ind./L）	浮游植物优势种	硅甲藻比	硅藻/ （ind./L）	甲藻/ （ind./L）	蓝藻/ （ind./L）	金藻/ （ind./L）
2011-1	SYB05	5 848.8	菱形海线藻	10.90	5 357.3	491.5	0.0	0.0
2011-1	SYB06	12 195.4	菱形海线藻、红海束毛藻	20.87	6 902.7	330.8	4 962.0	0.0
2011-1	SYB07	5 308.2	菱形海线藻	21.85	5 075.9	232.3	0.0	0.0
2011-1	SYB08	6 573.0	具槽直链藻、菱形海线藻	27.50	6 342.3	230.6	0.0	0.0
2011-1	SYB09	4 593.3	美丽斜纹藻、菱形海线藻		4 068.4	0.0	0.0	525.0
2011-1	SYB10	3 532.1	菱形海线藻	6.00	2 543.1	423.9	0.0	565.1
2011-1	SYB11	6 774.1	菱形海线藻	17.00	5 572.2	327.8	0.0	874.1
2011-1	SYB12	5 667.3	菱形海线藻、具槽直链藻、劳氏角毛藻	23.50	5 435.9	231.3	0.0	0.0
2011-4	SYB01	1 554.4	相似斜纹藻、菱形海线藻	66.00	1 531.2	23.2	0.0	0.0
2011-4	SYB02	2 384.5	菱形海线藻	20.00	2 271.0	113.5	0.0	0.0
2011-4	SYB03	1 732.8	相似斜纹藻、菱形海线藻、海洋斜纹藻（*Pleurosigma pelagicum*）、具槽直链藻	28.00	1 673.0	59.8	0.0	0.0
2011-4	SYB04	9 204.0	红海束毛藻		107.3	0.0	9 096.7	0.0
2011-4	SYB05	3 542.1	菱形海线藻、斯托形根管藻（*Rhizosolenia stolterforthii*）	34.55	3 442.5	99.6	0.0	0.0
2011-4	SYB06	4 488.1	菱形海线藻	6.80	3 912.7	575.4	0.0	0.0
2011-4	SYB07	2 724.3	菱形海线藻	10.50	2 487.4	236.9	0.0	0.0
2011-4	SYB08	2 379.8	美丽斜纹藻、菱形海线藻	9.75	2 158.4	221.4	0.0	0.0
2011-4	SYB09	3 488.4	透明辐杆藻	2.33	2 441.9	1 046.5	0.0	0.0
2011-4	SYB10	3 595.3	菱形海线藻、具槽直链藻		3 595.3	0.0	0.0	0.0
2011-4	SYB11	7 643.2	红海束毛藻	11.01	4 779.0	434.0	2 430.2	0.0
2011-4	SYB12	6 637.7	笔尖形根管藻、菱形海线藻	26.68	6 397.9	239.8	0.0	0.0
2011-7	SYB01	20 923.4	尖刺拟菱形藻、菱形海线藻	316.50	20 857.5	65.9	0.0	0.0
2011-7	SYB02	31 455.4	尖刺拟菱形藻	257.67	31 333.8	121.6	0.0	20.3
2011-7	SYB03	15 621.3	尖刺拟菱形藻	381.88	15 580.5	40.8	0.0	0.0
2011-7	SYB04	22 466.3	尖刺拟菱形藻、菱形海线藻	215.31	19 901.4	92.4	2 472.5	0.0

（续）

时间（年-月）	站位	浮游植物个体数/（ind./L）	浮游植物优势种	硅甲藻比	硅藻/（ind./L）	甲藻/（ind./L）	蓝藻/（ind./L）	金藻/（ind./L）
2011-7	SYB05	10 225.6	尖刺拟菱形藻、菱形海线藻、劳氏角毛藻	248.25	10 184.6	41.0	0.0	0.0
2011-7	SYB06	43 966.0	铁氏束毛藻、尖刺拟菱形藻、楔形藻（Licmophora sp.）	223.33	17 420.0	78.0	26 468.0	0.0
2011-7	SYB07	7 730.2	尖刺拟菱形藻、铁氏束毛藻		5 380.4	0.0	2 349.8	0.0
2011-7	SYB08	11 654.8	透明辐杆藻、尖刺拟菱形藻、铁氏束毛藻	222.50	9 278.0	41.7	2 335.1	0.0
2011-7	SYB09							
2011-7	SYB10	7 962.5	透明辐杆藻、尖刺拟菱形藻、变异辐杆藻	182.50	7 919.1	43.4	0.0	0.0
2011-7	SYB11	3 682.1	透明辐杆藻、菱形海线藻	164.00	3 659.8	22.3	0.0	0.0
2011-7	SYB12	4 026.9	菱形海线藻	26.33	3 879.6	147.3	0.0	20.0
2011-11	SYB01	4 320.0	铁氏束毛藻、透明辐杆藻、变异辐杆藻		2 620.0	0.0	1 700.0	0.0
2011-11	SYB02	1 620.0	透明辐杆藻、笔尖形根管藻	19.25	1 540.0	80.0	0.0	0.0
2011-11	SYB03	1 500.0	变异辐杆藻	74.00	1 480.0	20.0	0.0	0.0
2011-11	SYB04							
2011-11	SYB05	1 380.0	变异辐杆藻		1 380.0	0.0	0.0	0.0
2011-11	SYB06	540.0	变异辐杆藻	4.40	440.0	100.0	0.0	0.0
2011-11	SYB07	920.0	变异辐杆藻	45.00	900.0	20.0	0.0	0.0
2011-11	SYB08	1 800.0	透明辐杆藻、相似斜纹藻		1 800.0	0.0	0.0	0.0
2011-11	SYB09	840.0	膜状舟形藻、菱形海线藻		840.0	0.0	0.0	0.0
2011-11	SYB10	740.0	透明辐杆藻、哈氏半盘藻（Hemidiscus hardmannianus）		740.0	0.0	0.0	0.0
2011-11	SYB11	1 960.0	相似斜纹藻、菱形海线藻、尖刺拟菱形藻		1 960.0	0.0	0.0	0.0
2011-11	SYB12	1 360.0	佛朗梯形藻、具槽直链藻		1 360.0	0.0	0.0	0.0
2012-2	SYB01	460.0	具槽直链藻、斜纹藻（Pleurosigma sp.）	22.00	440.0	20.0	0.0	0.0
2012-2	SYB02	360.0	菱形海线藻、相似斜纹藻	3.50	280.0	80.0	0.0	0.0
2012-2	SYB03	960.0	铁氏束毛藻、菱形海线藻		420.0	0.0	540.0	0.0
2012-2	SYB04	540.0	相似斜纹藻、菱形海线藻	4.40	440.0	100.0	0.0	0.0
2012-2	SYB05	480.0	相似斜纹藻、巨圆筛藻（Coscinodiscus gigas）	23.00	460.0	20.0	0.0	0.0

（续）

时间（年-月）	站位	浮游植物个体数/(ind./L)	浮游植物优势种	硅甲藻比	硅藻/(ind./L)	甲藻/(ind./L)	蓝藻/(ind./L)	金藻/(ind./L)
2012-2	SYB06	360.0	相似斜纹藻、厚刺根管藻	17.00	340.0	20.0	0.0	0.0
2012-2	SYB07	740.0	相似斜纹藻、斜纹藻	36.00	720.0	20.0	0.0	0.0
2012-2	SYB08	380.0	相似斜纹藻、斜纹藻	8.50	340.0	40.0	0.0	0.0
2012-2	SYB09	300.0	具槽直链藻、相似斜纹藻	14.00	280.0	20.0	0.0	0.0
2012-2	SYB10	500.0	相似斜纹藻	2.13	340.0	160.0	0.0	0.0
2012-2	SYB11	540.0	琼氏圆筛藻、菱形海线藻		540.0	0.0	0.0	0.0
2012-2	SYB12	460.0	相似斜纹藻、菱形海线藻	4.75	380.0	80.0	0.0	0.0
2012-4	SYB01	1 600.0	微小原甲藻（*Prorocentrum minimum*）	1.00	800.0	800.0	0.0	0.0
2012-4	SYB02	1 600.0	尖刺拟菱形藻	1.67	1 000.0	600.0	0.0	0.0
2012-4	SYB03	360.0	菱形海线藻	2.60	260.0	100.0	0.0	0.0
2012-4	SYB04	700.0	菱形海线藻、菱形藻（*Nitzschia* sp.）	10.67	640.0	60.0	0.0	0.0
2012-4	SYB05	2 340.0	变异辐杆藻、菱形海线藻	9.83	2 124.0	216.0	0.0	0.0
2012-4	SYB06	432.0	菱形海线藻、斜纹藻	11.00	396.0	36.0	0.0	0.0
2012-4	SYB07	400.0	斜纹藻、相似斜纹藻	3.00	300.0	100.0	0.0	0.0
2012-4	SYB08	560.0	菱形海线藻、尖刺拟菱形藻、相似斜纹藻、反曲原甲藻（*Prorocentrum sigmoides*）	2.11	380.0	180.0	0.0	0.0
2012-4	SYB09							
2012-4	SYB10	380.0	微小原甲藻、长尾卡盾藻（*Chattonella antiqua*）	1.29	180.0	140.0	0.0	0.0
2012-4	SYB11	468.0	长尾卡盾藻、劳氏角毛藻	1.67	180.0	108.0	0.0	0.0
2012-4	SYB12	760.0	长尾卡盾藻	0.70	140.0	200.0	0.0	0.0
2012-9	SYB01	13 400.0	海线藻（*Thalassionema* sp.）、尖刺拟菱形藻	10.17	12 200.0	1 200.0	0.0	0.0
2012-9	SYB02	13 600.0	海线藻、红海束毛藻	19.50	7 800.0	400.0	5 400.0	0.0
2012-9	SYB03	2 800.0	菱形海线藻、尖刺拟菱形藻	6.00	2 400.0	400.0	0.0	0.0
2012-9	SYB04	3 200.0	尖刺拟菱形藻、菱形海线藻	7.00	2 800.0	400.0	0.0	0.0
2012-9	SYB05	12 400.0	海线藻	19.67	11 800.0	600.0	0.0	0.0

（续）

时间（年-月）	站位	浮游植物个体数/(ind./L)	浮游植物优势种	硅甲藻比	硅藻/(ind./L)	甲藻/(ind./L)	蓝藻/(ind./L)	金藻/(ind./L)
2012-9	SYB06	5 400.0	海线藻、微小原甲藻、尖刺拟菱形藻	0.93	2 600.0	2 800.0	0.0	0.0
2012-9	SYB07	5 400.0	尖刺拟菱形藻、海线藻	5.50	4 400.0	800.0	0.0	0.0
2012-9	SYB08	5 200.0	海线藻、菱形海线藻	5.50	4 400.0	800.0	0.0	0.0
2012-9	SYB09	6 000.0	海线藻、尖刺拟菱形藻	14.00	5 600.0	400.0	0.0	0.0
2012-9	SYB10	7 200.0	海线藻	10.67	6 400.0	600.0	0.0	0.0
2012-9	SYB11	4 000.0	尖刺拟菱形藻、海线藻	3.00	3 000.0	1 000.0	0.0	0.0
2012-9	SYB12	4 400.0	海线藻、具槽直链藻	4.50	3 600.0	800.0	0.0	0.0
2012-11	SYB01	152 200.0	拟旋链角毛藻、针杆藻（Synedra sp.）、丹麦细柱藻	1 230.00	152 200.0	0.0	0.0	0.0
2012-11	SYB02	246 200.0	拟旋链角毛藻、针杆藻、丹麦细柱藻	118.00	246 000.0	200.0	0.0	0.0
2012-11	SYB03	23 800.0	尖刺拟菱形藻、针杆藻		23 600.0	200.0	0.0	0.0
2012-11	SYB04	17 000.0	拟旋链角毛藻、尖刺拟菱形藻、针杆藻		17 000.0	0.0	0.0	0.0
2012-11	SYB05	89 400.0	中华根管藻（Rhizosolenia sinensis）、尖刺拟菱形藻、丹麦细柱藻		89 400.0	0.0	0.0	0.0
2012-11	SYB06	78 200.0	针杆藻、中华根管藻、丹麦细柱藻、拟旋链角毛藻	390.00	78 000.0	200.0	0.0	0.0
2012-11	SYB07	38 200.0	拟旋链角毛藻、红海束毛藻、中华根管藻	6.64	33 200.0	5 000.0	0.0	0.0
2012-11	SYB08	32 600.0	针杆藻、尖刺拟菱形藻、丹麦细柱藻、拟旋链角毛藻		32 600.0	0.0	0.0	0.0
2012-11	SYB09	41 800.0	拟旋链角毛藻、丹麦细柱藻、针杆藻、尖刺拟菱形藻		41 800.0	0.0	0.0	0.0
2012-11	SYB10	34 000.0	尖刺拟菱形藻、拟旋链角毛藻、透明辐杆藻		34 000.0	0.0	0.0	0.0
2012-11	SYB11	23 600.0	拟旋链角毛藻、丹麦细柱藻、中华根管藻	117.00	23 400.0	200.0	0.0	0.0
2012-11	SYB12	26 000.0	中华根管藻、尖刺拟菱形藻、针杆藻	129.00	25 800.0	200.0	0.0	0.0
2013-1	SYB01	243 200.0	微小海链藻、变异辐杆藻、柔弱角毛藻	85.71	240 000.0	2 800.0	0.0	400.0
2013-1	SYB02	165 600.0	劳氏角毛藻、拟旋链角毛藻、旋链角毛藻	274.50	164 700.0	600.0	0.0	300.0
2013-1	SYB03	90 000.0	劳氏角毛藻、透明辐杆藻、旋链角毛藻	55.25	88 400.0	1 600.0	0.0	0.0
2013-1	SYB04	32 600.0	透明辐杆藻、变异辐杆藻、拟旋链角毛藻	39.50	31 600.0	800.0	0.0	0.0
2013-1	SYB05	145 200.0	透明辐杆藻、旋链角毛藻、变异辐杆藻、劳氏角毛藻	71.60	143 200.0	2 000.0	0.0	0.0

（续）

时间（年-月）	站位	浮游植物个体数/(ind./L)	浮游植物优势种	硅甲藻比	硅藻/(ind./L)	甲藻/(ind./L)	蓝藻/(ind./L)	金藻/(ind./L)
2013－1	SYB06	110 400.0	变异辐杆藻、劳氏角毛藻	54.00	108 000.0	2 000.0	0.0	400.0
2013－1	SYB07	44 800.0	中华根管藻、透明辐杆藻	11.44	41 200.0	3 600.0	0.0	0.0
2013－1	SYB08	105 200.0	铁氏束毛藻、劳氏角毛藻	54.00	64 800.0	1 200.0	39 200.0	0.0
2013－1	SYB09	28 600.0	平片针杆藻小形变种（*Synedrata dulata* var. *parua*）、劳氏角毛藻	46.67	28 000.0	600.0	0.0	0.0
2013－1	SYB10	138 400.0	尖刺拟菱形藻、劳氏角毛藻	114.33	137 200.0	1 200.0	0.0	0.0
2013－1	SYB11	77 600.0	拟旋链角毛藻、劳氏角毛藻、变异辐杆藻	193.00	77 200.0	400.0	0.0	0.0
2013－1	SYB12	71 600.0	劳氏角毛藻、变异辐杆藻、透明辐杆藻	43.75	70 000.0	1 600.0	0.0	0.0
2013－4	SYB01	255 600.0	丹麦细柱藻、脆根管藻（*Rhizosolenia fragilissima*）	210.33	252 400.0	1 200.0	0.0	400.0
2013－4	SYB02	135 200.0	丹麦细柱藻、翼根管藻纤细变型、微小细柱藻	66.40	132 800.0	2 000.0	0.0	400.0
2013－4	SYB03	138 000.0	翼根管藻纤细变型、丹麦细柱藻、新月菱形藻（*Nitzschia closterium*）	171.50	137 200.0	800.0	0.0	0.0
2013－4	SYB04	65 200.0	翼根管藻纤细变型、丹麦细柱藻、新月菱形藻、柔弱根管藻（*Rhizosolenia delicatula*）	19.25	61 600.0	3 200.0	0.0	400.0
2013－4	SYB05	211 600.0	丹麦细柱藻、脆根管藻、翼根管藻纤细变型	87.17	209 200.0	2 400.0	0.0	0.0
2013－4	SYB06	77 200.0	翼根管藻纤细变型、丹麦细柱藻	47.25	75 600.0	1 600.0	0.0	0.0
2013－4	SYB07	52 000.0	翼根管藻纤细变型、尖刺拟菱形藻	25.00	50 000.0	2 000.0	0.0	0.0
2013－4	SYB08	36 000.0	翼根管藻纤细变型、变异辐杆藻	29.00	34 800.0	1 200.0	0.0	0.0
2013－4	SYB09	24 000.0	翼根管藻纤细变型、尖刺拟菱形藻	29.00	23 200.0	800.0	0.0	0.0
2013－4	SYB10	90 000.0	丹麦细柱藻（*Rhizosolenia sinensis*）、翼根管藻纤细变型	31.14	87 200.0	2 800.0	0.0	0.0
2013－4	SYB11	69 600.0	红海束毛藻、翼根管藻纤细变型、脆根管藻	92.00	36 800.0	400.0	32 400.0	0.0
2013－4	SYB12	149 200.0	丹麦细柱藻、翼根管藻纤细变型、脆根管藻	36.20	144 800.0	4 000.0	0.0	400.0
2013－7	SYB01	9 600.0	尖刺拟菱形藻、中肋骨条藻	7.00	8 400.0	1 200.0	0.0	0.0
2013－7	SYB02	8 400.0	尖刺拟菱形藻、微小海链藻	6.00	7 200.0	1 200.0	0.0	0.0
2013－7	SYB03	25 200.0	脆根管藻、柔弱根管藻、尖刺拟菱形藻	30.50	24 400.0	800.0	0.0	0.0

（续）

时间（年-月）	站位	浮游植物个体数/(ind./L)	浮游植物优势种	硅甲藻比	硅藻/(ind./L)	甲藻/(ind./L)	蓝藻/(ind./L)	金藻/(ind./L)
2013-7	SYB04	58 400.0	脆根管藻、柔弱根管藻、尖刺拟菱形藻	35.50	56 800.0	1 600.0	0.0	0.0
2013-7	SYB05	10 800.0	尖刺拟菱形藻、伏氏海线藻	5.75	9 200.0	1 600.0	0.0	0.0
2013-7	SYB06	10 000.0	尖刺拟菱形藻、伏氏海线藻	4.00	8 000.0	2 000.0	0.0	0.0
2013-7	SYB07	196 000.0	微囊藻（Microcystis sp.）、脆根管藻	23.60	47 200.0	2 000.0	146 800.0	0.0
2013-7	SYB08	14 800.0	脆根管藻、伏氏海线藻、尖刺拟菱形藻	11.33	13 600.0	1 200.0	0.0	0.0
2013-7	SYB09	34 000.0	脆根管藻、柔弱根管藻、尖刺拟菱形藻	41.50	33 200.0	800.0	0.0	0.0
2013-7	SYB10	7 200.0	中肋骨条藻	8.00	6 400.0	800.0	0.0	0.0
2013-7	SYB11	9 600.0	中肋骨条藻、微小海链藻	3.00	7 200.0	2 400.0	0.0	0.0
2013-7	SYB12	8 000.0	菱形海线藻、中肋骨条藻	9.00	7 200.0	800.0	0.0	0.0
2013-11	SYB01	792 600.0	脆根管藻	329.25	790 200.0	2 400.0	0.0	0.0
2013-11	SYB02	1 326 400.0	脆根管藻	1 657.00	1 325 600.0	800.0	0.0	0.0
2013-11	SYB03	965 600.0	丹麦细柱藻、脆根管藻、斯托根管藻	401.33	963 200.0	2 400.0	0.0	0.0
2013-11	SYB04	862 400.0	丹麦细柱藻、脆根管藻、斯托根管藻	1 077.00	861 600.0	800.0	0.0	0.0
2013-11	SYB05	930 400.0	丹麦细柱藻、脆根管藻	192.83	925 600.0	4 800.0	0.0	0.0
2013-11	SYB06	890 400.0	丹麦细柱藻、脆根管藻	370.00	888 000.0	2 400.0	0.0	0.0
2013-11	SYB07	239 200.0	丹麦细柱藻	198.33	238 000.0	1 200.0	0.0	0.0
2013-11	SYB08	148 200.0	中华根管藻	184.25	147 400.0	800.0	0.0	0.0
2013-11	SYB09	141 200.0	丹麦细柱藻、中华根管藻	234.33	140 600.0	600.0	0.0	0.0
2013-11	SYB10	79 000.0	丹麦细柱藻、中华根管藻	130.67	78 400.0	600.0	0.0	0.0
2013-11	SYB11	109 200.0	丹麦细柱藻、中华根管藻		109 200.0	0.0	0.0	0.0
2013-11	SYB12	200 800.0	中华根管藻、丹麦细柱藻	333.67	200 200.0	600.0	0.0	0.0
2014-1	SYB01	261 600.0	刚毛根管藻（Rhizosolenia setigera）	217.00	260 400.0	1 200.0	0.0	0.0
2014-1	SYB02	136 000.0	刚毛根管藻	41.50	132 800.0	3 200.0	0.0	0.0
2014-1	SYB03	34 400.0	海洋菱形藻（Nitzschia marina）、拟旋角毛藻	42.00	33 600.0	800.0	0.0	0.0
2014-1	SYB04	24 000.0	具槽直链藻、海洋菱形藻、菱形海线藻	59.00	23 600.0	400.0	0.0	0.0

（续）

时间（年-月）	站位	浮游植物个体数/(ind./L)	浮游植物优势种	硅甲藻比	硅藻/(ind./L)	甲藻/(ind./L)	蓝藻/(ind./L)	金藻/(ind./L)
2014-1	SYB05	32 400.0	刚毛根管藻	26.00	31 200.0	1 200.0	0.0	0.0
2014-1	SYB06	38 800.0	刚毛根管藻、菱形海线藻	18.40	36 800.0	2 000.0	0.0	0.0
2014-1	SYB07	23 600.0	海洋菱形藻、菱形海线藻、刚毛根管藻	28.00	22 400.0	800.0	0.0	400.0
2014-1	SYB08	40 800.0	刚毛根管藻、海洋菱形藻	24.50	39 200.0	1 600.0	0.0	0.0
2014-1	SYB09	22 000.0	海洋菱形藻、刚毛根管藻	26.50	21 200.0	800.0	0.0	0.0
2014-1	SYB10	40 000.0	刚毛根管藻、具槽直链藻	32.33	38 800.0	1 200.0	0.0	0.0
2014-1	SYB11	48 400.0	海洋菱形藻、刚毛根管藻	14.20	28 400.0	2 000.0	18 000.0	0.0
2014-1	SYB12	46 400.0	刚毛根管藻、美丽斜纹藻	57.00	45 600.0	800.0	0.0	0.0
2014-4	SYB01	38 800.0	红海束毛藻、铁氏束毛藻	10.00	4 000.0	400.0	34 400.0	0.0
2014-4	SYB02	40 000.0	铁氏束毛藻、变异辐杆藻	14.33	17 200.0	1 200.0	21 600.0	0.0
2014-4	SYB03	39 600.0	红海束毛藻、铁氏束毛藻	11.00	8 800.0	800.0	30 000.0	0.0
2014-4	SYB04	102 400.0	红海束毛藻、铁氏束毛藻	9.50	15 200.0	1 600.0	85 600.0	0.0
2014-4	SYB05	58 800.0	变异辐杆藻、菱形藻	35.75	57 200.0	1 600.0	0.0	0.0
2014-4	SYB06	37 600.0	变异辐杆藻、菱形藻	17.80	35 600.0	2 000.0	0.0	0.0
2014-4	SYB07	31 600.0	红海束毛藻、变异辐杆藻	6.00	12 000.0	2 000.0	17 600.0	0.0
2014-4	SYB08	46 800.0	变异辐杆藻、菱形藻	116.00	46 400.0	400.0	0.0	0.0
2014-4	SYB09	100 800.0	铁氏束毛藻	29.00	23 200.0	800.0	76 800.0	0.0
2014-4	SYB10	43 600.0	变异辐杆藻、柔弱根管藻	53.50	42 800.0	800.0	0.0	0.0
2014-4	SYB11	44 800.0	铁氏束毛藻	7.00	16 800.0	2 400.0	25 600.0	0.0
2014-4	SYB12	65 600.0	柔弱根管藻、变异辐杆藻	81.00	64 800.0	800.0	0.0	0.0
2014-7	SYB01	70 400.0	脆根管藻、尖刺拟菱形藻	43.00	68 800.0	1 600.0	0.0	0.0
2014-7	SYB02	21 600.0	脆根管藻、尖刺拟菱形藻	3.50	16 800.0	4 800.0	0.0	0.0
2014-7	SYB03	52 000.0	菱形海线藻、尖刺拟菱形藻	15.25	48 800.0	3 200.0	0.0	0.0
2014-7	SYB04	78 400.0	红海束毛藻、菱形海线藻、脆根管藻	14.00	33 600.0	2 400.0	42 400.0	0.0
2014-7	SYB05	37 600.0	脆根管藻、菱形海线藻、尖刺拟菱形藻	14.33	34 400.0	2 400.0	0.0	800.0

（续）

时间（年-月）	站位	浮游植物个体数/(ind./L)	浮游植物优势种	硅甲藻比	硅藻/(ind./L)	甲藻/(ind./L)	蓝藻/(ind./L)	金藻/(ind./L)
2014-7	SYB06	100 800.0	铁氏束毛藻、菱形海线藻		31 200.0	0.0	69 600.0	0.0
2014-7	SYB07	390 400.0	红海束毛藻、铁氏束毛藻、尖刺拟菱形藻	39.33	94 400.0	2 400.0	293 600.0	0.0
2014-7	SYB08	96 000.0	铁氏束毛藻	6.00	4 800.0	800.0	90 400.0	0.0
2014-7	SYB09	67 200.0	丹麦细柱藻、脆根管藻	83.00	66 400.0	800.0	0.0	0.0
2014-7	SYB10	104 000.0	脆根管藻、丹麦细柱藻、菱形海线藻	42.00	100 800.0	2 400.0	0.0	800.0
2014-7	SYB11	71 200.0	丹麦细柱藻、菱形海线藻、脆根管藻	88.00	70 400.0	800.0	0.0	0.0
2014-7	SYB12	35 200.0	丹麦细柱藻、长菱形藻（Nitzschia longissima）、脆根管藻	6.33	30 400.0	4 800.0	0.0	0.0
2014-10	SYB01	33 600.0	菱形海线藻、尖刺拟菱形藻、拟旋链角毛藻	13.00	31 200.0	2 400.0	0.0	0.0
2014-10	SYB02	48 000.0	尖刺拟菱形藻、拟旋链角毛藻、菱形藻	19.00	45 600.0	2 400.0	0.0	0.0
2014-10	SYB03	16 000.0	尖刺拟菱形藻、长菱形藻	9.00	14 400.0	1 600.0	0.0	0.0
2014-10	SYB04	9 600.0	尖刺拟菱形藻、拟旋链角毛藻	11.00	8 800.0	800.0	0.0	0.0
2014-10	SYB05	38 400.0	拟旋链角毛藻、尖刺拟菱形藻	11.00	35 200.0	3 200.0	0.0	0.0
2014-10	SYB06	28 800.0	长菱形藻、拟旋链角毛藻	6.00	24 000.0	4 000.0	0.0	800.0
2014-10	SYB07	19 200.0	菱形海线藻、拟旋链角毛藻	3.80	15 200.0	4 000.0	0.0	0.0
2014-10	SYB08	30 400.0	长菱形藻、拟旋链角毛藻	37.00	29 600.0	800.0	0.0	0.0
2014-10	SYB09	60 800.0	红海束毛藻	6.50	10 400.0	1 600.0	48 800.0	0.0
2014-10	SYB10	32 800.0	拟旋链角毛藻、尖刺拟菱形藻、菱形海线藻	19.50	31 200.0	1 600.0	0.0	0.0
2014-10	SYB11	41 600.0	菱形海线藻、海链角毛藻	7.67	36 800.0	4 800.0	0.0	0.0
2014-10	SYB12	38 400.0	拟旋链角毛藻、海链藻	22.50	36 000.0	1 600.0	0.0	800.0
2015-1	SYB01	88 000.0	中肋骨条藻、尖刺拟菱形藻、拟旋链角毛藻	6.86	76 800.0	11 200.0	0.0	0.0
2015-1	SYB02	69 600.0	拟旋链角毛藻、尖刺拟菱形藻、菱形海线藻	6.57	60 400.0	9 200.0	0.0	0.0
2015-1	SYB03	48 400.0	尖刺拟菱形藻		48 400.0	0.0	0.0	0.0
2015-1	SYB04	38 360.0	中肋骨条藻、尖刺拟菱形藻	44.00	35 200.0	800.0	2 360.0	0.0

（续）

时间 （年-月）	站位	浮游植物个体数/ (ind./L)	浮游植物优势种	硅甲藻比	硅藻/ (ind./L)	甲藻/ (ind./L)	蓝藻/ (ind./L)	金藻/ (ind./L)
2015-1	SYB05	60 400.0	拟旋链角毛藻、中肋骨条藻、尖刺拟菱形藻、菱形海线藻	20.57	57 600.0	2 800.0	0.0	0.0
2015-1	SYB06	69 600.0	中肋骨条藻、尖刺拟菱形藻、菱形海线藻、具槽直链藻	33.80	67 600.0	2 000.0	0.0	0.0
2015-1	SYB07	64 800.0	尖刺拟菱形藻、菱形藻		64 800.0	0.0	0.0	0.0
2015-1	SYB08	113 600.0	中肋骨条藻、尖刺拟菱形藻	141.00	112 800.0	800.0	0.0	0.0
2015-1	SYB09	62 400.0	中肋骨条藻、拟旋链角毛藻、具槽直链藻	18.50	59 200.0	3 200.0	0.0	0.0
2015-1	SYB10	86 400.0	尖刺拟菱形藻、中肋骨条藻	53.00	84 800.0	1 600.0	0.0	0.0
2015-1	SYB11	73 600.0	中肋骨条藻、具槽直链藻、拟旋链角毛藻	90.00	72 000.0	800.0	0.0	800.0
2015-1	SYB12	72 800.0	中肋骨条藻、尖刺拟菱形藻	21.75	69 600.0	3 200.0	0.0	0.0
2015-4	SYB01	3 241 600.0	尖刺拟菱形藻、中肋骨条藻	336.67	3 232 000.0	9 600.0	0.0	0.0
2015-4	SYB02	1 514 400.0	尖刺拟菱形藻、中肋骨条藻	269.43	1 508 800.0	5 600.0	0.0	0.0
2015-4	SYB03	831 200.0	尖刺拟菱形藻、中肋骨条藻	518.50	829 600.0	1 600.0	0.0	0.0
2015-4	SYB04	574 460.0	尖刺拟菱形藻、中肋骨条藻	237.00	568 800.0	2 400.0	3 260.0	0.0
2015-4	SYB05	996 480.0	尖刺拟菱形藻、中肋骨条藻	309.50	990 400.0	3 200.0	2 880.0	0.0
2015-4	SYB06	739 480.0	尖刺拟菱形藻	914.00	731 200.0	800.0	7 480.0	0.0
2015-4	SYB07	236 280.0	尖刺拟菱形藻	95.67	229 600.0	2 400.0	4 280.0	0.0
2015-4	SYB08	467 200.0	尖刺拟菱形藻、中肋骨条藻	115.80	463 200.0	4 000.0	0.0	0.0
2015-4	SYB09	213 600.0	尖刺拟菱形藻	88.00	211 200.0	2 400.0	0.0	0.0
2015-4	SYB10	194 400.0	尖刺拟菱形藻	80.00	192 000.0	2 400.0	0.0	0.0
2015-4	SYB11	172 800.0	尖刺拟菱形藻	215.00	172 000.0	800.0	0.0	0.0
2015-4	SYB12	648 800.0	尖刺拟菱形藻、中肋骨条藻	201.75	645 600.0	3 200.0	0.0	0.0
2015-7	SYB01	484 420.0	尖刺拟菱形藻、中肋骨条藻	200.33	480 800.0	2 400.0	1 220.0	0.0
2015-7	SYB02	1 401 600.0	海链藻、尖刺拟菱形藻	193.67	1 394 400.0	7 200.0	0.0	0.0
2015-7	SYB03	211 560.0	尖刺拟菱形藻、海链藻、拟旋链角毛藻	51.60	206 400.0	4 000.0	1 160.0	0.0
2015-7	SYB04	385 600.0	中肋骨条藻、尖刺拟菱形藻	119.50	382 400.0	3 200.0	0.0	0.0

（续）

时间（年-月）	站位	浮游植物个体数/(ind./L)	浮游植物优势种	硅甲藻比	硅藻/(ind./L)	甲藻/(ind./L)	蓝藻/(ind./L)	金藻/(ind./L)
2015-7	SYB05	647 200.0	海链藻、尖刺拟菱形藻	79.90	639 200.0	8 000.0	0.0	0.0
2015-7	SYB06	2 575 200.0	海链藻、尖刺拟菱形藻	401.38	2 568 800.0	6 400.0	0.0	0.0
2015-7	SYB07	186 160.0	中肋骨条藻、尖刺拟菱形藻、海链藻、拟旋链角毛藻	76.00	182 400.0	2 400.0	1 360.0	0.0
2015-7	SYB08	222 400.0	铁氏束毛藻、尖刺拟菱形藻、拟旋链角毛藻、中肋骨条藻	40.00	128 000.0	3 200.0	91 200.0	0.0
2015-7	SYB09	448 800.0	中肋骨条藻、尖刺拟菱形藻	279.50	447 200.0	1 600.0	0.0	0.0
2015-7	SYB10	463 200.0	中肋骨条藻、尖刺拟菱形藻	95.50	458 400.0	4 800.0	0.0	0.0
2015-7	SYB11	302 400.0	中肋骨条藻、尖刺拟菱形藻	93.50	299 200.0	3 200.0	0.0	0.0
2015-7	SYB12	417 600.0	中肋骨条藻、拟旋链角毛藻、尖刺拟菱形藻	64.25	411 200.0	6 400.0	0.0	0.0
2015-11	SYB01	104 000.0	翼根管藻、丹麦细柱藻、覆瓦根管藻	42.33	101 600.0	2 400.0	0.0	0.0
2015-11	SYB02	331 200.0	翼根管藻、翼根管藻纤细变型	102.50	328 000.0	3 200.0	0.0	0.0
2015-11	SYB03	60 800.0	覆瓦根管藻、尖刺拟菱形藻		60 800.0	0.0	0.0	0.0
2015-11	SYB04	57 320.0	拟旋链角毛藻、覆瓦根管藻		53 600.0	0.0	3 720.0	0.0
2015-11	SYB05	215 200.0	翼根管藻、丹麦细柱藻、覆瓦根管藻	268.00	214 400.0	800.0	0.0	0.0
2015-11	SYB06	100 800.0	覆瓦根管藻、丹麦细柱藻、翼根管藻纤细变型	124.00	99 200.0	800.0	0.0	800.0
2015-11	SYB07	78 400.0	覆瓦根管藻		78 400.0	0.0	0.0	0.0
2015-11	SYB08	121 940.0	覆瓦根管藻、翼根管藻	73.50	117 600.0	1 600.0	2 740.0	0.0
2015-11	SYB09	93 600.0	覆瓦根管藻、翼根管藻	57.50	92 000.0	1 600.0	0.0	0.0
2015-11	SYB10	206 400.0	翼根管藻、覆瓦根管藻纤细变型		206 400.0	0.0	0.0	0.0
2015-11	SYB11	39 840.0	覆瓦根管藻、翼根管藻	23.00	36 800.0	1 600.0	1 440.0	0.0
2015-11	SYB12	316 000.0	翼根管藻、翼根管藻纤细变型、覆瓦根管藻	196.50	314 400.0	1 600.0	0.0	0.0

3.4.5　浮游动物

3.4.5.1　概述

本部分数据为三亚站 2007—2015 年 12 个长期监测站点年度尺度的浮游动物观测数据，包括浮游动物个体数、桡足类个体数、胶质类个体数，胶质类、毛颚类、其他浮游动物、枝角类、原生动物、浮游动物优势种。计量单位为 ind. /L。

3.4.5.2　数据采集和处理方法

按照《海洋调查规范 第 6 部分：海洋生物调查》（GB/T 12763.6—2007），在每个调查站点用浅水Ⅰ型浮游生物网从底到表垂直拖网采集浮游动物，样品使用中性甲醛溶液固定（终浓度为 5%），供测定用。浮游动物样品浓缩后在 OlympusUTV0.5XC‑3 体视显微镜下进行种类鉴定与个体计数。利用 AcculabALC‑210.3 万分之一天平分析浮游动物各主要类群湿重生物量，并获得浮游动物总湿重生物量。

3.4.5.3　数据质量控制和评估

整理历年上报数据并进行质量控制，核实异常数据。质控方法包括：阈值检查、完整性检查、一致性检查等。

插补原始的缺失数据或者异常数据，采用平均值法插补缺失值的，插补数据以下划线标记。

3.4.5.4　数据价值/数据使用方法和建议

浮游动物是海洋初级生产向高营养级生物传递的关键环节，对浮游动物的长期监测有助于了解其群落结构演变规律，为预测渔业资源动态变化提供科学依据。

3.4.5.5　数据

具体数据见表 3‑14。

表 3‑14　浮游动物群落组成数据

时间（年‑月）	站位	浮游动物个体数/（ind. /L）	桡足类个体数/（ind. /L）	胶质类个体数/（ind. /L）	其他浮游动物个体数/（ind. /L）	浮游动物优势种
2007‑1	SYB01	0.050 0	0.005 7	0.007 9	0.036 4	长尾住囊虫（*Oikopleura longicauda*）、太平洋纺锤水蚤（*Acartia pacifica*）、长尾类幼虫（*Macrura* larva）、异体住囊虫（*Oikopleura dioica*）、百陶箭虫（*Zonosagitta bedoti*）、亚强次真哲水蚤（*Subeucalanus subcrassus*）、真刺水蚤（*Euchaeta* sp.）、蛇尾长腕幼虫（*Ophiopluteus* larva）、美丽箭虫（*Zonosagitta pulchra*）
2007‑1	SYB02	0.075 8	0.004 2	0.021 7	0.050 0	
2007‑1	SYB03	0.056 7	0.017 0	0.006 7	0.033 0	
2007‑1	SYB04	0.091 0	0.010 3	0.037 3	0.043 3	
2007‑1	SYB05	0.078 7	0.009 3	0.006 7	0.062 7	
2007‑1	SYB06	0.107 9	0.051 7	0.012 5	0.043 8	
2007‑1	SYB07	0.105 3	0.038 7	0.013 3	0.053 3	
2007‑1	SYB08	0.092 1	0.027 9	0.031 4	0.032 9	
2007‑1	SYB09	0.064 7	0.027 0	0.014 0	0.023 7	
2007‑1	SYB10	0.088 6	0.028 6	0.015 0	0.045 0	
2007‑1	SYB11	0.061 7	0.008 7	0.013 3	0.039 7	
2007‑1	SYB12	0.095 8	0.026 7	0.015 0	0.054 2	
2007‑4	SYB01	0.170 7	0.067 9	0.010 7	0.092 1	红纺锤水蚤（*Acartia erythraea*）、长尾类幼虫、莹虾幼虫（*Lucifer* larva）、肥胖箭虫（*Flaccisagitta enflata*）、异体住囊虫、鱼卵（fish egg）、小拟哲水蚤（*Paracalanus parvus*）、真刺水蚤、针刺真浮萤（*Euconchoecia aculeata*）、鱼卵
2007‑4	SYB02	0.260 0	0.046 7	0.058 3	0.155 0	
2007‑4	SYB03	0.066 3	0.022 7	0.006 7	0.037 0	
2007‑4	SYB04	0.138 7	0.043 3	0.025 7	0.069 7	
2007‑4	SYB05	0.085 3	0.016 7	0.022 0	0.046 7	

（续）

时间 （年-月）	站位	浮游动物个体 数/（ind./L）	桡足类个体 数/（ind./L）	胶质类个体数/ （ind./L）	其他浮游动物 个体数/（ind./L）	浮游动物优势种
2007-4	SYB06	0.060 8	0.012 1	0.004 6	0.044 2	
2007-4	SYB07	0.186 3	0.075 3	0.025 3	0.085 7	
2007-4	SYB08	0.110 7	0.025 7	0.012 9	0.072 1	
2007-4	SYB09	0.076 4	0.026 4	0.010 7	0.039 3	
2007-4	SYB10	0.098 7	0.038 7	0.013 3	0.046 7	
2007-4	SYB11	0.146 7	0.036 7	0.030 0	0.080 0	
2007-7	SYB01		0.001 4	0.002 9		
2007-7	SYB02		0.021 7	0.030 0		
2007-7	SYB03		0.005 0	0.003 3		
2007-7	SYB04		0.009 7	0.004 3		
2007-7	SYB05		0.043 3	0.012 0		
2007-7	SYB06		0.018 3	0.013 3		
2007-7	SYB07		0.018 7	0.010 0		
2007-7	SYB08		0.005 0	0.022 1		
2007-7	SYB09		0.002 0	0.006 3		
2007-7	SYB10		0.011 4	0.019 3		
2007-7	SYB11		0.010 7	0.011 0		
2007-7	SYB12		0.003 3	0.010 8		
2007-10	SYB01		0.021 4	0.040 7		
2007-10	SYB02		0.046 7	0.022 5		
2007-10	SYB03		0.010 7	0.005 0		
2007-10	SYB04		0.033 3	0.009 7		
2007-10	SYB05		0.062 7	0.013 3		
2007-10	SYB06		0.010 0	0.005 0		
2007-10	SYB07		0.032 3	0.003 3		
2007-10	SYB08		0.022 9	0.012 1		
2007-10	SYB09		0.019 7	0.008 0		
2007-10	SYB10		0.016 4	0.002 9		
2007-10	SYB11		0.028 0	0.004 7		
2007-10	SYB12		0.008 3	0.001 7		
2008-1	SYB01	0.140 0	0.040 6	0.039 4	0.060 0	肥胖箭虫、百陶箭虫、亚强次真哲水蚤、太平洋纺锤水蚤、真刺水蚤、细颈和平水母（*Eirene menoni*）、半口壮丽水母（*Aglaura hemistoma*）、异体住囊虫、莹虾幼虫
2008-1	SYB02	0.419 3	0.118 6	0.067 1	0.233 6	
2008-1	SYB03	0.107 7	0.025 6	0.024 7	0.057 4	
2008-1	SYB04	0.075 0	0.028 7	0.006 1	0.040 2	
2008-1	SYB05	0.094 1	0.030 6	0.016 5	0.047 1	
2008-1	SYB06	0.065 0	0.019 2	0.005 8	0.040 0	
2008-1	SYB07	0.073 5	0.025 5	0.014 8	0.033 3	
2008-1	SYB08	0.135 0	0.028 2	0.018 2	0.088 6	

（续）

时间 （年-月）	站位	浮游动物个体 数/（ind. /L）	桡足类个体 数/（ind. /L）	胶质类个体数/ （ind. /L）	其他浮游动物 个体数/（ind. /L）	浮游动物优势种
2008 - 1	SYB09	0.067 8	0.020 2	0.008 6	0.039 0	
2008 - 1	SYB10	0.153 1	0.034 4	0.020 6	0.098 1	
2008 - 1	SYB11	0.184 1	0.050 0	0.015 0	0.119 1	
2008 - 1	SYB12	0.288 6	0.045 0	0.059 3	0.184 3	
2008 - 5	SYB01	0.096 7	0.011 3	0.036 7	0.048 8	肥胖箭虫、亚强次真哲水蚤、细浅室水母（*Lensia subtilis*）、拟细浅室水母（*Lensia subtiloides*）、长尾类幼体、莹虾幼体
2008 - 5	SYB02	0.160 8	0.024 2	0.057 5	0.079 2	
2008 - 5	SYB03	0.110 0	0.033 7	0.020 5	0.055 8	
2008 - 5	SYB04	0.060 4	0.011 5	0.008 5	0.040 4	
2008 - 5	SYB05	0.066 8	0.020 0	0.013 2	0.033 6	
2008 - 5	SYB06	0.139 1	0.040 3	0.017 8	0.080 9	
2008 - 5	SYB07	0.042 0	0.006 3	0.007 0	0.028 8	
2008 - 5	SYB08	0.086 0	0.022 7	0.018 7	0.044 7	
2008 - 5	SYB09	0.059 3	0.010 4	0.026 8	0.022 1	
2008 - 5	SYB10	0.091 5	0.028 0	0.021 5	0.042 0	
2008 - 5	SYB11	0.061 6	0.023 7	0.014 2	0.023 7	
2008 - 5	SYB12	0.060 8	0.011 7	0.012 5	0.036 7	
2008 - 8	SYB01	0.093 3	0.021 7	0.035 0	0.036 7	肥胖箭虫、微刺哲水蚤（*Canthocalanus pauper*）、亚强次真哲水蚤、异尾宽水蚤（*Temora discaudata*）、锥形宽水蚤（*Temora turbinata*）、棒笔帽螺（*Creseis clava*）、鸟喙尖头溞（*Penilia avirostris*）
2008 - 8	SYB02	0.062 9	0.024 3	0.020 0	0.018 6	
2008 - 8	SYB03	0.146 8	0.087 0	0.016 0	0.043 8	
2008 - 8	SYB04	0.095 2	0.040 4	0.014 4	0.040 4	
2008 - 8	SYB05	0.166 3	0.061 9	0.034 4	0.070 0	
2008 - 8	SYB06	0.069 3	0.033 7	0.013 7	0.022 0	
2008 - 8	SYB07	0.049 7	0.020 5	0.008 4	0.020 8	
2008 - 8	SYB08	0.128 5	0.055 0	0.024 0	0.049 5	
2008 - 8	SYB09	0.045 6	0.014 4	0.011 0	0.020 2	
2008 - 8	SYB10	0.079 0	0.028 0	0.014 0	0.037 0	
2008 - 8	SYB11	0.079 8	0.037 3	0.016 8	0.025 8	
2008 - 8	SYB12	0.093 1	0.034 6	0.023 9	0.034 6	
2008 - 10	SYB01	0.134 5	0.026 0	0.014 5	0.094 0	肥胖箭虫、亚强次真哲水蚤、精致真刺水蚤（*Euchaeta concinna*）、双生水母（*Diphyes chamissonis*）
2008 - 10	SYB02	0.155 0	0.021 7	0.060 8	0.072 5	
2008 - 10	SYB03	0.125 8	0.068 7	0.013 4	0.043 7	
2008 - 10	SYB04	0.090 5	0.037 9	0.016 9	0.035 7	
2008 - 10	SYB05	0.094 4	0.034 4	0.024 4	0.035 6	
2008 - 10	SYB06	0.050 4	0.013 6	0.012 9	0.023 9	
2008 - 10	SYB07	0.107 1	0.043 1	0.021 0	0.043 1	
2008 - 10	SYB08	0.103 6	0.059 6	0.011 8	0.032 1	
2008 - 10	SYB09	0.081 0	0.027 0	0.018 6	0.035 4	
2008 - 10	SYB10	0.076 9	0.023 5	0.024 2	0.029 2	

（续）

时间 （年-月）	站位	浮游动物个体 数/（ind./L）	桡足类个体 数/（ind./L）	胶质类个体数/ （ind./L）	其他浮游动物 个体数/（ind./L）	浮游动物优势种
2008 - 10	SYB11	0.082 3	0.035 3	0.017 8	0.029 3	
2008 - 10	SYB12	0.135 0	0.046 7	0.006 7	0.081 7	
2009 - 8	SYB01	0.016 3	0.004 5	0.002 3	0.009 5	亚强次真哲水蚤、卵形光水蚤（Lucicutia
2009 - 8	SYB02	0.018 0	0.006 6	0.000 9	0.010 6	ovalis）、中型莹虾（Lucifer intermedius）、
2009 - 8	SYB03	0.083 3	0.016 7	0.012 2	0.054 4	肥胖箭虫、短尾类幼体、长尾类幼体
2009 - 8	SYB04	0.073 7	0.017 9	0.006 3	0.049 5	
2009 - 8	SYB05	0.041 0	0.015 3	0.005 3	0.020 3	
2009 - 8	SYB06	0.087 4	0.012 5	0.009 3	0.065 6	
2009 - 8	SYB07	0.075 8	0.026 3	0.009 5	0.040 0	
2009 - 8	SYB08	0.073 3	0.035 0	0.006 7	0.031 7	
2009 - 8	SYB09	0.064 8	0.020 8	0.004 0	0.040 0	
2009 - 8	SYB10	0.064 0	0.018 0	0.016 0	0.030 0	
2009 - 8	SYB11	0.069 0	0.029 0	0.009 0	0.031 0	
2009 - 8	SYB12	0.092 5	0.020 0	0.010 0	0.062 5	
2009 - 11	SYB01	0.055 7	0.035 1	0.001 7	0.018 9	肥胖箭虫、小纺锤水蚤（Acartia negli-
2009 - 11	SYB02	0.119 2	0.049 2	0.001 6	0.068 4	gens）、亚强次真哲水蚤、小拟哲水蚤、小
2009 - 11	SYB03	0.026 7	0.013 3	0.001 1	0.012 2	长足水蚤（Calanopia minor）
2009 - 11	SYB04	0.033 1	0.022 0	0.001 1	0.010 0	
2009 - 11	SYB05	0.041 1	0.026 0	0.000 0	0.015 1	
2009 - 11	SYB06	0.048 7	0.028 4	0.001 0	0.019 3	
2009 - 11	SYB07	0.040 4	0.024 2	0.000 4	0.015 8	
2009 - 11	SYB08	0.088 0	0.059 3	0.001 8	0.026 9	
2009 - 11	SYB09	0.026 8	0.014 3	0.000 8	0.011 7	
2009 - 11	SYB10	0.098 5	0.062 8	0.002 3	0.033 5	
2009 - 11	SYB11	0.087 3	0.053 0	0.003 3	0.031 0	
2009 - 11	SYB12	0.057 1	0.032 9	0.001 4	0.022 9	
2010 - 1	SYB01	0.295 6	0.269 4	0.015 6	0.010 6	肥胖箭虫、锥形宽水蚤、异尾宽水蚤、太
2010 - 1	SYB02	0.205 0	0.099 2	0.069 2	0.036 7	平洋纺锤水蚤、小纺锤水蚤、小拟哲水蚤、
2010 - 1	SYB03	0.055 8	0.029 4	0.016 4	0.010 0	小哲水蚤（Nannocalanus minor）、微刺哲水
2010 - 1	SYB04	0.054 8	0.033 4	0.014 8	0.006 6	蚤（Canthocalanus pauper）
2010 - 1	SYB05	0.107 1	0.061 4	0.022 9	0.022 9	
2010 - 1	SYB06	0.081 0	0.047 3	0.019 7	0.014 0	
2010 - 1	SYB07	0.070 0	0.033 8	0.020 5	0.015 8	
2010 - 1	SYB08	0.044 1	0.019 6	0.014 1	0.010 5	
2010 - 1	SYB09	0.045 7	0.026 8	0.013 2	0.005 7	
2010 - 1	SYB10	0.084 4	0.043 8	0.026 9	0.013 8	
2010 - 1	SYB11	0.096 9	0.048 8	0.035 9	0.012 2	
2010 - 1	SYB12	0.169 3	0.092 9	0.052 1	0.024 3	

（续）

时间 （年-月）	站位	浮游动物个体 数/（ind./L）	桡足类个体 数/（ind./L）	胶质类个体数/ （ind./L）	其他浮游动物 个体数/（ind./L）	浮游动物优势种
2010－4	SYB01	0.148 3	0.054 0	0.037 1	0.057 1	肥胖箭虫、长尾类幼虫、短尾类幼体
2010－4	SYB02	0.230 0	0.105 7	0.057 1	0.067 1	（Brachyura larva）、蛇尾长腕类幼体、微刺
2010－4	SYB03	0.077 8	0.036 9	0.025 3	0.015 6	哲水蚤、小纺锤水蚤、亚强次真哲水蚤、强
2010－4	SYB04	0.097 3	0.048 0	0.020 0	0.029 3	次真哲水蚤（Subeucalanus crassus）、小拟
2010－4	SYB05	0.157 0	0.089 0	0.041 0	0.027 0	哲水蚤
2010－4	SYB06	0.147 3	0.077 3	0.028 9	0.041 2	
2010－4	SYB07	0.081 4	0.042 5	0.020 6	0.018 3	
2010－4	SYB08	0.103 2	0.043 6	0.022 7	0.036 8	
2010－4	SYB09	0.070 0	0.037 4	0.014 1	0.018 6	
2010－4	SYB10	0.142 8	0.073 3	0.032 2	0.037 2	
2010－4	SYB11	0.112 5	0.046 6	0.035 3	0.030 6	
2010－4	SYB12	0.151 7	0.035 8	0.042 5	0.073 3	
2010－7	SYB01	0.076 5	0.008 0	0.025 0	0.003 5	红纺锤水蚤、长尾类幼虫、莹虾幼虫、肥
2010－7	SYB02	0.152 5	0.054 0	0.019 0	0.041 5	胖箭虫、异体住囊虫、鱼卵、小拟哲水蚤、
2010－7	SYB03	0.062 0	0.082 0	0.029 0	0.028 0	莹虾幼虫、真刺水蚤、针刺真浮萤（Eucon-
2010－7	SYB04	0.164 4	0.026 0	0.008 0	0.100 4	choecia aculeata）、鱼卵
2010－7	SYB05	0.090 0	0.055 0	0.009 0	0.051 0	
2010－7	SYB06	0.056 4	0.025 0	0.014 0	0.026 4	
2010－7	SYB07	0.158 7	0.011 0	0.019 0	0.140 7	
2010－7	SYB08	0.182 5	0.010 0	0.008 0	0.117 5	
2010－7	SYB09	0.084 0	0.048 0	0.017 0	0.015 0	
2010－7	SYB10	0.122 9	0.056 0	0.013 0	0.103 9	
2010－7	SYB11	0.103 7	0.005 0	0.014 0	0.002 7	
2010－7	SYB12	0.099 4	0.079 0	0.022 0	0.023 1	
2010－10	SYB01	0.140 6	0.061 9	0.014 4	0.064 4	肥胖箭虫、百陶箭虫、强额拟哲水蚤
2010－10	SYB02	0.181 7	0.063 3	0.019 2	0.099 2	（Paracalanus crassirostris）、小纺锤水蚤、
2010－10	SYB03	0.052 9	0.030 9	0.016 2	0.005 9	莹虾幼体
2010－10	SYB04	0.073 3	0.033 3	0.035 0	0.005 0	
2010－10	SYB05	0.073 1	0.030 0	0.023 1	0.020 0	
2010－10	SYB06	0.077 7	0.039 3	0.025 0	0.013 3	
2010－10	SYB07	0.046 1	0.030 6	0.011 1	0.004 4	
2010－10	SYB08	0.115 4	0.065 7	0.044 6	0.005 0	

（续）

时间 （年-月）	站位	浮游动物个体 数/（ind./L）	桡足类个体 数/（ind./L）	胶质类个体数/ （ind./L）	其他浮游动物 个体数/（ind./L）	浮游动物优势种
2010 - 10	SYB09	0.044 1	0.026 0	0.014 8	0.003 3	
2010 - 10	SYB10	0.132 2	0.061 7	0.063 3	0.007 2	
2010 - 10	SYB11	0.031 8	0.018 4	0.008 4	0.005 0	
2010 - 10	SYB12	0.073 1	0.043 8	0.018 8	0.010 6	
2011 - 1	SYB01	0.098 8	0.036 3	0.000 6	0.061 9	肥胖箭虫、小箭虫（*Aidanosagitta neglecta*）、正型莹虾（*Lucifer typus*）、亚强次真哲水蚤、小拟哲水蚤、小纺锤水蚤、长尾类幼虫、短尾类幼体、鱼卵
2011 - 1	SYB02	0.155 0	0.039 0	0.001 0	0.115 0	
2011 - 1	SYB03	0.033 7	0.012 0	0.000 7	0.021 0	
2011 - 1	SYB04	0.066 5	0.021 3	0.005 5	0.039 7	
2011 - 1	SYB05	0.108 3	0.029 2	0.000 0	0.079 1	
2011 - 1	SYB06	0.083 3	0.027 3	0.001 6	0.054 4	
2011 - 1	SYB07	0.087 4	0.038 2	0.003 1	0.046 1	
2011 - 1	SYB08	0.131 9	0.063 1	0.001 2	0.067 6	
2011 - 1	SYB09	0.024 6	0.011 4	0.000 9	0.012 3	
2011 - 1	SYB10	0.098 1	0.034 4	0.001 8	0.061 9	
2011 - 1	SYB11	0.079 4	0.037 2	0.000 3	0.041 9	
2011 - 1	SYB12	0.131 3	0.071 9	0.000 6	0.058 8	
2011 - 4	SYB01	0.109 4	0.026 3	0.010 0	0.073 1	肥胖箭虫、正型莹虾、细浅室水母、红住囊虫（*Oikopleura rufescens*）、长尾住囊虫、亚强次真哲水蚤、锥形宽水蚤、小拟哲水蚤、奥氏胸刺水蚤（*Centropages orsinii*）、小纺锤水蚤、针刺真浮萤、长尾类幼虫、莹虾幼体、鱼卵
2011 - 4	SYB02	0.087 0	0.019 0	0.004 0	0.064 0	
2011 - 4	SYB03	0.070 8	0.013 6	0.013 1	0.044 1	
2011 - 4	SYB04	0.051 2	0.022 6	0.002 8	0.025 8	
2011 - 4	SYB05	0.131 7	0.045 0	0.005 8	0.080 9	
2011 - 4	SYB06	0.052 3	0.018 3	0.006 3	0.027 7	
2011 - 4	SYB07	0.087 5	0.039 4	0.010 7	0.037 4	
2011 - 4	SYB08	0.109 3	0.032 1	0.020 7	0.056 5	
2011 - 4	SYB09	0.086 1	0.029 6	0.017 7	0.038 8	
2011 - 4	SYB10	0.127 1	0.040 7	0.019 3	0.067 1	
2011 - 4	SYB11	0.060 6	0.029 4	0.005 3	0.025 9	
2011 - 4	SYB12	0.158 6	0.070 7	0.018 6	0.069 3	
2011 - 7	SYB01	0.162 1	0.091 4	0.008 6	0.062 1	肥胖箭虫、半口壮丽水母（*Aglaura hemistoma*）、细浅室水母、红住囊虫、鸟喙尖头溞、微刺哲水蚤、亚强次真哲水蚤、锥形宽水蚤、小拟哲水蚤、强额拟哲水蚤、奥氏胸刺水蚤、小长足水蚤、针刺真浮萤、长尾类幼虫、短尾类幼体、多毛类幼体、莹虾幼体
2011 - 7	SYB02	0.098 8	0.018 8	0.007 5	0.072 5	
2011 - 7	SYB03	0.111 7	0.030 6	0.029 1	0.052 0	
2011 - 7	SYB04	0.209 0	0.068 5	0.013 6	0.126 9	

（续）

时间 （年-月）	站位	浮游动物个体 数/（ind./L）	桡足类个体 数/（ind./L）	胶质类个体数/ （ind./L）	其他浮游动物 个体数/（ind./L）	浮游动物优势种
2011 - 7	SYB05	0.266 9	0.125 6	0.016 5	0.124 8	
2011 - 7	SYB06	0.194 6	0.087 9	0.015 3	0.091 4	
2011 - 7	SYB07	0.121 7	0.063 6	0.007 1	0.051 0	
2011 - 7	SYB08	0.100 0	0.043 3	0.007 5	0.049 2	
2011 - 7	SYB09	0.115 6	0.043 4	0.007 9	0.064 3	
2011 - 7	SYB10	0.167 8	0.103 3	0.009 5	0.055 0	
2011 - 7	SYB11	0.193 4	0.125 3	0.007 7	0.060 4	
2011 - 7	SYB12	0.187 9	0.093 6	0.024 6	0.069 7	
2011 - 11	SYB01	0.190 7	0.066 4	0.011 1	0.113 2	肥胖箭虫、百陶箭虫、小箭虫、正型莹虾、微刺哲水蚤、小哲水蚤、亚强次真哲水蚤、锥形宽水蚤、小拟哲水蚤、奥氏胸刺水蚤、小纺锤水蚤、长尾类幼虫、莹虾幼体
2011 - 11	SYB02	0.200 0	0.111 0	0.009 0	0.080 0	
2011 - 11	SYB03	0.099 2	0.040 8	0.004 1	0.054 3	
2011 - 11	SYB04	0.136 2	0.084 8	0.005 2	0.046 2	
2011 - 11	SYB05	1.712 1	0.933 6	0.049 8	0.728 7	
2011 - 11	SYB06	0.199 6	0.105 7	0.001 1	0.092 8	
2011 - 11	SYB07	0.095 3	0.054 2	0.004 1	0.037 0	
2011 - 11	SYB08	0.157 8	0.067 2	0.007 7	0.082 9	
2011 - 11	SYB09	0.122 5	0.058 6	0.004 7	0.059 2	
2011 - 11	SYB10	0.196 9	0.081 9	0.008 7	0.106 3	
2011 - 11	SYB11	0.087 5	0.045 3	0.005 9	0.036 3	
2011 - 11	SYB12	0.152 9	0.078 6	0.005 7	0.068 6	
2012 - 2	SYB01	0.138 6	0.017 1	0.012 1	0.109 3	锥形宽水蚤、长尾类、鱼卵、红纺锤水蚤、梭形住囊虫（Oikopleura fusiformis）
2012 - 2	SYB02	0.465 8	0.045 8	0.205 0	0.215 0	锥形宽水蚤、红住囊虫、长尾类、鱼卵、梭形住囊虫
2012 - 2	SYB03	0.041 7	0.011 0	0.014 0	0.016 7	微驼背隆哲水蚤（Acrocalanus gracilis）、红住囊虫、多毛类（Polychaeta sp.）、长尾类、红纺锤水蚤
2012 - 2	SYB04	0.478 3	0.216 9	0.077 3	0.184 0	肥胖箭虫、针刺真浮萤、锥形宽水蚤、微驼背隆哲水蚤、长尾类
2012 - 2	SYB05	0.360 0	0.081 4	0.018 6	0.260 0	肥胖箭虫、长尾类、短尾类、鱼卵、红纺锤水蚤
2012 - 2	SYB06	0.271 7	0.069 2	0.065 8	0.136 7	肥胖箭虫、针刺真浮萤、锥形宽水蚤、红住囊虫、长尾类

（续）

时间（年-月）	站位	浮游动物个体数/（ind./L）	桡足类个体数/（ind./L）	胶质类个体数/（ind./L）	其他浮游动物个体数/（ind./L）	浮游动物优势种
2012 - 2	SYB07	0.557 8	0.128 9	0.171 1	0.257 8	肥胖箭虫、针刺真浮萤、红住囊虫、小齿海樽（Doliolum denticulatum）、长尾类
2012 - 2	SYB08	0.813 3	0.246 7	0.277 8	0.288 9	肥胖箭虫、针刺真浮萤、小齿海樽、长尾类、半口壮丽水母
2012 - 2	SYB09	0.437 6	0.204 0	0.032 0	0.201 6	针刺真浮萤、微刺哲水蚤、锥形宽水蚤、微驼背隆哲水蚤、长尾类
2012 - 2	SYB10	0.372 5	0.149 4	0.029 4	0.193 8	肥胖箭虫、针刺真浮萤、锥形宽水蚤、长尾类、亚强次真哲水蚤
2012 - 2	SYB11	0.192 8	0.070 6	0.031 1	0.091 1	肥胖箭虫、针刺真浮萤、亚强次真哲水蚤、锥形宽水蚤、小齿海樽
2012 - 2	SYB12	0.366 0	0.080 0	0.064 0	0.222 0	肥胖箭虫、针刺真浮萤、锥形宽水蚤、红住囊虫、樱虾幼体（Sergestes larva）
2012 - 4	SYB01	0.297 5	0.060 0	0.022 5	0.215 0	亚强次真哲水蚤、刺胞栉水母、短尾类、红纺锤水蚤、长尾类、无节幼虫（Nauplius larva）
2012 - 4	SYB02	0.260 0	0.028 3	0.048 3	0.183 3	肥胖箭虫、小齿海樽、长尾类、红纺锤水蚤、樱虾幼体
2012 - 4	SYB03	0.188 9	0.062 2	0.016 7	0.110 0	肥胖箭虫、微刺哲水蚤、长尾类、短尾类、鱼卵、亚强次真哲水蚤
2012 - 4	SYB04	0.199 2	0.048 0	0.021 6	0.129 6	微刺哲水蚤、锥形宽水蚤、鸟喙尖头溞、鱼卵、樱虾幼体
2012 - 4	SYB05	0.154 3	0.048 6	0.024 3	0.081 4	亚强次真哲水蚤、长尾类、鱼卵、红纺锤水蚤
2012 - 4	SYB06	0.517 5	0.192 5	0.030 0	0.295 0	肥胖箭虫、微刺哲水蚤、亚强次真哲水蚤、长尾类、樱虾幼体
2012 - 4	SYB07	0.248 8	0.087 7	0.017 1	0.144 1	肥胖箭虫、微刺哲水蚤、亚强次真哲水蚤、瘦歪水蚤（Tortanus gracilis）、长尾类、短尾类
2012 - 4	SYB08	0.220 0	0.081 1	0.064 4	0.074 4	微刺哲水蚤、微驼背隆哲水蚤、小齿海樽、长尾类、伯氏平头水蚤（Candacia bradyi）
2012 - 4	SYB09	0.000 0	0.000 0	0.000 0	0.000 0	
2012 - 4	SYB10	0.411 4	0.135 7	0.087 1	0.188 6	肥胖箭虫、微驼背隆哲水蚤、鸟喙尖头溞、长尾住囊虫、小齿海樽、长尾类
2012 - 4	SYB11	0.067 2	0.024 4	0.011 6	0.031 3	微刺哲水蚤、微驼背隆哲水蚤、瘦歪水蚤、鸟喙尖头溞、鱼卵
2012 - 4	SYB12	0.149 0	0.032 0	0.006 0	0.111 0	肥胖箭虫、微驼背隆哲水蚤、瘦歪水蚤、鱼卵、红纺锤水蚤

（续）

时间 （年-月）	站位	浮游动物个体 数/（ind. /L）	桡足类个体 数/（ind. /L）	胶质类个体数/ （ind. /L）	其他浮游动物 个体数/（ind. /L）	浮游动物优势种
2012 - 9	SYB01	0.093 3	0.021 7	0.035 0	0.036 7	长尾类、鸟喙尖头溞、中型莹虾、红纺锤水蚤、肥胖箭虫
2012 - 9	SYB02	0.062 9	0.024 3	0.020 0	0.018 6	长尾类、短尾类、红纺锤水蚤、锥形宽水蚤
2012 - 9	SYB03	0.146 8	0.087 0	0.016 0	0.043 8	肥胖箭虫、长尾类、短尾类、红纺锤水蚤、中型莹虾
2012 - 9	SYB04	0.095 2	0.040 4	0.014 4	0.040 4	长尾类、双小水母（*Nanomia bijuga*）、中型莹虾、锥形宽水蚤、肥胖箭虫
2012 - 9	SYB05	0.166 3	0.061 9	0.034 4	0.070 0	长尾类、鸟喙尖头溞、红纺锤水蚤、柔弱滨箭虫（*Aidanosagitta delicate*）
2012 - 9	SYB06	0.069 3	0.033 7	0.013 7	0.022 0	肥胖箭虫、中型莹虾、锥形宽水蚤、长尾类、性轭小型水母
2012 - 9	SYB07	0.049 7	0.020 5	0.008 4	0.020 8	肥胖箭虫、亚强次真哲水蚤、瘦歪水蚤、长尾类、弱箭虫
2012 - 9	SYB08	0.128 5	0.055 0	0.024 0	0.049 5	肥胖箭虫、锥形宽水蚤、鸟喙尖头溞、双小水母、长尾类
2012 - 9	SYB09	0.045 6	0.014 4	0.011 0	0.020 2	肥胖箭虫、亚强次真哲水蚤、双小水母、长尾类、锥形宽水蚤
2012 - 9	SYB10	0.079 0	0.028 0	0.014 0	0.037 0	肥胖箭虫、亚强次真哲水蚤、长尾类、锥形宽水蚤
2012 - 9	SYB11	0.079 8	0.037 3	0.016 8	0.025 8	肥胖箭虫、亚强次真哲水蚤、长尾类、锥形宽水蚤
2012 - 9	SYB12	0.093 1	0.034 6	0.023 9	0.034 6	肥胖箭虫、红住囊虫、红纺锤水蚤
2012 - 11	SYB01	0.134 5	0.026 0	0.014 5	0.094 0	肥胖箭虫、亚强次真哲水蚤、长尾类、锥形宽水蚤
2012 - 11	SYB02	0.155 0	0.021 7	0.060 8	0.072 5	肥胖箭虫、亚强次真哲水蚤、长尾类、锥形宽水蚤
2012 - 11	SYB03	0.125 8	0.068 7	0.013 4	0.043 7	肥胖箭虫、红住囊虫、红纺锤水蚤
2012 - 11	SYB04	0.090 5	0.037 9	0.016 9	0.035 7	肥胖箭虫、亚强次真哲水蚤、瘦歪水蚤、长尾类、弱箭虫
2012 - 11	SYB05	0.094 4	0.034 4	0.024 4	0.035 6	红纺锤水蚤、亚强次真哲水蚤、锥形宽水蚤、微驼背隆哲水蚤
2012 - 11	SYB06	0.050 4	0.013 6	0.012 9	0.023 9	樱虾幼体、亚强次真哲水蚤、锥形宽水蚤、微驼背隆哲水蚤
2012 - 11	SYB07	0.107 1	0.043 1	0.021 0	0.043 1	肥胖箭虫、微刺哲水蚤、亚强次真哲水蚤、异尾宽水蚤、锥形宽水蚤
2012 - 11	SYB08	0.103 6	0.059 6	0.011 8	0.032 1	肥胖箭虫、亚强次真哲水蚤、精致真刺水蚤、双生水母（*Diphyes chamissonis*）、红纺锤水蚤

（续）

时间（年-月）	站位	浮游动物个体数/（ind./L）	桡足类个体数/（ind./L）	胶质类个体数/（ind./L）	其他浮游动物个体数/（ind./L）	浮游动物优势种
2012-11	SYB09	0.081 0	0.027 0	0.018 6	0.035 4	肥胖箭虫、针刺真浮萤、亚强次真哲水蚤、锥形宽水蚤、红住囊虫
2012-11	SYB10	0.076 9	0.023 5	0.024 2	0.029 2	肥胖箭虫、微刺哲水蚤、亚强次真哲水蚤、锥形宽水蚤、微驼背隆哲水蚤
2012-11	SYB11	0.082 3	0.035 3	0.017 8	0.029 3	肥胖箭虫、长尾类、短尾类、红纺锤水蚤、中型莹虾
2012-11	SYB12	0.135 0	0.046 7	0.006 7	0.081 7	长尾类、双小水母、中型莹虾、锥形宽水蚤、肥胖箭虫
2013-1	SYB01	0.170 7	0.007 1	0.022 1	0.141 4	肥胖箭虫、鱼卵、长尾类、蔓足类无节幼虫
2013-1	SYB03	0.201 7	0.028 0	0.024 0	0.149 7	肥胖箭虫、亚强次真哲水蚤、长尾类、蔓足类无节幼虫
2013-1	SYB04	0.019 2	0.003 9	0.001 0	0.014 4	肥胖箭虫、亚强次真哲水蚤、百陶箭虫、短尾类
2013-1	SYB05	0.681 4	0.124 3	0.241 4	0.315 7	单胃住筒虫（Fritillaria haplostoma）、蔓足类无节幼虫、红纺锤水蚤、鱼卵
2013-1	SYB06	0.493 3	0.110 0	0.110 0	0.273 3	肥胖箭虫、亚强次真哲水蚤、蔓足类无节幼虫、单胃住筒虫
2013-1	SYB07	0.031 4	0.010 0	0.002 2	0.019 2	肥胖箭虫、亚强次真哲水蚤、长尾类、短尾类
2013-1	SYB08	0.103 9	0.019 4	0.026 7	0.057 8	肥胖箭虫、异体住囊虫、亚强次真哲水蚤、短尾类
2013-1	SYB10	0.219 4	0.029 4	0.039 4	0.150 6	蔓足类无节幼虫、亚强次真哲水蚤、半口壮丽水母、短尾类
2013-1	SYB11	0.200 6	0.046 1	0.036 7	0.117 8	肥胖箭虫、亚强次真哲水蚤、蔓足类无节幼虫、长尾类
2013-1	SYB12	0.182 0	0.038 0	0.043 0	0.101 0	肥胖箭虫、弱箭虫、长尾住囊虫、蔓足类无节幼虫
2013-4	SYB01	0.371 1	0.025 6	0.006 7	0.338 9	肥胖箭虫、鱼仔、鸟喙尖头溞
2013-4	SYB02	1.055 7	0.245 7	0.008 6	0.801 4	肥胖箭虫、红纺锤水蚤、鸟喙尖头溞
2013-4	SYB03	1.230 8	0.215 6	0.053 3	0.961 9	肥胖箭虫、微刺哲水蚤、亚强次真哲水蚤
2013-4	SYB04	0.375 4	0.087 4	0.017 8	0.270 2	微刺哲水蚤、亚强次真哲水蚤、鸟喙尖头溞
2013-4	SYB05	0.437 5	0.108 7	0.003 8	0.325 0	肥胖箭虫、红纺锤水蚤、长尾类幼虫
2013-4	SYB06	0.906 2	0.192 3	0.041 5	0.672 3	亚强次真哲水蚤、驼背隆哲水蚤（Acrocalanus gibber）、鸟喙尖头溞
2013-4	SYB07	0.608 6	0.143 3	0.048 9	0.416 4	微刺哲水蚤、锥形宽水蚤、鸟喙尖头溞
2013-4	SYB08	1.122 7	0.269 1	0.072 7	0.780 9	微刺哲水蚤、亚强次真哲水蚤、鸟喙尖头溞
2013-4	SYB09	0.770 4	0.127 5	0.076 3	0.566 7	肥胖箭虫、鸟喙尖头溞、鱼卵
2013-4	SYB10	0.821 0	0.164 0	0.068 0	0.589 0	微刺哲水蚤、亚强次真哲水蚤、鸟喙尖头溞

（续）

时间 （年-月）	站位	浮游动物个体 数/（ind./L）	桡足类个体 数/（ind./L）	胶质类个体数/ （ind./L）	其他浮游动物 个体数/（ind./L）	浮游动物优势种
2013 - 4	SYB11	0.945 7	0.212 9	0.078 6	0.654 3	肥胖箭虫、亚强次真哲水蚤、鸟喙尖头溞
2013 - 4	SYB12	0.805 7	0.205 0	0.037 1	0.563 6	微刺哲水蚤、亚强次真哲水蚤、鸟喙尖头溞
2013 - 7	SYB01	0.351 3	0.080 0	0.008 1	0.263 1	肥胖箭虫、箭虫幼虫、小拟哲水蚤
2013 - 7	SYB02	0.165 0	0.012 5	0.005 0	0.147 5	肥胖箭虫、弱箭虫、短尾类幼体
2013 - 7	SYB03	0.237 3	0.036 7	0.034 3	0.166 3	肥胖箭虫、半口壮丽水母、亚强次真哲水蚤
2013 - 7	SYB04	0.451 6	0.080 9	0.045 0	0.325 7	肥胖箭虫、箭虫幼虫、短尾类幼体
2013 - 7	SYB05	0.475 0	0.125 6	0.017 5	0.331 9	肥胖箭虫、亚强次真哲水蚤、奥氏胸刺水蚤
2013 - 7	SYB06	0.390 8	0.081 2	0.022 3	0.287 3	肥胖箭虫、箭虫幼虫、亚强次真哲水蚤
2013 - 7	SYB07	0.172 0	0.057 3	0.008 0	0.106 8	肥胖箭虫、亚强次真哲水蚤、锥形宽水蚤
2013 - 7	SYB08	0.173 3	0.028 9	0.006 1	0.138 3	肥胖箭虫、箭虫幼虫、红住囊虫
2013 - 7	SYB09	0.220 2	0.049 3	0.011 6	0.159 3	肥胖箭虫、箭虫幼虫、亚强次真哲水蚤
2013 - 7	SYB10	0.342 5	0.093 0	0.011 0	0.238 5	肥胖箭虫、箭虫幼虫、亚强次真哲水蚤
2013 - 7	SYB11	0.338 1	0.125 3	0.003 4	0.209 4	箭虫幼虫、亚强次真哲水蚤、锥形宽水蚤
2013 - 7	SYB12	0.352 9	0.093 6	0.024 3	0.235 0	肥胖箭虫、箭虫幼虫、亚强次真哲水蚤
2013 - 11	SYB01	0.644 4	0.054 4	0.025 6	0.564 4	中型莹虾、鱼卵、海龙箭虫（Zonosagitta nagae）
2013 - 11	SYB02	1.041 7	0.273 3	0.078 3	0.690 0	亚强次真哲水蚤、锥形宽水蚤、海龙箭虫
2013 - 11	SYB03	0.583 3	0.164 7	0.026 0	0.392 7	肥胖箭虫、微刺哲水蚤、海龙箭虫
2013 - 11	SYB04	0.896 8	0.312 0	0.044 8	0.540 0	微刺哲水蚤、锥形宽水蚤、海龙箭虫
2013 - 11	SYB05	1.418 6	0.197 1	0.137 1	1.084 3	软拟海樽（Dolioletta gegenbauri）、长尾类幼虫、海龙箭虫
2013 - 11	SYB06	1.913 1	0.661 5	0.070 8	1.180 8	微刺哲水蚤、亚强次真哲水蚤、海龙箭虫
2013 - 11	SYB07	0.848 1	0.264 8	0.056 2	0.527 1	微刺哲水蚤、亚强次真哲水蚤、海龙箭虫
2013 - 11	SYB08	0.444 6	0.084 6	0.060 0	0.300 0	微刺哲水蚤、亚强次真哲水蚤、海龙箭虫
2013 - 11	SYB09	1.504 6	0.484 6	0.047 7	0.972 3	微刺哲水蚤、亚强次真哲水蚤、海龙箭虫
2013 - 11	SYB10	0.569 0	0.160 0	0.048 0	0.361 0	微刺哲水蚤、亚强次真哲水蚤、海龙箭虫
2013 - 11	SYB11	0.524 7	0.150 6	0.047 1	0.327 1	微刺哲水蚤、亚强次真哲水蚤、海龙箭虫
2013 - 11	SYB12	0.871 7	0.240 0	0.043 3	0.588 3	微刺哲水蚤、亚强次真哲水蚤、海龙箭虫
2014 - 1	SYB01	19.615 0	9.669 4	0.016 9	9.928 8	小拟哲水蚤、强额拟哲水蚤、瘦拟哲水蚤（Paracalanus gracilis）
2014 - 1	SYB02	24.790 0	11.556 0	0.090 0	13.144 0	强额拟哲水蚤、瘦拟哲水蚤、坚长腹剑水蚤（Oithona rigida）
2014 - 1	SYB03	2.342 2	1.040 0	0.028 9	1.273 3	强额拟哲水蚤、瘦拟哲水蚤、羽长腹剑水蚤（Oithona plumifera）
2014 - 1	SYB04	3.936 0	1.606 0	0.028 0	2.302 0	瘦拟哲水蚤、尖额真猛水蚤（Euterpina acutifrons）、涡鞭毛虫
2014 - 1	SYB05	4.258 6	1.690 7	0.025 0	2.542 9	瘦拟哲水蚤、尖额真猛水蚤、涡鞭毛虫
2014 - 1	SYB06	3.493 8	1.440 8	0.025 4	2.027 7	小拟哲水蚤、瘦拟哲水蚤、尖额真猛水蚤

（续）

时间 （年-月）	站位	浮游动物个体 数/（ind./L）	桡足类个体 数/（ind./L）	胶质类个体数/ （ind./L）	其他浮游动物 个体数/（ind./L）	浮游动物优势种
2014-1	SYB07	2.572 5	1.090 0	0.032 5	1.450 0	小拟哲水蚤、瘦拟哲水蚤、奥氏胸刺水蚤
2014-1	SYB08	3.523 5	1.449 0	0.058 5	2.016 0	小拟哲水蚤、强额拟哲水蚤、瘦拟哲水蚤
2014-1	SYB09	1.472 4	0.585 0	0.037 8	0.849 6	小拟哲水蚤、强额拟哲水蚤、瘦拟哲水蚤
2014-1	SYB10	2.187 0	0.823 5	0.054 0	1.309 5	瘦拟哲水蚤、小拟哲水蚤、多毛类幼体
2014-1	SYB11	1.518 8	0.579 4	0.028 1	0.911 3	亚强次真哲水蚤、小拟哲水蚤、长尾类幼体
2014-1	SYB12	2.953 6	1.227 3	0.049 1	1.677 3	小拟哲水蚤、瘦拟哲水蚤、尖额真猛水蚤
2014-4	SYB01	0.320 5	0.098 0	0.001 5	0.221 0	小齿海樽、小纺锤水蚤、红纺锤水蚤
2014-4	SYB02	0.233 6	0.029 3	0.002 9	0.201 4	小纺锤水蚤、鸟喙尖头溞、武装片虫戎（Vibilia armata）
2014-4	SYB03	0.196 1	0.073 2	0.004 5	0.118 4	小齿海樽、奥氏胸刺水蚤、鸟喙尖头溞
2014-4	SYB04	0.225 6	0.065 6	0.001 6	0.158 4	小齿海樽、奥氏胸刺水蚤、鸟喙尖头溞
2014-4	SYB05	0.190 6	0.041 9	0.001 3	0.147 5	红住囊虫、小齿海樽、奥氏胸刺水蚤、鸟喙尖头溞
2014-4	SYB06	0.142 5	0.031 1	0.002 5	0.108 9	小齿海樽、武装片虫戎、弯片虫戎（Vibilia gibbosa）
2014-4	SYB07	0.161 9	0.052 6	0.000 0	0.109 3	小齿海樽、奥氏胸刺水、鸟喙尖头溞
2014-4	SYB08	0.107 0	0.029 5	0.000 0	0.077 5	奥氏胸刺水蚤、鸟喙尖头溞、长尾类幼体
2014-4	SYB09	0.027 5	0.005 4	0.000 0	0.022 1	武装片虫戎、弯片虫戎、长尾类幼体
2014-4	SYB10	0.190 3	0.061 7	0.001 0	0.127 6	小齿海樽、奥氏胸刺水蚤、弯片虫戎
2014-4	SYB11	0.017 2	0.002 8	0.000 6	0.013 9	小齿海樽、鸟喙尖头溞、鱼卵
2014-4	SYB12	0.086 8	0.022 1	0.001 5	0.063 2	小纺锤水蚤、弯片虫戎、鱼卵
2014-7	SYB01	0.135 5	0.026 4	0.002 7	0.106 4	肥胖箭虫、红纺锤水蚤
2014-7	SYB02	0.406 7	0.220 0	0.003 3	0.183 3	红纺锤水蚤、长腕类幼体、长尾类幼虫
2014-7	SYB03	0.193 3	0.094 4	0.005 6	0.093 3	锥形宽水蚤、莹虾幼体、长尾类幼虫
2014-7	SYB04	0.112 1	0.075 8	0.000 8	0.035 4	锥形宽水蚤、红纺锤水蚤
2014-7	SYB05	0.231 3	0.137 5	0.002 5	0.091 3	奥氏胸刺水蚤、红纺锤水蚤、莹虾幼体
2014-7	SYB06	0.201 5	0.138 5	0.003 1	0.060 0	锥形宽水蚤、奥氏胸刺水蚤、莹虾幼体
2014-7	SYB07	0.265 7	0.113 3	0.000 6	0.151 8	锥形宽水蚤、奥氏胸刺水蚤
2014-7	SYB08	0.165 5	0.096 0	0.007 0	0.062 5	红纺锤水蚤、锥形宽水蚤、莹虾幼体
2014-7	SYB09	0.113 8	0.061 5	0.002 3	0.050 0	锥形宽水蚤、莹虾幼体、长尾类幼虫
2014-7	SYB10	0.364 4	0.182 2	0.017 8	0.164 4	肥胖箭虫、奥氏胸刺水蚤、莹虾幼体
2014-7	SYB11	0.102 4	0.064 7	0.004 7	0.032 9	肥胖箭虫、奥氏胸刺水蚤、红纺锤水蚤
2014-7	SYB12	0.107 9	0.077 9	0.000 7	0.029 3	肥胖箭虫、红纺锤水蚤
2014-10	SYB01	0.448 8	0.177 5	0.023 8	0.247 5	肥胖箭虫、汉森莹虾（Lucifer hanseni）、红纺锤水蚤
2014-10	SYB02	0.603 3	0.178 3	0.010 0	0.415 0	肥胖箭虫、短尾类幼体、红纺锤水蚤、莹虾幼体
2014-10	SYB03	0.096 9	0.018 1	0.003 1	0.075 6	肥胖箭虫、短尾类幼体、莹虾幼体

（续）

时间 （年-月）	站位	浮游动物个体 数/（ind./L）	桡足类个体 数/（ind./L）	胶质类个体数/ （ind./L）	其他浮游动物 个体数/（ind./L）	浮游动物优势种
2014 - 10	SYB04	0.389 6	0.090 4	0.021 7	0.277 4	肥胖箭虫、中型莹虾、亚强次真哲水蚤
2014 - 10	SYB05	0.245 7	0.032 1	0.002 1	0.211 4	肥胖箭虫、中型莹虾、莹虾幼体
2014 - 10	SYB06	0.166 5	0.044 6	0.006 9	0.115 0	肥胖箭虫、莹虾幼体、亚强次真哲水蚤
2014 - 10	SYB07	0.421 2	0.151 8	0.025 9	0.243 5	肥胖箭虫、亚强次真哲水蚤、莹虾幼体
2014 - 10	SYB08	0.124 4	0.048 9	0.006 7	0.068 9	肥胖箭虫、亚强次真哲水蚤、瘦歪水蚤
2014 - 10	SYB09	0.206 2	0.050 8	0.013 8	0.141 5	肥胖箭虫、亚强次真哲水蚤、短尾类幼体
2014 - 10	SYB10	0.548 9	0.268 9	0.028 9	0.251 1	肥胖箭虫、亚强次真哲水蚤、微刺哲水蚤
2014 - 10	SYB11	0.462 5	0.200 0	0.030 0	0.232 5	肥胖箭虫、亚强次真哲水蚤、短尾类幼体、长尾类幼体
2014 - 10	SYB12	0.234 0	0.052 0	0.016 0	0.166 0	肥胖箭虫、亚强次真哲水蚤
2015 - 1	SYB01	0.040 0	0.015 0	0.007 9	0.017 1	肥胖箭虫、太平洋纺锤水蚤
2015 - 1	SYB02	0.302 5	0.135 0	0.032 5	0.135 0	肥胖箭虫、太平洋纺锤水蚤、小纺锤水蚤
2015 - 1	SYB03	0.217 3	0.158 0	0.003 7	0.055 7	微刺哲水蚤、驼背隆哲水蚤、微驼背隆哲水蚤
2015 - 1	SYB04	0.141 8	0.101 4	0.004 8	0.035 7	小哲水蚤、亚强次真哲水蚤、精致真刺水蚤
2015 - 1	SYB05	0.165 6	0.076 9	0.003 8	0.085 0	肥胖箭虫、亚强次真哲水蚤、莹虾幼体
2015 - 1	SYB06	0.188 2	0.101 4	0.006 1	0.080 7	肥胖箭虫、亚强次真哲水蚤、片虫戎（Vibilia sp.）
2015 - 1	SYB07	0.165 6	0.091 1	0.010 0	0.064 4	肥胖箭虫、亚强次真哲水蚤、微驼背隆哲水蚤
2015 - 1	SYB08	0.139 3	0.055 0	0.007 9	0.076 4	亚强次真哲水蚤、片虫戎、鱼卵
2015 - 1	SYB09	0.150 4	0.098 9	0.004 8	0.046 7	肥胖箭虫、亚强次真哲水蚤、强额拟哲水蚤
2015 - 1	SYB10	0.120 0	0.085 6	0.011 3	0.023 1	肥胖箭虫、亚强次真哲水蚤、小拟哲水蚤
2015 - 1	SYB11	0.161 3	0.113 4	0.009 4	0.038 4	亚强次真哲水蚤、小拟哲水蚤、微驼背隆哲水蚤
2015 - 1	SYB12	0.133 6	0.068 6	0.011 4	0.053 6	肥胖箭虫、亚强次真哲水蚤、鱼卵
2015 - 4	SYB01	0.049 5	0.030 9	0.000 5	0.018 2	肥胖箭虫、太平洋纺锤水蚤、小纺锤水蚤
2015 - 4	SYB02	0.177 0	0.085 0	0.003 0	0.089 0	肥胖箭虫、太平洋纺锤水蚤、莹虾幼体
2015 - 4	SYB03	0.404 1	0.210 6	0.002 2	0.191 3	锥形宽水蚤、鸟喙尖头溞、莹虾幼体
2015 - 4	SYB04	0.429 3	0.201 8	0.003 0	0.224 5	奥氏胸刺水蚤、鸟喙尖头溞、莹虾幼体
2015 - 4	SYB05	0.603 6	0.317 1	0.005 7	0.280 7	红纺锤水蚤、鸟喙尖头溞、莹虾幼体
2015 - 4	SYB06	0.421 1	0.290 4	0.001 1	0.129 6	红纺锤水蚤、奥氏胸刺水蚤、鸟喙尖头溞
2015 - 4	SYB07	0.326 9	0.160 3	0.010 0	0.156 7	肥胖箭虫、红纺锤水蚤、莹虾幼体
2015 - 4	SYB08	0.198 0	0.116 5	0.010 0	0.071 5	红纺锤水蚤、锥形宽水蚤
2015 - 4	SYB09	0.567 0	0.406 4	0.003 8	0.156 8	红纺锤水蚤、锥形宽水蚤、针刺真浮萤
2015 - 4	SYB10	0.291 3	0.168 8	0.001 9	0.120 6	肥胖箭虫、锥形宽水蚤、鸟喙尖头溞
2015 - 4	SYB11	0.793 0	0.496 0	0.022 7	0.274 3	红纺锤水蚤、锥形宽水蚤、针刺真浮萤

（续）

时间 （年-月）	站位	浮游动物个体 数/（ind./L）	桡足类个体 数/（ind./L）	胶质类个体数/ （ind./L）	其他浮游动物 个体数/（ind./L）	浮游动物优势种
2015－4	SYB12	0.175 8	0.120 8	0.000 8	0.054 2	肥胖箭虫、太平洋纺锤水蚤、锥形宽水蚤
2015－7	SYB01	0.172 5	0.123 5	0.011 0	0.038 0	肥胖箭虫、太平洋纺锤水蚤、小纺锤水蚤
2015－7	SYB02	0.154 0	0.053 0	0.019 0	0.082 0	肥胖箭虫、太平洋纺锤水蚤、长尾类幼体
2015－7	SYB03	0.198 4	0.107 2	0.013 8	0.077 5	肥胖箭虫、锥形宽水蚤、小拟哲水蚤
2015－7	SYB04	0.164 6	0.097 2	0.009 1	0.058 3	肥胖箭虫、亚强次真哲水蚤、锥形宽水蚤
2015－7	SYB05	0.236 4	0.105 7	0.012 1	0.118 6	太平洋纺锤水蚤、锥形宽水蚤、红住囊虫
2015－7	SYB06	0.183 1	0.096 9	0.008 1	0.078 1	肥胖箭虫、太平洋纺锤水蚤、锥形宽水蚤
2015－7	SYB07	0.138 6	0.073 1	0.010 3	0.055 3	肥胖箭虫、锥形宽水蚤、羽长腹剑水蚤
2015－7	SYB08	0.280 7	0.173 6	0.017 1	0.090 0	微刺哲水蚤、锥形宽水蚤、小拟哲水蚤
2015－7	SYB09	0.139 6	0.069 8	0.015 2	0.054 6	肥胖箭虫、锥形宽水蚤、小拟哲水蚤
2015－7	SYB10	0.479 4	0.293 1	0.021 3	0.165 0	锥形宽水蚤、小拟哲水蚤、长尾类幼体
2015－7	SYB11	0.197 0	0.099 0	0.016 7	0.081 3	肥胖箭虫、锥形宽水蚤、后圆真浮萤（*Euconchoecia maimai*）
2015－7	SYB12	0.242 5	0.138 3	0.010 0	0.094 2	肥胖箭虫、太平洋纺锤水蚤、小纺锤水蚤
2015－11	SYB01	0.262 5	0.197 5	0.002 0	0.063 0	肥胖箭虫、太平洋纺锤水蚤、小纺锤水蚤
2015－11	SYB02	0.367 0	0.134 0	0.004 0	0.229 0	肥胖箭虫、长尾类幼体、莹虾幼体
2015－11	SYB03	0.351 3	0.288 4	0.014 4	0.048 4	亚强次真哲水蚤、小拟哲水蚤、微驼背隆哲水蚤
2015－11	SYB04	0.312 6	0.203 5	0.009 8	0.099 3	肥胖箭虫、微刺哲水蚤、亚强次真哲水蚤
2015－11	SYB05	0.327 1	0.155 7	0.007 1	0.164 3	亚强次真哲水蚤、长尾类幼体、莹虾幼体
2015－11	SYB06	0.340 8	0.241 7	0.006 3	0.092 9	亚强次真哲水蚤、驼背隆哲水蚤、微驼背隆哲水蚤
2015－11	SYB07	0.338 1	0.174 4	0.004 7	0.158 9	肥胖箭虫、亚强次真哲水蚤、长尾类幼体
2015－11	SYB08	0.417 5	0.229 4	0.012 5	0.175 6	肥胖箭虫、亚强次真哲水蚤、莹虾幼体
2015－11	SYB09	0.430 8	0.234 5	0.006 0	0.190 3	亚强次真哲水蚤、长尾类幼体、莹虾幼体
2015－11	SYB10	0.392 5	0.161 9	0.013 8	0.216 9	肥胖箭虫、亚强次真哲水蚤、莹虾幼体
2015－11	SYB11	0.282 0	0.169 3	0.006 0	0.106 7	肥胖箭虫、亚强次真哲水蚤、莹虾幼体
2015－11	SYB12	0.363 3	0.119 2	0.026 7	0.217 5	肥胖箭虫、小纺锤水蚤、莹虾幼体

3.4.6　底栖生物

3.4.6.1　概述

本部分数据为三亚站 2007—2015 年 12 个长期监测站点年度尺度的底栖生物群落组成测定数据，包括底栖动物栖息密度、底栖动物生物量、底栖生物种数。计量单位分别为 ind./m²、g/m² 和种。

3.4.6.2　数据采集和处理方法

按照 CERN 观测规范，在每个调查站点用采泥器抓取 3 斗沉积物，置于干净的不锈钢大盆中混合均匀，将混合后的沉积物置于套筛中用海水冲洗，取截留于套筛上的底栖生物样品，使用中性甲醛溶液固定（终浓度为 5%～7%），供测定用。

按照《海洋调查规范　第 6 部分：海洋生物调查》（GB/T 12763.6—2007），在 OlympusUTV0.5

XC-3体视显微镜下进行种类鉴定与个体计数。利用AcculabALC-210.3万分之一天平分析底栖动物各主要类群湿重生物量，并获得底栖动物总湿重生物量。

3.4.6.3 数据质量控制和评估

整理历年上报数据并进行质量控制，核实异常数据。质控方法包括：阈值检查、完整性检查、一致性检查等。

插补原始的缺失数据或者异常数据，采用平均值法插补缺失值的数据，插补数据以下划线标记。

3.4.6.4 数据价值/数据使用方法和建议

底栖生物是海洋底层生态系统中的主要的消费者，具有重要的生态功能，对底栖生物的长期监测有助于了解其群落结构演变规律，也可以反映海湾沉积生态环境的长期演变。

3.4.6.5 数据

具体数据见表3-15。

表3-15 底栖生物群落组成数据表

时间（年-月）	站位	底栖动物栖息密度/ (ind. /m^2)	底栖动物生物量/ (g/m^2)	底栖动物 种数/种
2007-1	SYB01	150	30.00	8
2007-1	SYB02	150	66.80	8
2007-1	SYB03	110	10.70	8
2007-1	SYB04	90	8.30	6
2007-1	SYB05	130	49.00	7
2007-1	SYB06	140	84.40	10
2007-1	SYB07	110	15.10	6
2007-1	SYB08	70	28.00	5
2007-1	SYB09	140	28.40	9
2007-1	SYB10	150	71.80	7
2007-1	SYB11	100	11.00	7
2007-1	SYB12	100	15.80	6
2007-4	SYB01	100	13.40	7
2007-4	SYB02	120	65.50	8
2007-4	SYB03	80	17.00	7
2007-4	SYB04	100	24.30	9
2007-4	SYB05	80	46.10	6
2007-4	SYB06	50	11.20	4
2007-4	SYB07	110	17.60	8
2007-4	SYB08	0	0.00	0
2007-4	SYB09	120	87.10	8
2007-4	SYB10	0	0.00	0
2007-4	SYB11	90	19.20	6

（续）

时间（年-月）	站位	底栖动物栖息密度/ （ind./m²）	底栖动物生物量/ （g/m²）	底栖动物 种数/种
2007 - 4	SYB12	0	0.00	0
2007 - 7	SYB01	140	21.60	8
2007 - 7	SYB02	140	67.70	10
2007 - 7	SYB03	0	0.00	0
2007 - 7	SYB04	0	0.00	0
2007 - 7	SYB05	70	60.40	6
2007 - 7	SYB06	0	0.00	0
2007 - 7	SYB07	0	0.00	0
2007 - 7	SYB08	110	102.90	9
2007 - 7	SYB09	90	85.00	7
2007 - 7	SYB10	80	89.50	6
2007 - 7	SYB11	100	14.20	9
2007 - 7	SYB12	110	37.90	8
2007 - 11	SYB01	0	0.00	0
2007 - 11	SYB02	110	17.20	8
2007 - 11	SYB03	130	22.10	8
2007 - 11	SYB04	100	16.70	8
2007 - 11	SYB05	100	24.70	8
2007 - 11	SYB06	70	38.30	6
2007 - 11	SYB07	150	35.60	8
2007 - 11	SYB08	90	18.20	5
2007 - 11	SYB09	120	40.40	8
2007 - 11	SYB10	70	89.00	5
2007 - 11	SYB11	140	62.10	9
2007 - 11	SYB12	140	15.80	9
2008 - 1	SYB01	60	5.30	5
2008 - 1	SYB02	140	35.30	9
2008 - 1	SYB03	130	42.70	7
2008 - 1	SYB04	160	28.50	9
2008 - 1	SYB05	140	16.20	10
2008 - 1	SYB06	130	76.20	7
2008 - 1	SYB07	60	43.10	5
2008 - 1	SYB08	0	0.00	0

（续）

时间（年-月）	站位	底栖动物栖息密度/ （ind./m²）	底栖动物生物量/ （g/m²）	底栖动物 种数/种
2008 - 1	SYB09	80	15.50	6
2008 - 1	SYB10	0	0.00	0
2008 - 1	SYB11	100	57.20	6
2008 - 1	SYB12	0	0.00	0
2008 - 4	SYB01	80	43.40	5
2008 - 4	SYB02	160	396.10	9
2008 - 4	SYB03	70	9.50	5
2008 - 4	SYB04	100	13.20	7
2008 - 4	SYB05	120	144.90	8
2008 - 4	SYB06	70	46.70	5
2008 - 4	SYB07	120	26.50	6
2008 - 4	SYB08	80	17.30	5
2008 - 4	SYB09	80	17.40	5
2008 - 4	SYB10	60	39.90	5
2008 - 4	SYB11	100	57.50	6
2008 - 4	SYB12	0	0.00	0
2008 - 7	SYB01	0	0.00	0
2008 - 7	SYB02	170	33.00	10
2008 - 7	SYB03	120	15.80	8
2008 - 7	SYB04	200	26.70	10
2008 - 7	SYB05	350	127.90	16
2008 - 7	SYB06	180	22.70	5
2008 - 7	SYB07	90	13.40	8
2008 - 7	SYB08	80	10.30	5
2008 - 7	SYB09	120	31.00	11
2008 - 7	SYB10	100	9.50	8
2008 - 7	SYB11	120	10.50	7
2008 - 7	SYB12	0	0.00	0
2008 - 11	SYB01	0	0.00	0
2008 - 11	SYB02	80	25.40	4
2008 - 11	SYB03	90	18.40	6
2008 - 11	SYB04	80	10.30	4
2008 - 11	SYB05	80	11.30	6

（续）

时间（年-月）	站位	底栖动物栖息密度/ (ind. /m²)	底栖动物生物量/ (g/m²)	底栖动物 种数/种
2008－11	SYB06	100	41.30	7
2008－11	SYB07	50	4.80	3
2008－11	SYB08	0	0.00	0
2008－11	SYB09	90	38.10	6
2008－11	SYB10	0	0.00	0
2008－11	SYB11	90	10.90	5
2008－11	SYB12	0	0.00	0
2009－1	SYB01	0	0.00	0
2009－1	SYB02	110	11.00	7
2009－1	SYB03	0	0.00	0
2009－1	SYB04	110	17.00	7
2009－1	SYB05	180	86.70	10
2009－1	SYB06	110	24.10	7
2009－1	SYB07	100	50.70	6
2009－1	SYB08	0	0.00	0
2009－1	SYB09	70	14.70	5
2009－1	SYB10	0	0.00	0
2009－1	SYB11	60	67.80	5
2009－1	SYB12	0	0.00	0
2009－4	SYB01	110	43.80	8
2009－4	SYB02	140	365.90	7
2009－4	SYB03	120	83.52	6
2009－4	SYB04	90	33.90	6
2009－4	SYB05	130	118.80	8
2009－4	SYB06	120	100.80	9
2009－4	SYB07	100	9.40	8
2009－4	SYB08	100	60.30	7
2009－4	SYB09	0	0.00	0
2009－4	SYB10	0	0.00	0
2009－4	SYB11	110	72.80	7
2009－4	SYB12	0	0.00	0
2009－8	SYB01	0	0.00	0
2009－8	SYB02	140	116.00	11

（续）

时间（年-月）	站位	底栖动物栖息密度/ （ind./m²）	底栖动物生物量/ （g/m²）	底栖动物 种数/种
2009 - 8	SYB03	80	60.70	6
2009 - 8	SYB04	90	36.10	7
2009 - 8	SYB05	0	0.00	0
2009 - 8	SYB06	60	16.20	4
2009 - 8	SYB07	120	31.00	9
2009 - 8	SYB08	0	0.00	0
2009 - 8	SYB09	130	40.80	9
2009 - 8	SYB10	50	36.70	3
2009 - 8	SYB11	0	0.00	0
2009 - 8	SYB12	0	0.00	0
2009 - 11	SYB01	0	0.00	0
2009 - 11	SYB02	80	7.60	5
2009 - 11	SYB03	70	11.10	5
2009 - 11	SYB04	140	30.10	9
2009 - 11	SYB05	130	21.90	8
2009 - 11	SYB06	80	11.90	5
2009 - 11	SYB07	190	238.90	10
2009 - 11	SYB08	0	0.00	0
2009 - 11	SYB09	90	23.30	6
2009 - 11	SYB10	0	0.00	0
2009 - 11	SYB11	100	52.80	7
2009 - 11	SYB12	0	0.00	0
2010 - 1	SYB01	80	7.50	4
2010 - 1	SYB02	100	125.30	6
2010 - 1	SYB03	100	12.90	5
2010 - 1	SYB04	160	43.30	8
2010 - 1	SYB05	130	59.10	8
2010 - 1	SYB06	90	20.60	5
2010 - 1	SYB07	60	22.30	4
2010 - 1	SYB08	0	0.00	0
2010 - 1	SYB09	100	60.90	6
2010 - 1	SYB10	0	0.00	0
2010 - 1	SYB11	90	70.00	6

（续）

时间（年-月）	站位	底栖动物栖息密度/ (ind. /m²)	底栖动物生物量/ (g/m²)	底栖动物 种数/种
2010 - 1	SYB12	0	0.00	0
2010 - 4	SYB01	83.00	20.90	6
2010 - 4	SYB02	120	163.40	7
2010 - 4	SYB03	110	26.01	7
2010 - 4	SYB04	90	64.00	6
2010 - 4	SYB05	120	31.40	6
2010 - 4	SYB06	70	136.90	6
2010 - 4	SYB07	140	35.10	7
2010 - 4	SYB08	100	40.90	5
2010 - 4	SYB09	70	67.40	4
2010 - 4	SYB10	0	0.00	0
2010 - 4	SYB11	120	84.10	6
2010 - 4	SYB12	0	0.00	0
2010 - 7	SYB01	0	0.00	0
2010 - 7	SYB02	110	66.10	7
2010 - 7	SYB03	110	20.20	7
2010 - 7	SYB04	110	86.60	7
2010 - 7	SYB05	90	49.10	6
2010 - 7	SYB06	90	15.20	6
2010 - 7	SYB07	120	94.30	8
2010 - 7	SYB08	100	81.60	6
2010 - 7	SYB09	120	42.07	7
2010 - 7	SYB10	120	28.00	6
2010 - 7	SYB11	90	85.80	6
2010 - 7	SYB12	0	0.00	0
2010 - 10	SYB01	0	0.00	0
2010 - 10	SYB02	0	0.00	0
2010 - 10	SYB03	0	0.00	0
2010 - 10	SYB04	110	108.60	7
2010 - 10	SYB05	0	0.00	0
2010 - 10	SYB06	70	30.10	5
2010 - 10	SYB07	0	0.00	0
2010 - 10	SYB08	0	0.00	0

（续）

时间（年-月）	站位	底栖动物栖息密度/ （ind. /m²）	底栖动物生物量/ （g/m²）	底栖动物 种数/种
2010 - 10	SYB09	100	30.00	5
2010 - 10	SYB10	0	0.00	0
2010 - 10	SYB11	140	97.20	7
2010 - 10	SYB12	0	0.00	0
2011 - 1	SYB01	80.04	19.08	6
2011 - 1	SYB02	73.37	28.75	6
2011 - 1	SYB03	46.69	6.27	4
2011 - 1	SYB04	60.03	9.34	5
2011 - 1	SYB05	60.03	55.76	6
2011 - 1	SYB06	60.03	65.17	6
2011 - 1	SYB07	53.36	51.09	5
2011 - 1	SYB08	0	0.00	0
2011 - 1	SYB09	86.71	52.16	5
2011 - 1	SYB10	40.02	20.74	4
2011 - 1	SYB11	66.70	0.89	4
2011 - 1	SYB12	0	0.00	0
2011 - 4	SYB01	0	0.00	0
2011 - 4	SYB02	73.37	22.88	6
2011 - 4	SYB03	0	0.00	0
2011 - 4	SYB04	86.71	27.81	5
2011 - 4	SYB05	80.04	88.64	8
2011 - 4	SYB06	53.36	8.54	4
2011 - 4	SYB07	53.36	14.21	5
2011 - 4	SYB08	0	0.00	0
2011 - 4	SYB09	73.37	27.35	5
2011 - 4	SYB10	0	0.00	0
2011 - 4	SYB11	0	0.00	0
2011 - 4	SYB12	66.70	20.61	5
2011 - 7	SYB01	20.01	8.47	2
2011 - 7	SYB02	60.03	48.76	5
2011 - 7	SYB03	86.71	19.61	8
2011 - 7	SYB04	60.03	29.28	6
2011 - 7	SYB05	73.37	57.76	9

（续）

时间（年-月）	站位	底栖动物栖息密度/ （ind. /m²）	底栖动物生物量/ （g/m²）	底栖动物 种数/种
2011 - 7	SYB06	60.03	6.87	5
2011 - 7	SYB07	33.35	6.07	3
2011 - 7	SYB08	53.36	7.34	5
2011 - 7	SYB09	0	0.00	0
2011 - 7	SYB10	60.03	8.40	5
2011 - 7	SYB11	66.70	0.96	6
2011 - 7	SYB12	0	0.00	0
2011 - 11	SYB01	33.35	8.80	3
2011 - 11	SYB02	26.68	1.33	3
2011 - 11	SYB03	40.02	7.94	4
2011 - 11	SYB04	66.70	10.67	6
2011 - 11	SYB05	40.02	86.84	5
2011 - 11	SYB06	26.68	4.54	3
2011 - 11	SYB07	53.36	46.76	4
2011 - 11	SYB08	53.36	10.94	5
2011 - 11	SYB09	73.37	23.95	7
2011 - 11	SYB10	0	0.00	0
2011 - 11	SYB11	66.70	1.80	6
2011 - 11	SYB12	0	0.00	0
2012 - 2	SYB01	90	25.00	4
2012 - 2	SYB02	100	111.10	6
2012 - 2	SYB03	120	41.20	6
2012 - 2	SYB04	100	7.50	6
2012 - 2	SYB05	40	3.80	3
2012 - 2	SYB06	190	25.00	11
2012 - 2	SYB07	50	1.40	4
2012 - 2	SYB08	80	101.60	7
2012 - 2	SYB09	100	35.70	5
2012 - 2	SYB10	110	6.10	7
2012 - 2	SYB11	110	9.60	6
2012 - 2	SYB12	0	0.00	0
2012 - 4	SYB01	120	8.40	7
2012 - 4	SYB02	120	34.90	6

（续）

时间（年-月）	站位	底栖动物栖息密度/ （ind./m²）	底栖动物生物量/ （g/m²）	底栖动物 种数/种
2012 – 4	SYB03	0	0.00	0
2012 – 4	SYB04	0	0.00	0
2012 – 4	SYB05	80	6.20	5
2012 – 4	SYB06	60	4.90	4
2012 – 4	SYB07	80	11.90	6
2012 – 4	SYB08	0	0.00	0
2012 – 4	SYB09	0	0.00	0
2012 – 4	SYB10	0	0.00	0
2012 – 4	SYB11	140	24.00	7
2012 – 4	SYB12	0	0.00	0
2012 – 9	SYB01	140	65.00	7
2012 – 9	SYB02	120	24.10	6
2012 – 9	SYB03	80	34.20	5
2012 – 9	SYB04	100	40.10	4
2012 – 9	SYB05	50	4.90	4
2012 – 9	SYB06	80	13.70	4
2012 – 9	SYB07	100	18.00	5
2012 – 9	SYB08	110	15.70	5
2012 – 9	SYB09	80	28.50	5
2012 – 9	SYB10	100	78.80	4
2012 – 9	SYB11	90	16.90	7
2012 – 9	SYB12	0	0.00	0
2012 – 11	SYB01	130	20.40	8
2012 – 11	SYB02	130	138.80	7
2012 – 11	SYB03	120	34.30	5
2012 – 11	SYB04	120	18.10	7
2012 – 11	SYB05	90	10.90	6
2012 – 11	SYB06	90	8.90	5
2012 – 11	SYB07	140	297.60	9
2012 – 11	SYB08	150	48.70	8
2012 – 11	SYB09	130	22.00	10
2012 – 11	SYB10	140	19.60	8
2012 – 11	SYB11	60	10.40	4

（续）

时间（年-月）	站位	底栖动物栖息密度/ (ind. /m²)	底栖动物生物量/ (g/m²)	底栖动物种数/种
2012 - 11	SYB12	0	0.00	0
2013 - 1	SYB01	60	2.59	3
2013 - 1	SYB02	140	19.07	4
2013 - 1	SYB03	220	3.57	4
2013 - 1	SYB04	100	2.45	4
2013 - 1	SYB05	200	32.51	9
2013 - 1	SYB06	20	0.10	1
2013 - 1	SYB07	80	2.00	4
2013 - 1	SYB08	20	1.09	1
2013 - 1	SYB09	0	0.00	0
2013 - 1	SYB10	40	0.08	2
2013 - 1	SYB11	60	0.42	2
2013 - 1	SYB12	20	1.69	1
2013 - 4	SYB01	40	0.12	2
2013 - 4	SYB02	120	1.35	6
2013 - 4	SYB03	40	0.28	2
2013 - 4	SYB04	160	3.67	6
2013 - 4	SYB05	0	0.00	0
2013 - 4	SYB06	100	1.80	5
2013 - 4	SYB07	100	1.57	5
2013 - 4	SYB08	80	2.03	4
2013 - 4	SYB09	60	0.56	4
2013 - 4	SYB10	120	2.57	5
2013 - 4	SYB11	120	0.52	5
2013 - 4	SYB12	20	0.99	1
2013 - 7	SYB01	60	0.51	1
2013 - 7	SYB02	0	0.00	0
2013 - 7	SYB03	0	0.00	0
2013 - 7	SYB04	40	2.56	2
2013 - 7	SYB05	40	0.22	2
2013 - 7	SYB06	80	2.90	3
2013 - 7	SYB07	60	0.68	3
2013 - 7	SYB08	60	0.35	2

（续）

时间（年-月）	站位	底栖动物栖息密度/ （ind./m²）	底栖动物生物量/ （g/m²）	底栖动物 种数/种
2013-7	SYB09	0	0.00	0
2013-7	SYB10	40	0.25	1
2013-7	SYB11	160	3.66	6
2013-7	SYB12	0	0.00	0
2013-11	SYB01	60	0.73	2
2013-11	SYB02	20	0.06	1
2013-11	SYB03	20	0.39	1
2013-11	SYB04	60	39.10	3
2013-11	SYB05	20	0.09	1
2013-11	SYB06	0	0.00	0
2013-11	SYB07	40	24.15	2
2013-11	SYB08	0	0.00	0
2013-11	SYB09	0	0.00	0
2013-11	SYB10	0	0.00	0
2013-11	SYB11	20	0.07	1
2013-11	SYB12	0	0.00	0
2014-1	SYB01	10	0.49	1
2014-1	SYB02	120	4.60	8
2014-1	SYB03	20	14.74	2
2014-1	SYB04	30	6.69	2
2014-1	SYB05	40	17.62	3
2014-1	SYB06	40	0.28	3
2014-1	SYB07	0	0.00	0
2014-1	SYB08	0	0.00	0
2014-1	SYB09	0	0.00	0
2014-1	SYB10	0	0.00	0
2014-1	SYB11	40	0.84	4
2014-1	SYB12	0	0.00	0
2014-4	SYB01	20	0.95	1
2014-4	SYB02	40	0.76	3
2014-4	SYB03	50	11.43	5
2014-4	SYB04	60	1.18	5
2014-4	SYB05	70	1.12	4

（续）

时间（年-月）	站位	底栖动物栖息密度/ （ind. /m²）	底栖动物生物量/ （g/m²）	底栖动物 种数/种
2014 - 4	SYB06	10	0. 56	1
2014 - 4	SYB07	10	0. 08	1
2014 - 4	SYB08	0	0. 00	0
2014 - 4	SYB09	0	0. 00	0
2014 - 4	SYB10	0	0. 00	0
2014 - 4	SYB11	30	0. 80	2
2014 - 4	SYB12	10	0. 56	1
2014 - 7	SYB01	10	0. 19	1
2014 - 7	SYB02	30	0. 90	1
2014 - 7	SYB03	70	3. 69	7
2014 - 7	SYB04	20	0. 66	2
2014 - 7	SYB05	10	1. 89	1
2014 - 7	SYB06	20	0. 13	2
2014 - 7	SYB07	40	1. 76	4
2014 - 7	SYB08	0	0. 00	0
2014 - 7	SYB09	20	3. 76	2
2014 - 7	SYB10	10	1. 22	1
2014 - 7	SYB11	70	1. 38	4
2014 - 7	SYB12	0	0. 00	0
2014 - 10	SYB01	40	2. 25	4
2014 - 10	SYB02	70	0. 48	3
2014 - 10	SYB03	40	0. 87	4
2014 - 10	SYB04	30	0. 23	1
2014 - 10	SYB05	30	1. 31	2
2014 - 10	SYB06	120	4. 24	9
2014 - 10	SYB07	60	0. 21	3
2014 - 10	SYB08	40	4. 13	3
2014 - 10	SYB09	70	12. 07	5
2014 - 10	SYB10	110	62. 35	8
2014 - 10	SYB11	10	12. 17	1
2014 - 10	SYB12	120	4. 24	3
2015 - 1	SYB01	44. 44	0. 41	2
2015 - 1	SYB02	77. 78	1. 46	5

（续）

时间（年-月）	站位	底栖动物栖息密度/ （ind./m²）	底栖动物生物量/ （g/m²）	底栖动物 种数/种
2015 - 1	SYB03	33.33	0.57	3
2015 - 1	SYB04	33.33	0.58	2
2015 - 1	SYB05	122.22	89.61	9
2015 - 1	SYB06	66.67	1.07	5
2015 - 1	SYB07	11.11	0.07	1
2015 - 1	SYB08	33.33	2.16	2
2015 - 1	SYB09	22.22	0.34	1
2015 - 1	SYB10	344.44	45.74	1
2015 - 1	SYB11	11.11	0.37	1
2015 - 1	SYB12	33.33	1.67	2
2015 - 4	SYB01	22.22	0.61	1
2015 - 4	SYB02	77.78	7.67	5
2015 - 4	SYB03	22.22	0.62	2
2015 - 4	SYB04	11.11	1.54	1
2015 - 4	SYB05	44.44	0.73	3
2015 - 4	SYB06	44.44	16.68	4
2015 - 4	SYB07	33.33	0.59	2
2015 - 4	SYB08	66.67	11.22	3
2015 - 4	SYB09	33.33	17.81	2
2015 - 4	SYB10	77.78	10.85	1
2015 - 4	SYB11	33.33	1.27	3
2015 - 4	SYB12	0	0.00	0
2015 - 7	SYB01	0	0.00	0
2015 - 7	SYB02	0	0.00	0
2015 - 7	SYB03	11.11	0.13	1
2015 - 7	SYB04	11.11	0.49	1
2015 - 7	SYB05	22.22	0.53	2
2015 - 7	SYB06	33.33	2.14	3
2015 - 7	SYB07	55.56	1.84	2
2015 - 7	SYB08	11.11	20.29	1
2015 - 7	SYB09	33.33	5.88	2
2015 - 7	SYB10	77.78	7.52	1
2015 - 7	SYB11	11.11	0.21	1

（续）

时间（年-月）	站位	底栖动物栖息密度/ (ind. /m²)	底栖动物生物量/ (g/m²)	底栖动物 种数/种
2015 - 7	SYB12	11. 11	1. 03	1
2015 - 11	SYB01	0	0. 00	0
2015 - 11	SYB02	11. 11	0. 09	1
2015 - 11	SYB03	66. 67	1. 39	4
2015 - 11	SYB04	22. 22	1. 36	2
2015 - 11	SYB05	11. 11	0. 15	1
2015 - 11	SYB06	0	0. 00	0
2015 - 11	SYB07	100	2. 95	7
2015 - 11	SYB08	11. 11	0. 11	1
2015 - 11	SYB09	11. 11	3. 78	1
2015 - 11	SYB10	100	15. 77	1
2015 - 11	SYB11	22. 22	5. 72	2
2015 - 11	SYB12	88. 89	15. 32	2

第4章

气象观测数据

4.1 气压

4.1.1 概述

本部分数据包括 2005—2015 年三亚站位于三亚市鹿回头（109°28′30″E，18°13′1.2″N）的一个长期的海湾水体观测场的月尺度观测数据，数据单位为 hPa，原始数据观测频率为 1 h/次，数据产品频率为月。

4.1.2 数据采集和处理方法

数据由自动气象站采集和储存，使用 DPA501 数字气压表观测，每 10s 采测 1 个气压值，每分钟采测 6 个气压值，去除 1 个最大值和 1 个最小值后取平均值，作为每分钟的气压值，正点时采测的气压值作为正点数据存储，保留 1 位小数，用质控后的日均值合计值除以日数获得月平均值。

4.1.3 数据质量控制和评估

（1）超出气候学界限值域 300～1100 hPa 的数据为错误数据。

（2）所观测的气压不小于日最低气压且不大于日最高气压，海拔高度大于 0 m 时，台站气压小于海平面气压，海拔高度等于 0 m 时，台站气压等于海平面气压，海拔高度小于 0 m 时，台站气压大于海平面气压。

（3）24 h 变压的绝对值小于 50 hPa。

（4）1 min 内允许的最大变化值为 1.0 hPa，1 h 内变化幅度的最小值为 0.1 hPa。

（5）某一定时气压缺测时，用前、后两定时数据内插求得，按正常数据统计，若连续两个或以上定时数据缺测时，不能内插，仍按缺测处理。

（6）一日中若 24 次定时观测记录有缺测时，该日按照 2：00、8：00、14：00、20：00 定时记录做日平均，若 4 次定时记录缺测 1 次或以上，但该日各定时记录缺测 5 次或以下时，按实有记录作日统计，缺测 6 次或以上时，不做日平均，日平均值缺测 6 次或者以上时，不做月统计。

（7）缺失值用"—"表示。

4.1.4 数据

具体数据见表 4-1。

表 4-1 气压数据表

时间（年-月）	气压/hPa	有效数据/条
2005-1	1 016.1	31
2005-2	1 014.3	28

（续）

时间（年-月）	气压/hPa	有效数据/条
2005 - 3	1 015. 2	31
2005 - 4	1 011. 8	30
2005 - 5	1 006. 3	31
2005 - 6	1 003. 6	30
2005 - 7	1 005. 0	31
2005 - 8	1 003. 9	31
2005 - 9	1 006. 1	28
2005 - 10	1 012. 2	30
2005 - 11	1 013. 5	27
2005 - 12	1 016. 6	31
2006 - 1	1 015. 0	31
2006 - 2	1 016. 1	28
2006 - 3	1 012. 3	30
2006 - 4	1 009. 7	28
2006 - 5	1 008. 5	31
2006 - 6	1 005. 7	30
2006 - 7	1 003. 0	31
2006 - 8	1 003. 7	31
2006 - 9	1 006. 2	29
2006 - 10	1 012. 5	31
2006 - 11	1 012. 9	30
2006 - 12	1 016. 5	31
2007 - 1	1 018. 3	31
2007 - 2	1 014. 8	28
2007 - 3	1 011. 9	31
2007 - 4	1 011. 7	30
2007 - 5	1 008. 1	31
2007 - 6	1 005. 4	28
2007 - 7	1 005. 1	31
2007 - 8	1 003. 5	31
2007 - 9	1 006. 1	29
2007 - 10	1 009. 4	30
2007 - 11	1 014. 0	29
2007 - 12	1 014. 9	31
2008 - 1	1 015. 8	31

（续）

时间（年-月）	气压/hPa	有效数据/条
2008 - 2	1 017.5	29
2008 - 3	1 013.2	31
2008 - 4	1 009.8	30
2008 - 5	1 006.3	31
2008 - 6	1 005.5	30
2008 - 7	1 005.0	31
2008 - 8	1 005.2	31
2008 - 9	1 006.5	30
2008 - 10	1 011.0	31
2008 - 11	1 014.5	30
2008 - 12	1 015.9	31
2009 - 1	1 018.2	31
2009 - 2	1 012.8	28
2009 - 3	1 012.0	31
2009 - 4	1 009.2	30
2009 - 5	1 008.0	31
2009 - 6	1 004.1	30
2009 - 7	1 003.9	31
2009 - 8	1 004.9	31
2009 - 9	1 005.2	28
2009 - 10	—	—
2009 - 11	1 014.4	28
2009 - 12	1 015.9	30
2010 - 1	1 016.6	31
2010 - 2	1 013.7	28
2010 - 3	1 014.0	31
2010 - 4	1 011.5	30
2010 - 5	1 007.1	31
2010 - 6	—	—
2010 - 7	1 006.1	31
2010 - 8	1 006.5	31
2010 - 9	1 008.0	28
2010 - 10	1 009.3	31
2010 - 11	1 013.9	30
2010 - 12	1 013.4	31

（续）

时间（年-月）	气压/hPa	有效数据/条
2011 - 1	1 016.8	31
2011 - 2	1 013.8	28
2011 - 3	—	—
2011 - 4	1 012.1	30
2011 - 5	1 007.8	31
2011 - 6	1 004.1	30
2011 - 7	1 004.0	31
2011 - 8	1 005.8	31
2011 - 9	1 005.4	28
2011 - 10	1 010.8	31
2011 - 11	1 012.5	28
2011 - 12	1 017.0	31
2012 - 1	1 015.6	29
2012 - 2	1 012.9	27
2012 - 3	1 012.3	31
2012 - 4	1 009.5	30
2012 - 5	1 005.8	31
2012 - 6	1 002.2	30
2012 - 7	—	—
2012 - 8	1 003.7	31
2012 - 9	1 008.5	29
2012 - 10	1 011.8	30
2012 - 11	1 012.8	30
2012 - 12	1 014.5	31
2013 - 1	1 017.1	31
2013 - 2	1 015.3	28
2013 - 3	1 013.1	31
2013 - 4	1 009.9	30
2013 - 5	1 007.5	31
2013 - 6	1 004.3	27
2013 - 7	1 005.4	31
2013 - 8	—	—
2013 - 9	1 006.7	26
2013 - 10	1 012.1	31
2013 - 11	—	—

（续）

时间（年-月）	气压/hPa	有效数据/条
2013 - 12	—	—
2014 - 1	1 018.5	31
2014 - 2	1 014.7	28
2014 - 3	1 014.1	31
2014 - 4	1 010.9	30
2014 - 5	1 008.3	31
2014 - 6	1 003.5	30
2014 - 7	1 004.5	31
2014 - 8	1 006.5	31
2014 - 9	1 007.5	30
2014 - 10	1 012.7	31
2014 - 11	1 014.2	30
2014 - 12	1 017.5	31
2015 - 1	1 018.2	31
2015 - 2	1 016.6	28
2015 - 3	1 014.7	31
2015 - 4	1 012.3	30
2015 - 5	1 007.7	31
2015 - 6	1 006.4	29
2015 - 7	1 005.2	26
2015 - 8	1 006.4	31
2015 - 9	1 008.6	30
2015 - 10	1 013.1	26
2015 - 11	1 014.6	29
2015 - 12	1 017.3	31

4.2　10 min 平均风速

4.2.1　概述

本部分数据包括 2005—2015 年三亚站位于三亚市鹿回头（109°28′30″E，18°13′1.2″N）的一个长期的海湾水体观测场的月尺度观测数据，原始数据观测频率 1 h/次，数据产品频率为月，数据单位为 m/s。

4.2.2　数据采集和处理方法

数据由自动气象站采集和储存，数据获取由电接风向风速计观测，数据产品观测层次为 10 m 风杆，取小数点后 1 位数。

4.2.3　原始数据质量控制方法

超出气候学界限值域0～75 m/s的数据为错误数据。

缺失值用"—"表示。

4.2.4　数据

具体数据见表4-2。

表4-2　10 min平均风速数据表

时间（年-月）	10 min平均风速/（m/s）	有效数据/条
2005 - 1	1.6	31
2005 - 2	1.6	28
2005 - 3	1.6	31
2005 - 4	1.3	30
2005 - 5	1.3	31
2005 - 6	0.9	30
2005 - 7	1.0	31
2005 - 8	0.8	31
2005 - 9	1.3	29
2005 - 10	0.9	31
2005 - 11	0.2	29
2005 - 12	1.3	31
2006 - 1	1.6	31
2006 - 2	2.4	28
2006 - 3	1.5	31
2006 - 4	1.3	30
2006 - 5	1.5	31
2006 - 6	1.5	30
2006 - 7	1.3	31
2006 - 8	1.2	31
2006 - 9	1.5	30
2006 - 10	1.8	31
2006 - 11	1.6	30
2006 - 12	2.6	31
2007 - 1	2.2	31
2007 - 2	1.7	28
2007 - 3	1.7	31
2007 - 4	1.5	30

（续）

时间（年-月）	10 min 平均风速/（m/s）	有效数据/条
2007 - 5	1.0	31
2007 - 6	1.1	28
2007 - 7	1.0	31
2007 - 8	1.2	31
2007 - 9	0.9	30
2007 - 10	1.7	30
2007 - 11	1.8	29
2007 - 12	1.6	31
2008 - 1	1.3	31
2008 - 2	1.2	29
2008 - 3	1.2	31
2008 - 4	1.3	30
2008 - 5	1.2	31
2008 - 6	1.0	30
2008 - 7	0.8	31
2008 - 8	1.1	31
2008 - 9	1.3	30
2008 - 10	1.7	31
2008 - 11	1.8	30
2008 - 12	1.7	31
2009 - 1	1.7	31
2009 - 2	1.5	28
2009 - 3	1.2	31
2009 - 4	1.6	30
2009 - 5	1.6	31
2009 - 6	1.1	30
2009 - 7	1.2	31
2009 - 8	1.2	31
2009 - 9	1.6	28
2009 - 10	—	—
2009 - 11	1.5	27
2009 - 12	1.6	30
2010 - 1	1.6	31
2010 - 2	1.2	28
2010 - 3	1.3	31

（续）

时间（年-月）	10 min 平均风速/（m/s）	有效数据/条
2010 - 4	1.3	30
2010 - 5	1.3	31
2010 - 6	—	—
2010 - 7	1.7	31
2010 - 8	1.3	31
2010 - 9	1.3	28
2010 - 10	1.9	31
2010 - 11	2.0	30
2010 - 12	1.5	31
2011 - 1	2.1	31
2011 - 2	1.7	28
2011 - 3	—	—
2011 - 4	1.6	30
2011 - 5	1.2	31
2011 - 6	1.4	30
2011 - 7	1.2	31
2011 - 8	1.0	31
2011 - 9	1.4	28
2011 - 10	1.9	31
2011 - 11	2.0	28
2011 - 12	2.1	31
2012 - 1	1.8	29
2012 - 2	1.7	27
2012 - 3	1.4	31
2012 - 4	1.3	30
2012 - 5	1.1	31
2012 - 6	1.3	30
2012 - 7	—	—
2012 - 8	1.4	31
2012 - 9	1.7	29
2012 - 10	2.6	30
2012 - 11	2.1	30
2012 - 12	2.5	31
2013 - 1	2.5	31
2013 - 2	2.8	28

（续）

时间（年-月）	10 min 平均风速/（m/s）	有效数据/条
2013 - 3	2.1	31
2013 - 4	2.0	30
2013 - 5	1.6	31
2013 - 6	1.6	27
2013 - 7	1.6	29
2013 - 8	—	—
2013 - 9	2.2	26
2013 - 10	2.2	31
2013 - 11	—	—
2013 - 12	—	—
2014 - 1	2.0	31
2014 - 2	1.7	28
2014 - 3	1.8	31
2014 - 4	1.7	30
2014 - 5	1.3	31
2014 - 6	1.4	30
2014 - 7	1.5	31
2014 - 8	1.4	31
2014 - 9	1.6	30
2014 - 10	2.1	31
2014 - 11	2.3	30
2014 - 12	2.6	31
2015 - 1	2.2	31
2015 - 2	2.2	28
2015 - 3	1.9	31
2015 - 4	1.8	30
2015 - 5	1.2	31
2015 - 6	1.4	29
2015 - 7	1.5	26
2015 - 8	1.4	31
2015 - 9	1.5	30
2015 - 10	1.6	26
2015 - 11	2.5	29
2015 - 12	2.3	31

4.3 气温

4.3.1 概述

本部分数据包括 2005—2015 年三亚站位于三亚市鹿回头（109°28′30″E，18°13′1.2″N）的一个长期的海湾水体观测场的月尺度观测数据，原始数据观测频率 1 h/次，数据产品频率为月，数据单位为℃。

4.3.2 数据采集和处理方法

数据由自动气象站采集和储存，数据由 HMP45D 温度传感器观测获取，每 10 s 采测 1 个温度值，每分钟采测 6 个温度值，去除 1 个最大值和 1 个最小值后取平均值，作为每分钟的温度值存储。正点时采测 00 min 的温度值作为正点数据存储，数值取小数点后 1 位数，用质控后的日均值合计值除以日数获得月平均值。

4.3.3 数据质量控制和评估

（1）超出气候学界限值域 −80～60 ℃的数据为错误数据。

（2）1 min 内允许的最大变化值为 3 ℃，1 h 内变化幅度的最小值为 0.1 ℃。

（3）定时气温大于等于日最低地温且小于等于日最高气温。

（4）气温大于等于露点温度。

（5）24 h 气温变化范围小于 50 ℃。

（6）利用与台站下垫面及周围环境相似的一个或多个邻近站观测数据计算本站气温值，比较台站观测值和计算值，如果超出阈值即认为观测数据可疑。

（7）某一定时气温缺测时，用前、后两定时数据内插求得，按正常数据统计，若连续两个或以上定时数据缺测时，不能内插，仍按缺测处理。

（8）一日中若 24 次定时观测记录有缺测时，该日按照 2：00、8：00、14：00、20：00 定时记录做日平均，若 4 次定时记录缺测 1 次或以上，但该日各定时记录缺测 5 次或以下时，按实有记录做日统计，缺测 6 次或以上时，不做日平均，日平均值缺测 6 次或者以上时，不做月统计。

（9）缺失值用"—"表示。

4.3.4 数据

具体数据见表 4-3。

表 4-3 气温数据表

时间（年-月）	气温/℃	有效数据/条
2006 - 1	22.3	31
2006 - 2	24.1	28
2006 - 3	24.8	30
2006 - 4	27.8	28
2006 - 5	28.9	31
2006 - 6	30.2	30
2006 - 7	29.3	31

（续）

时间（年-月）	气温/℃	有效数据/条
2006 - 8	28.4	31
2006 - 9	28.2	29
2006 - 10	27.7	31
2006 - 11	26.5	30
2006 - 12	24.0	31
2007 - 1	27.2	31
2007 - 2	27.7	28
2007 - 3	30.8	31
2007 - 4	32.7	30
2007 - 5	31.7	31
2007 - 6	32.4	28
2007 - 7	31.5	31
2007 - 8	31.2	31
2007 - 9	30.3	29
2007 - 10	28.0	30
2007 - 11	27.4	29
2007 - 12	27.1	31
2008 - 1	26.7	31
2008 - 2	24.9	29
2008 - 3	28.5	31
2008 - 4	32.0	30
2008 - 5	32.7	31
2008 - 6	31.2	30
2008 - 7	30.9	31
2008 - 8	30.1	31
2008 - 9	30.7	30
2008 - 10	27.8	31
2008 - 11	27.3	30
2008 - 12	25.4	31
2009 - 1	24.4	31
2009 - 2	27.6	28
2009 - 3	29.7	31
2009 - 4	31.4	30

（续）

时间（年-月）	气温/℃	有效数据/条
2009 - 5	32.1	31
2009 - 6	31.6	30
2009 - 7	31.3	31
2009 - 8	30.8	31
2009 - 9	30.5	28
2009 - 10	—	—
2009 - 11	27.1	27
2009 - 12	26.7	30
2010 - 1	26.7	31
2010 - 2	28.1	28
2010 - 3	29.3	31
2010 - 4	31.4	30
2010 - 5	32.8	30
2010 - 6	—	—
2010 - 7	32.9	31
2010 - 8	30.4	31
2010 - 9	30.3	28
2010 - 10	27.4	31
2010 - 11	26.4	30
2010 - 12	25.4	31
2011 - 1	24.4	31
2011 - 2	26.1	28
2011 - 3	—	—
2011 - 4	29.2	30
2011 - 5	32.5	31
2011 - 6	32.9	30
2011 - 7	32.1	31
2011 - 8	31.0	31
2011 - 9	30.0	28
2011 - 10	28.0	31
2011 - 11	27.2	28
2011 - 12	24.6	31
2012 - 1	24.8	29

（续）

时间（年-月）	气温/℃	有效数据/条
2012 - 2	26.5	27
2012 - 3	28.6	31
2012 - 4	30.7	30
2012 - 5	32.2	31
2012 - 6	30.8	30
2012 - 7	—	—
2012 - 8	30.7	31
2012 - 9	30.4	29
2012 - 10	30.8	29
2012 - 11	28.7	30
2012 - 12	28.1	31
2013 - 1	26.2	31
2013 - 2	27.3	28
2013 - 3	28.6	31
2013 - 4	30.7	30
2013 - 5	31.4	31
2013 - 6	30.9	27
2013 - 7	29.5	29
2013 - 8	—	—
2013 - 9	29.6	26
2013 - 10	27.6	31
2013 - 11	—	—
2013 - 12	—	—
2014 - 1	23.0	31
2014 - 2	24.5	28
2014 - 3	28.2	31
2014 - 4	32.6	30
2014 - 5	34.5	31
2014 - 6	37.0	30
2014 - 7	34.6	31
2014 - 8	32.3	31
2014 - 9	30.0	29
2014 - 10	29.5	31

（续）

时间（年-月）	气温/℃	有效数据/条
2014 – 11	27.4	30
2014 – 12	25.3	31
2015 – 1	24.0	31
2015 – 2	27.8	28
2015 – 3	32.2	31
2015 – 4	—	—
2015 – 5	—	—
2015 – 6	36.7	29
2015 – 7	32.8	27
2015 – 8	34.5	31
2015 – 9	32.3	30
2015 – 10	30.0	26
2015 – 11	30.1	29
2015 – 12	28.7	31

4.4　相对湿度

4.4.1　概述

　　本部分数据包括 2005—2015 年三亚站位于三亚市鹿回头（109°28′30″E，18°13′1.2″N）的一个长期的海湾水体观测场的月尺度观测数据，原始数据观测频率 1 h/次，数据产品频率为月，数据单位为%。

4.4.2　数据采集和处理方法

　　数据由自动气象站采集和储存，数据由 HMP45D 湿度传感器观测获取。每 10 s 采测 1 个湿度值，每分钟采测 6 个湿度值，去除 1 个最大值和 1 个最小值后取平均值，作为每分钟的湿度值存储。正点时采测的湿度值作为正点数据存储，保留整数。

4.4.3　数据质量控制和评估

　　（1）相对湿度介于 0~100%。
　　（2）定时相对湿度大于等于日最小相对湿度。
　　（3）干球温度大于等于湿球温度（结冰期除外）。
　　（4）某一定时相对湿度缺测时，用前、后两定时数据内插求得，按正常数据统计，若连续两个或以上定时数据缺测时，不能内插，仍按缺测处理。
　　（5）一日中若 24 次定时观测记录有缺测时，该日按照 2：00、8：00、14：00、20：00 定时记录做日平均，若 4 次定时记录缺测 1 次或以上，但该日各定时记录缺测 5 次或以下时，按实有记录做日统计，缺测 6 次或以上时，不做日平均。

（6）缺失值用"—"表示。

4.4.4 数据

具体数据见表 4 - 4。

表 4 - 4 相对湿度数据表

时间（年-月）	相对湿度/%	有效数据/条
2005 - 1	71	31
2005 - 2	76	28
2005 - 3	73	31
2005 - 4	74	30
2005 - 5	75	31
2005 - 6	77	30
2005 - 7	79	31
2005 - 8	83	31
2005 - 9	78	28
2005 - 10	69	30
2005 - 11	70	27
2005 - 12	65	31
2006 - 1	71	31
2006 - 2	72	28
2006 - 3	76	30
2006 - 4	77	28
2006 - 5	73	31
2006 - 6	76	30
2006 - 7	79	31
2006 - 8	82	31
2006 - 9	76	29
2006 - 10	73	31
2006 - 11	73	30
2006 - 12	63	31
2007 - 1	66	31
2007 - 2	73	28
2007 - 3	74	31
2007 - 4	72	30
2007 - 5	78	31
2007 - 6	77	28
2007 - 7	78	31
2007 - 8	80	31
2007 - 9	79	29
2007 - 10	74	30

（续）

时间（年-月）	相对湿度/%	有效数据/条
2007 – 11	63	29
2007 – 12	69	31
2008 – 1	70	31
2008 – 2	73	29
2008 – 3	71	31
2008 – 4	73	30
2008 – 5	74	31
2008 – 6	79	30
2008 – 7	80	31
2008 – 8	80	31
2008 – 9	77	30
2008 – 10	78	31
2008 – 11	65	30
2008 – 12	69	31
2009 – 1	70	31
2009 – 2	77	28
2009 – 3	80	31
2009 – 4	79	30
2009 – 5	77	31
2009 – 6	83	30
2009 – 7	84	31
2009 – 8	85	31
2009 – 9	83	28
2009 – 10	—	—
2009 – 11	75	27
2009 – 12	75	30
2010 – 1	78	31
2010 – 2	82	28
2010 – 3	77	31
2010 – 4	81	30
2010 – 5	80	31
2010 – 6	—	—
2010 – 7	80	31
2010 – 8	87	31
2010 – 9	84	28

（续）

时间（年-月）	相对湿度/%	有效数据/条
2010 - 10	83	31
2010 - 11	70	30
2010 - 12	71	31
2011 - 1	69	31
2011 - 2	74	28
2011 - 3	—	—
2011 - 4	74	30
2011 - 5	76	31
2011 - 6	78	30
2011 - 7	79	31
2011 - 8	82	31
2011 - 9	85	28
2011 - 10	77	31
2011 - 11	75	28
2011 - 12	68	31
2012 - 1	73	29
2012 - 2	76	27
2012 - 3	76	31
2012 - 4	79	30
2012 - 5	80	31
2012 - 6	82	30
2012 - 7	—	—
2012 - 8	81	31
2012 - 9	77	29
2012 - 10	71	30
2012 - 11	78	30
2012 - 12	74	31
2013 - 1	72	31
2013 - 2	76	28
2013 - 3	78	31
2013 - 4	79	30
2013 - 5	80	31
2013 - 6	80	27
2013 - 7	84	29
2013 - 8	—	—

（续）

时间（年-月）	相对湿度/%	有效数据/条
2013 - 9	84	25
2013 - 10	—	—
2013 - 11	—	—
2013 - 12	—	—
2014 - 1	69	29
2014 - 2	—	—
2014 - 3	—	—
2014 - 4	—	—
2014 - 5	78	31
2014 - 6	78	30
2014 - 7	78	31
2014 - 8	81	31
2014 - 9	80	30
2014 - 10	—	—
2014 - 11	—	—
2014 - 12	71	31
2015 - 1	69	31
2015 - 2	72	28
2015 - 3	75	31
2015 - 4	71	30
2015 - 5	73	31
2015 - 6	69	29
2015 - 7	77	26
2015 - 8	79	31
2015 - 9	78	30
2015 - 10	76	26
2015 - 11	75	29
2015 - 12	73	31

4.5 地表温度（0cm）

4.5.1 概述

　　本部分数据包括 2005—2015 年三亚站位于三亚市鹿回头（109°28′30″E，18°13′1.2″N）的一个长期的海湾水体观测场的月尺度观测数据，原始数据观测频率 1 h/次，数据产品频率为月，数据单位为℃。

4.5.2 数据采集和处理方法

数据由自动气象站采集和储存，数据由 QMT110 地温传感器获取。每 10s 采测 1 次地表温度值，每分钟采测 6 次，去除 1 个最大值和 1 个最小值后取平均值，作为每分钟的地表温度值存储。正点采测地表温度值作为正点数据存储。取小数点后 1 位数，数据产品观测层次在地表面 0cm 处。

4.5.3 数据质量控制和评估

（1）超出气候学界限值域 $-90 \sim 90$ ℃的数据为错误数据。

（2）1 min 内允许的最大变化值为 5 ℃，1 h 内变化幅度的最小值为 0.1 ℃。

（3）定时观测地表温度大于等于日地表最低温度且小于等于日地表最高温度。

（4）地表温度 24 h 变化范围小于 60 ℃。

（5）某一定时地表温度缺测时，用前、后两定时数据内插求得，按正常数据统计，若连续两个或以上定时数据缺测时，不能内插，仍按缺测处理。

（6）一日中若 24 次定时观测记录有缺测时，该日按照 2：00、8：00、14：00、20：00 定时记录做日平均，若 4 次定时记录缺测 1 次或以上，但该日各定时记录缺测 5 次或以下时，按实有记录做日统计，缺测 6 次或以上时，不做日平均。

（7）缺失值用"—"表示。

4.5.4 数据

具体数据见表 4-5。

表 4-5 土壤温度（0cm）数据表

时间（年-月）	地表温度/℃	有效数据/条
2005 - 1	24.9	31
2005 - 2	27.7	28
2005 - 3	27.5	31
2005 - 4	31.5	30
2005 - 5	34.5	31
2005 - 6	33.2	30
2005 - 7	31.5	31
2005 - 8	30.2	29
2005 - 9	30.6	28
2005 - 10	28.9	30
2005 - 11	27.4	27
2005 - 12	25.0	31
2006 - 1	26.0	31
2006 - 2	29.4	28
2006 - 3	30.1	30
2006 - 4	31.8	28
2006 - 5	33.9	31

（续）

时间（年-月）	地表温度/℃	有效数据/条
2006 - 6	36.1	30
2006 - 7	33.6	31
2006 - 8	30.6	31
2006 - 9	30.3	29
2006 - 10	30.5	31
2006 - 11	30.4	30
2006 - 12	27.3	31
2007 - 1	26.9	31
2007 - 2	29.4	28
2007 - 3	33.4	31
2007 - 4	35.4	30
2007 - 5	32.5	31
2007 - 6	34.4	28
2007 - 7	35.4	31
2007 - 8	31.8	31
2007 - 9	29.8	29
2007 - 10	27.4	30
2007 - 11	26.5	29
2007 - 12	27.8	31
2008 - 1	26.7	31
2008 - 2	23.9	29
2008 - 3	31.8	31
2008 - 4	35.8	30
2008 - 5	35.1	31
2008 - 6	31.5	30
2008 - 7	31.0	31
2008 - 8	30.0	31
2008 - 9	30.7	30
2008 - 10	27.7	31
2008 - 11	26.3	30
2008 - 12	24.3	31
2009 - 1	23.3	31
2009 - 2	29.1	28
2009 - 3	30.4	31
2009 - 4	31.7	30

（续）

时间（年-月）	地表温度/℃	有效数据/条
2009 – 5	33.6	31
2009 – 6	31.8	30
2009 – 7	31.2	31
2009 – 8	30.7	31
2009 – 9	29.7	28
2009 – 10	—	—
2009 – 11	26.1	27
2009 – 12	26.0	30
2010 – 1	27.1	31
2010 – 2	30.0	28
2010 – 3	32.3	31
2010 – 4	34.4	30
2010 – 5	37.7	31
2010 – 6	—	—
2010 – 7	35.6	31
2010 – 8	30.2	31
2010 – 9	30.0	28
2010 – 10	26.8	31
2010 – 11	26.7	30
2010 – 12	25.1	31
2011 – 1	24.1	31
2011 – 2	27.2	28
2011 – 3	—	—
2011 – 4	33.7	30
2011 – 5	37.6	31
2011 – 6	37.0	30
2011 – 7	35.2	31
2011 – 8	32.9	31
2011 – 9	29.9	28
2011 – 10	28.2	31
2011 – 11	26.4	28
2011 – 12	23.0	31
2012 – 1	24.7	29
2012 – 2	27.8	27
2012 – 3	31.0	31

（续）

时间（年-月）	地表温度/℃	有效数据/条
2012 - 4	33.6	30
2012 - 5	34.1	31
2012 - 6	31.0	30
2012 - 7	——	—
2012 - 8	32.1	31
2012 - 9	30.8	29
2012 - 10	31.1	29
2012 - 11	28.4	30
2012 - 12	27.3	31
2013 - 1	25.3	31
2013 - 2	27.7	28
2013 - 3	29.3	31
2013 - 4	32.0	30
2013 - 5	30.9	31
2013 - 6	29.8	27
2013 - 7	28.7	29
2013 - 8	—	—
2013 - 9	29.2	26
2013 - 10	27.1	31
2013 - 11	—	—
2013 - 12	—	—
2014 - 1	23.7	31
2014 - 2	25.3	28
2014 - 3	30.3	31
2014 - 4	35.5	30
2014 - 5	35.7	31
2014 - 6	38.3	30
2014 - 7	34.5	31
2014 - 8	31.6	31
2014 - 9	30.5	29
2014 - 10	29.1	31
2014 - 11	27.3	30
2014 - 12	24.2	31

（续）

时间（年-月）	地表温度/℃	有效数据/条
2015 - 1	24.1	31
2015 - 2	28.2	28
2015 - 3	32.6	31
2015 - 4	—	—
2015 - 5	—	—
2015 - 6	37.4	29
2015 - 7	33.0	26
2015 - 8	34.6	31
2015 - 9	32.0	30
2015 - 10	29.8	26
2015 - 11	29.8	29
2015 - 12	28.6	31

4.6　土壤温度（5cm）

4.6.1　概述

本部分数据包括 2005—2015 年三亚站位于三亚市鹿回头（109°28′30″E，18°13′1.2″N）的一个长期的海湾水体观测场的月尺度观测数据，原始数据观测频率 1 h/次，数据产品频率为月，数据单位为℃。

4.6.2　数据采集和处理方法

数据由自动气象站采集和储存，数据由 QMT110 地温传感器获取。每 10s 采测 1 次土壤（5cm）温度值，每分钟采测 6 次，去除 1 个最大值和 1 个最小值后取平均值，作为每分钟的 5cm 地温值存储。正点时采测 5cm 地温值作为正点数据存储。取小数点后 1 位数，数据产品观测层次在地表面 5cm 处。

4.6.3　数据质量控制和评估

（1）超出气候学界限值域−80～80 ℃的数据为错误数据。

（2）1 min 内允许的最大变化值为 1 ℃，2 h 内变化幅度的最小值为 0.1 ℃。

（3）5cm 地温 24 h 变化范围小于 40 ℃。

（4）某一定时土壤温度（5cm）缺测时，用前、后两定时数据内插求得，按正常数据统计，若连续两个或以上定时数据缺测时，不能内插，仍按缺测处理。

（5）一日中若 24 次定时观测记录有缺测时，该日按照 2：00、8：00、14：00、20：00 定时记录做日平均，若 4 次定时记录缺测 1 次或以上，但该日各定时记录缺测 5 次或以下时，按实有记录作日统计，缺测 6 次或以上时，不做日平均。

（6）缺失值用"—"表示。

4.6.4 数据

具体数据见表 4-6。

表 4-6 土壤温度（5cm）数据表

时间（年-月）	土壤温度（5cm）/℃	有效数据/条
2005-1	24.8	31
2005-2	27.5	28
2005-3	27.3	31
2005-4	31.3	30
2005-5	34.2	31
2005-6	33.2	30
2005-7	31.4	31
2005-8	30.1	29
2005-9	30.6	28
2005-10	28.9	30
2005-11	27.6	27
2005-12	25.1	31
2006-1	26.0	31
2006-2	29.0	28
2006-3	29.9	30
2006-4	31.2	28
2006-5	32.4	31
2006-6	34.3	30
2006-7	31.6	31
2006-8	30.1	31
2006-9	30.1	29
2006-10	30.0	31
2006-11	29.3	30
2006-12	26.7	31
2007-1	26.4	31
2007-2	28.1	28
2007-3	31.8	31
2007-4	33.7	30
2007-5	31.5	31
2007-6	32.2	28
2007-7	31.5	31
2007-8	31.1	31
2007-9	29.7	29
2007-10	27.3	30
2007-11	26.7	29

（续）

时间（年-月）	土壤温度（5cm）/℃	有效数据/条
2007 - 12	26.8	31
2008 - 1	26.0	31
2008 - 2	23.6	29
2008 - 3	29.6	31
2008 - 4	33.4	30
2008 - 5	33.5	31
2008 - 6	30.7	30
2008 - 7	31.0	31
2008 - 8	30.1	31
2008 - 9	30.7	30
2008 - 10	27.6	31
2008 - 11	26.5	30
2008 - 12	24.3	31
2009 - 1	23.6	31
2009 - 2	28.7	28
2009 - 3	30.3	31
2009 - 4	31.7	30
2009 - 5	32.4	31
2009 - 6	31.0	30
2009 - 7	31.4	31
2009 - 8	31.0	31
2009 - 9	30.1	28
2009 - 10	—	—
2009 - 11	26.9	27
2009 - 12	26.4	30
2010 - 1	26.6	31
2010 - 2	28.5	28
2010 - 3	30.0	31
2010 - 4	32.3	30
2010 - 5	33.8	31
2010 - 6	—	—
2010 - 7	32.9	31
2010 - 8	30.2	31
2010 - 9	30.1	28

（续）

时间（年-月）	土壤温度（5cm）/℃	有效数据/条
2010 - 10	27.0	31
2010 - 11	26.3	30
2010 - 12	24.6	31
2011 - 1	23.6	31
2011 - 2	26.4	28
2011 - 3	—	—
2011 - 4	30.0	30
2011 - 5	33.3	31
2011 - 6	33.0	30
2011 - 7	32.1	31
2011 - 8	31.4	31
2011 - 9	29.6	28
2011 - 10	28.1	31
2011 - 11	26.6	28
2011 - 12	23.5	31
2012 - 1	24.6	29
2012 - 2	26.8	27
2012 - 3	29.3	31
2012 - 4	31.6	30
2012 - 5	32.7	31
2012 - 6	30.8	30
2012 - 7	—	—
2012 - 8	30.7	31
2012 - 9	30.4	29
2012 - 10	30.5	29
2012 - 11	28.3	30
2012 - 12	27.2	31
2013 - 1	25.2	31
2013 - 2	27.4	28
2013 - 3	29.0	31
2013 - 4	31.6	30
2013 - 5	31.0	31
2013 - 6	29.9	27
2013 - 7	28.7	29

（续）

时间（年-月）	土壤温度（5cm）/℃	有效数据/条
2013 - 8	—	—
2013 - 9	29.2	26
2013 - 10	27.0	31
2013 - 11	—	—
2013 - 12	—	—
2014 - 1	23.5	31
2014 - 2	25.1	28
2014 - 3	29.9	31
2014 - 4	35.0	30
2014 - 5	35.4	31
2014 - 6	37.9	30
2014 - 7	34.4	31
2014 - 8	31.6	31
2014 - 9	30.5	29
2014 - 10	29.1	31
2014 - 11	27.2	30
2014 - 12	24.3	31
2015 - 1	24.0	31
2015 - 2	27.8	28
2015 - 3	32.2	31
2015 - 4	—	—
2015 - 5	—	—
2015 - 6	36.7	29
2015 - 7	32.8	26
2015 - 8	34.5	31
2015 - 9	32.3	30
2015 - 10	30.0	26
2015 - 11	30.1	29
2015 - 12	28.7	31

4.7　土壤温度（10cm）

4.7.1　概述

　　本部分数据包括 2005—2015 年三亚站位于三亚市鹿回头（109°28′30″E，18°13′1.2″N）的一个长期的海湾水体观测场的月尺度观测数据，原始数据观测频率 1 h/次，数据产品频率为月，数据单位为℃。

4.7.2　数据采集和处理方法

数据由自动气象站采集和储存，数据由 QMT110 地温传感器获取。每 10s 采测 1 次土壤（10cm）温度值，每分钟采测 6 次，去除 1 个最大值和 1 个最小值后取平均值，作为每分钟的 10cm 地温值存储，正点时采测的 10cm 地温值作为正点数据存储，取小数点后 1 位数，数据产品观测层次在地表面 10cm 处。

4.7.3　数据质量控制和评估

（1）超出气候学界限值域−70～70 ℃的数据为错误数据。

（2）1 min 内允许的最大变化值为 1 ℃，2 h 内变化幅度的最小值为 0.1 ℃。

（3）10cm 地温 24 h 变化范围小于 40 ℃。

（4）某一定时土壤温度（10cm）缺测时，用前、后两定时数据内插求得，按正常数据统计，若连续两个或以上定时数据缺测时，不能内插，仍按缺测处理。

（5）一日中若 24 次定时观测记录有缺测时，该日按照 2：00、8：00、14：00、20：00 定时记录做日平均，若 4 次定时记录缺测 1 次或以上，但该日各定时记录缺测 5 次或以下时，按实有记录做日统计，缺测 6 次或以上时，不做日平均。

（6）缺失值用"—"表示。

4.7.4　数据

具体数据见表 4−7。

表 4−7　土壤温度（10cm）数据表

时间（年-月）	土壤温度（10cm）/℃	有效数据/条
2005 − 1	24.8	31
2005 − 2	27.3	28
2005 − 3	27.1	31
2005 − 4	31.0	30
2005 − 5	33.9	31
2005 − 6	33.1	30
2005 − 7	31.4	31
2005 − 8	30.0	29
2005 − 9	30.6	28
2005 − 10	28.8	30
2005 − 11	27.6	27
2005 − 12	25.3	31
2006 − 1	26.1	31
2006 − 2	28.8	28
2006 − 3	29.8	30
2006 − 4	31.2	28
2006 − 5	32.5	31

（续）

时间（年-月）	土壤温度（10cm）/℃	有效数据/条
2006 - 6	34.5	30
2006 - 7	31.8	31
2006 - 8	30.2	31
2006 - 9	30.2	29
2006 - 10	30.0	31
2006 - 11	29.4	30
2006 - 12	27.0	31
2007 - 1	26.5	31
2007 - 2	28.0	28
2007 - 3	31.6	31
2007 - 4	33.5	30
2007 - 5	31.6	31
2007 - 6	32.3	28
2007 - 7	31.6	31
2007 - 8	31.1	31
2007 - 9	29.9	29
2007 - 10	27.5	30
2007 - 11	26.8	29
2007 - 12	26.9	31
2008 - 1	26.1	31
2008 - 2	23.9	29
2008 - 3	29.3	31
2008 - 4	33.1	30
2008 - 5	33.3	31
2008 - 6	30.9	30
2008 - 7	31.1	31
2008 - 8	30.2	31
2008 - 9	30.7	30
2008 - 10	27.6	31
2008 - 11	26.7	30
2008 - 12	24.6	31
2009 - 1	23.8	31
2009 - 2	28.5	28
2009 - 3	30.2	31
2009 - 4	31.7	30

（续）

时间（年-月）	土壤温度（10cm）/℃	有效数据/条
2009 - 5	32.5	31
2009 - 6	31.3	30
2009 - 7	31.5	31
2009 - 8	31.0	31
2009 - 9	30.2	28
2009 - 10	—	—
2009 - 11	26.9	27
2009 - 12	26.5	30
2010 - 1	26.6	31
2010 - 2	28.5	28
2010 - 3	29.9	31
2010 - 4	32.2	30
2010 - 5	33.8	31
2010 - 6	—	—
2010 - 7	33.1	31
2010 - 8	30.3	31
2010 - 9	30.2	28
2010 - 10	27.0	31
2010 - 11	26.3	30
2010 - 12	24.8	31
2011 - 1	23.7	31
2011 - 2	26.4	28
2011 - 3	—	—
2011 - 4	29.9	30
2011 - 5	33.3	31
2011 - 6	33.2	30
2011 - 7	32.2	31
2011 - 8	31.3	31
2011 - 9	29.7	28
2011 - 10	28.1	31
2011 - 11	26.8	28
2011 - 12	23.7	31
2012 - 1	24.6	29
2012 - 2	26.8	27
2012 - 3	29.2	31

（续）

时间（年-月）	土壤温度（10cm）/℃	有效数据/条
2012 - 4	31.5	30
2012 - 5	32.7	31
2012 - 6	30.9	30
2012 - 7	—	—
2012 - 8	30.7	31
2012 - 9	30.5	29
2012 - 10	30.5	29
2012 - 11	28.4	30
2012 - 12	27.3	31
2013 - 1	25.2	31
2013 - 2	27.4	28
2013 - 3	28.8	31
2013 - 4	31.3	30
2013 - 5	31.1	31
2013 - 6	30.0	27
2013 - 7	28.8	29
2013 - 8	—	—
2013 - 9	29.3	26
2013 - 10	27.1	31
2013 - 11	—	—
2013 - 12	—	—
2014 - 1	23.4	31
2014 - 2	24.9	28
2014 - 3	29.6	31
2014 - 4	34.5	30
2014 - 5	35.1	31
2014 - 6	37.7	30
2014 - 7	34.5	31
2014 - 8	31.8	31
2014 - 9	30.3	29
2014 - 10	29.1	31
2014 - 11	27.2	30
2014 - 12	24.4	31
2015 - 1	23.9	31
2015 - 2	27.5	28

（续）

时间（年-月）	土壤温度（10cm）/℃	有效数据/条
2015 - 3	31.8	31
2015 - 4	—	—
2015 - 5	—	—
2015 - 6	36.9	29
2015 - 7	33.2	26
2015 - 8	34.6	31
2015 - 9	32.4	30
2015 - 10	30.3	26
2015 - 11	30.4	29
2015 - 12	28.9	31

4.8　土壤温度（15cm）

4.8.1　概述

本部分数据包括 2005—2015 年三亚站位于三亚市鹿回头（109°28′30″E，18°13′1.2″N）的一个长期的海湾水体观测场的月尺度观测数据，原始数据观测频率 1 h/次，数据产品频率为月，数据单位为℃。

4.8.2　数据采集和处理方法

数据由自动气象站采集和储存，数据由 QMT110 地温传感器获取。每 10s 采测 1 次土壤（15cm）温度值，每分钟采测 6 次，去除 1 个最大值和 1 个最小值后取平均值，作为每分钟的 15cm 地温值存储。正点时采测的 15cm 地温值作为正点数据存储。取小数点后 1 位数，数据产品观测层次在地表面 15cm 处。

4.8.3　数据质量控制和评估

（1）超出气候学界限值域 −60～60 ℃的数据为错误数据。

（2）1 min 内允许的最大变化值为 1 ℃，2 h 内变化幅度的最小值为 0.1 ℃。

（3）15cm 地温 24 h 变化范围小于 40 ℃。

（4）某一定时土壤温度（15cm）缺测时，用前、后两定时数据内插求得，按正常数据统计，若连续两个或以上定时数据缺测时，不能内插，仍按缺测处理。

（5）一日中若 24 次定时观测记录有缺测时，该日按照 2：00、8：00、14：00、20：00 定时记录做日平均，若 4 次定时记录缺测 1 次或以上，但该日各定时记录缺测 5 次或以下时，按实有记录做日统计，缺测 6 次或以上时，不做日平均。

（6）缺失值用"—"表示。

4.8.4　数据

具体数据见表 4 - 8。

表 4 - 8　土壤温度（15cm）数据表

时间（年-月）	土壤温度（15cm）/℃	有效数据/条
2005 - 1	24.8	31
2005 - 2	27.1	28
2005 - 3	26.9	31
2005 - 4	30.8	30
2005 - 5	33.7	31
2005 - 6	33.0	30
2005 - 7	31.3	31
2005 - 8	30.0	29
2005 - 9	30.5	28
2005 - 10	28.8	30
2005 - 11	27.7	27
2005 - 12	25.4	31
2006 - 1	26.1	31
2006 - 2	28.7	28
2006 - 3	29.7	30
2006 - 4	31.1	28
2006 - 5	32.5	31
2006 - 6	34.5	30
2006 - 7	31.8	31
2006 - 8	30.3	31
2006 - 9	30.3	29
2006 - 10	29.9	31
2006 - 11	29.4	30
2006 - 12	27.2	31
2007 - 1	26.7	31
2007 - 2	27.9	28
2007 - 3	31.4	31
2007 - 4	33.4	30
2007 - 5	31.7	31
2007 - 6	32.4	28
2007 - 7	31.6	31
2007 - 8	31.1	31
2007 - 9	30.0	29

（续）

时间（年-月）	土壤温度（15cm）/℃	有效数据/条
2007 - 10	27.6	30
2007 - 11	26.9	29
2007 - 12	26.9	31
2008 - 1	26.2	31
2008 - 2	24.0	29
2008 - 3	29.1	31
2008 - 4	32.9	30
2008 - 5	33.2	31
2008 - 6	31.0	30
2008 - 7	31.0	31
2008 - 8	30.1	31
2008 - 9	30.7	30
2008 - 10	27.6	31
2008 - 11	26.8	30
2008 - 12	24.7	31
2009 - 1	23.8	31
2009 - 2	28.3	28
2009 - 3	30.2	31
2009 - 4	31.8	30
2009 - 5	32.6	31
2009 - 6	31.5	30
2009 - 7	31.5	31
2009 - 8	31.0	31
2009 - 9	30.3	28
2009 - 10	—	—
2009 - 11	26.9	27
2009 - 12	26.5	30
2010 - 1	26.6	31
2010 - 2	28.4	28
2010 - 3	29.8	31
2010 - 4	32.0	30
2010 - 5	33.7	31
2010 - 6	—	—
2010 - 7	33.1	31
2010 - 8	30.3	31

（续）

时间（年-月）	土壤温度（15cm）/℃	有效数据/条
2010 - 9	30.3	28
2010 - 10	27.1	31
2010 - 11	26.2	30
2010 - 12	24.9	31
2011 - 1	23.8	31
2011 - 2	26.3	28
2011 - 3	28.5	31
2011 - 4	29.8	30
2011 - 5	33.3	31
2011 - 6	33.3	30
2011 - 7	32.2	31
2011 - 8	31.2	31
2011 - 9	29.8	28
2011 - 10	28.0	31
2011 - 11	26.8	28
2011 - 12	23.9	31
2012 - 1	24.6	29
2012 - 2	26.7	26
2012 - 3	29.1	31
2012 - 4	31.3	30
2012 - 5	32.7	31
2012 - 6	30.9	30
2012 - 7	—	—
2012 - 8	30.7	31
2012 - 9	30.4	29
2012 - 10	30.4	29
2012 - 11	28.4	30
2012 - 12	27.3	31
2013 - 1	25.3	31
2013 - 2	27.4	28
2013 - 3	28.8	31
2013 - 4	31.2	30
2013 - 5	31.2	31
2013 - 6	30.1	27
2013 - 7	29.2	29

（续）

时间（年-月）	土壤温度（15cm）/℃	有效数据/条
2013 - 8	—	—
2013 - 9	29.3	26
2013 - 10	27.2	31
2013 - 11	—	—
2013 - 12	—	—
2014 - 1	23.3	31
2014 - 2	24.8	28
2014 - 3	29.5	31
2014 - 4	34.3	30
2014 - 5	35.1	31
2014 - 6	37.6	30
2014 - 7	34.5	31
2014 - 8	31.9	31
2014 - 9	30.2	29
2014 - 10	29.1	31
2014 - 11	27.2	30
2014 - 12	24.5	31
2015 - 1	23.9	31
2015 - 2	27.4	28
2015 - 3	31.7	31
2015 - 4	—	—
2015 - 5	—	—
2015 - 6	36.4	29
2015 - 7	32.9	26
2015 - 8	34.1	31
2015 - 9	32.0	30
2015 - 10	30.0	26
2015 - 11	30.1	29
2015 - 12	28.7	31

4.9 土壤温度（20cm）

4.9.1 概述

本部分数据包括 2005—2015 年三亚站位于三亚市鹿回头（109°28′30″E，18°13′1.2″N）的一个长期的海湾水体观测场的月尺度观测数据，原始数据观测频率 1 h/次，数据产品频率为月，数据单位为℃。

4.9.2　数据采集和处理方法

数据由自动气象站采集和储存，数据由 QMT110 地温传感器获取。每 10s 采测 1 次土壤（20cm）温度值，每分钟采测 6 次，去除 1 个最大值和 1 个最小值后取平均值，作为每分钟的 15cm 地温值存储。正点时采测的 20cm 地温值作为正点数据存储。取小数点后 1 位数，数据产品观测层次在地表面 20cm 处。

4.9.3　数据质量控制和评估

（1）超出气候学界限值域－50～50 ℃的数据为错误数据。

（2）1 min 内允许的最大变化值为 1 ℃，2 h 内变化幅度的最小值为 0.1 ℃。

（3）20cm 地温 24 h 变化范围小于 30 ℃。

（4）某一定时土壤温度（20cm）缺测时，用前、后两定时数据内插求得，按正常数据统计，若连续两个或以上定时数据缺测时，不能内插，仍按缺测处理。

（5）一日中若 24 次定时观测记录有缺测时，该日按照 2：00、8：00、14：00、20：00 定时记录做日平均，若 4 次定时记录缺测 1 次或以上，但该日各定时记录缺测 5 次或以下时，按实有记录做日统计，缺测 6 次或以上时，不做日平均。

（6）缺失值用"—"表示。

4.9.4　数据

具体数据见表 4 - 9。

表 4 - 9　土壤温度（20cm）数据表

时间（年-月）	土壤温度（20cm）/℃	有效数据/条
2005 - 1	24.8	31
2005 - 2	27.0	28
2005 - 3	26.7	31
2005 - 4	30.4	30
2005 - 5	33.3	31
2005 - 6	32.9	30
2005 - 7	31.4	31
2005 - 8	29.9	29
2005 - 9	30.4	28
2005 - 10	28.7	30
2005 - 11	27.8	27
2005 - 12	25.6	31
2006 - 1	26.1	31
2006 - 2	28.6	28
2006 - 3	29.7	30

（续）

时间（年-月）	土壤温度（20cm）/℃	有效数据/条
2006 - 4	31.1	28
2006 - 5	32.4	31
2006 - 6	34.5	30
2006 - 7	31.8	31
2006 - 8	30.4	31
2006 - 9	30.3	29
2006 - 10	29.9	31
2006 - 11	29.4	30
2006 - 12	27.3	31
2007 - 1	26.8	31
2007 - 2	27.8	28
2007 - 3	31.3	31
2007 - 4	33.2	30
2007 - 5	31.7	31
2007 - 6	32.5	28
2007 - 7	31.6	31
2007 - 8	31.1	31
2007 - 9	30.0	29
2007 - 10	27.6	30
2007 - 11	27.0	29
2007 - 12	26.9	31
2008 - 1	26.3	31
2008 - 2	24.2	29
2008 - 3	29.0	31
2008 - 4	32.7	30
2008 - 5	33.1	31
2008 - 6	31.0	30
2008 - 7	31.0	31
2008 - 8	30.1	31
2008 - 9	30.7	30
2008 - 10	27.6	31
2008 - 11	26.9	30
2008 - 12	24.8	31
2009 - 1	23.9	31
2009 - 2	28.1	28

（续）

时间（年-月）	土壤温度（20cm）/℃	有效数据/条
2009 – 3	30.1	31
2009 – 4	31.8	30
2009 – 5	32.5	31
2009 – 6	31.6	30
2009 – 7	31.4	31
2009 – 8	31.0	31
2009 – 9	30.3	28
2009 – 10	—	—
2009 – 11	26.9	27
2009 – 12	26.6	30
2010 – 1	26.6	31
2010 – 2	28.3	28
2010 – 3	29.7	31
2010 – 4	31.9	30
2010 – 5	33.6	31
2010 – 6	—	—
2010 – 7	33.1	31
2010 – 8	30.3	31
2010 – 9	30.3	28
2010 – 10	27.1	31
2010 – 11	26.3	30
2010 – 12	24.9	31
2011 – 1	23.9	31
2011 – 2	26.2	28
2011 – 3	28.4	31
2011 – 4	29.7	30
2011 – 5	33.2	31
2011 – 6	33.2	30
2011 – 7	32.2	31
2011 – 8	31.1	31
2011 – 9	29.8	28
2011 – 10	28.0	31
2011 – 11	26.9	28
2011 – 12	24.0	31
2012 – 1	24.6	29

（续）

时间（年-月）	土壤温度（20cm）/℃	有效数据/条
2012 - 2	26.6	27
2012 - 3	29.0	31
2012 - 4	31.2	30
2012 - 5	32.6	31
2012 - 6	30.8	30
2012 - 7	—	—
2012 - 8	30.7	31
2012 - 9	30.4	29
2012 - 10	30.6	29
2012 - 11	28.6	30
2012 - 12	27.7	31
2013 - 1	25.8	31
2013 - 2	27.4	28
2013 - 3	28.7	31
2013 - 4	30.9	30
2013 - 5	31.5	31
2013 - 6	30.6	27
2013 - 7	29.2	29
2013 - 8	—	—
2013 - 9	29.5	26
2013 - 10	27.4	31
2013 - 11	—	—
2013 - 12	—	—
2014 - 1	23.1	31
2014 - 2	24.7	28
2014 - 3	28.9	31
2014 - 4	33.5	30
2014 - 5	34.9	31
2014 - 6	37.4	30
2014 - 7	34.7	31
2014 - 8	32.2	31
2014 - 9	30.1	29
2014 - 10	29.3	31
2014 - 11	27.2	30
2014 - 12	24.9	31

（续）

时间（年-月）	土壤温度（20cm）/℃	有效数据/条
2015 - 1	24.1	31
2015 - 2	27.2	28
2015 - 3	31.3	31
2015 - 4	—	—
2015 - 5	—	—
2015 - 6	36.3	29
2015 - 7	32.9	26
2015 - 8	34.1	31
2015 - 9	31.9	30
2015 - 10	30.0	26
2015 - 11	30.1	29
2015 - 12	28.7	31

4.10　土壤温度（40cm）

4.10.1　概述

本部分数据包括 2005—2015 年三亚站位于三亚市鹿回头（109°28′30″E，18°13′1.2″N）的一个长期的海湾水体观测场的月尺度观测数据，原始数据观测频率 1 h/次，数据产品频率为月，数据单位为℃。

4.10.2　数据采集和处理方法

数据由自动气象站采集和储存，数据由 QMT110 地温传感器获取。每 10s 采测 1 次土壤（40cm）温度值，每分钟采测 6 次，去除 1 个最大值和 1 个最小值后取平均值，作为每分钟的 15cm 地温值存储。正点时采测的 40cm 地温值作为正点数据存储。取小数点后 1 位数，数据产品观测层次在地表面 40cm 处。

4.10.3　数据质量控制和评估

（1）超出气候学界限值域−45～45 ℃的数据为错误数据。

（2）1 min 内允许的最大变化值为 0.5 ℃，2 h 内变化幅度的最小值为 0.1 ℃。

（3）40cm 地温 24 h 变化范围小于 30 ℃。

（4）某一定时土壤温度（40cm）缺测时，用前、后两定时数据内插求得，按正常数据统计，若连续两个或以上定时数据缺测时，不能内插，仍按缺测处理。

（5）一日中若 24 次定时观测记录有缺测时，该日按照 2：00、8：00、14：00、20：00 定时记录做日平均，若 4 次定时记录缺测 1 次或以上，但该日各定时记录缺测 5 次或以下时，按实有记录做日统计，缺测 6 次或以上时，不做日平均。

（6）缺失值用"—"表示。

4.10.4　数据

具体数据见表 4 - 10。

表 4 - 10　土壤温度 (40cm) 数据表

时间 (年-月)	土壤温度 (40cm) /℃	有效数据/条
2005 - 1	24.9	31
2005 - 2	26.9	28
2005 - 3	26.6	31
2005 - 4	30.1	30
2005 - 5	33.0	31
2005 - 6	32.6	30
2005 - 7	31.4	31
2005 - 8	29.8	29
2005 - 9	30.2	28
2005 - 10	28.6	30
2005 - 11	27.8	27
2005 - 12	25.9	31
2006 - 1	26.2	31
2006 - 2	28.4	28
2006 - 3	29.6	30
2006 - 4	30.9	28
2006 - 5	32.3	31
2006 - 6	34.3	30
2006 - 7	31.8	31
2006 - 8	30.5	31
2006 - 9	30.4	29
2006 - 10	29.8	31
2006 - 11	29.4	30
2006 - 12	27.7	31
2007 - 1	27.0	31
2007 - 2	27.8	28
2007 - 3	31.0	31
2007 - 4	32.9	30
2007 - 5	31.7	31
2007 - 6	32.5	28

（续）

时间（年-月）	土壤温度（40cm）/℃	有效数据/条
2007 - 7	31.6	31
2007 - 8	31.2	31
2007 - 9	30.2	29
2007 - 10	27.9	30
2007 - 11	27.2	29
2007 - 12	27.0	31
2008 - 1	26.5	31
2008 - 2	24.6	29
2008 - 3	28.8	31
2008 - 4	32.4	30
2008 - 5	32.9	31
2008 - 6	31.2	30
2008 - 7	31.0	31
2008 - 8	30.1	31
2008 - 9	30.8	30
2008 - 10	27.8	31
2008 - 11	27.1	30
2008 - 12	25.2	31
2009 - 1	24.2	31
2009 - 2	27.8	28
2009 - 3	29.9	31
2009 - 4	31.6	30
2009 - 5	32.3	31
2009 - 6	31.7	30
2009 - 7	31.4	31
2009 - 8	30.9	31
2009 - 9	30.4	28
2009 - 10	—	—
2009 - 11	27.1	27
2009 - 12	26.7	30
2010 - 1	26.7	31
2010 - 2	28.3	28
2010 - 3	29.5	31

（续）

时间（年-月）	土壤温度（40cm）/℃	有效数据/条
2010 - 4	31.6	30
2010 - 5	33.2	30
2010 - 6	—	—
2010 - 7	33.1	31
2010 - 8	30.4	31
2010 - 9	30.3	28
2010 - 10	27.3	31
2010 - 11	26.4	30
2010 - 12	25.2	31
2011 - 1	24.2	31
2011 - 2	26.1	28
2011 - 3	—	—
2011 - 4	29.4	30
2011 - 5	32.8	31
2011 - 6	33.1	30
2011 - 7	32.2	31
2011 - 8	31.0	31
2011 - 9	29.9	28
2011 - 10	28.0	31
2011 - 11	27.1	28
2011 - 12	24.4	31
2012 - 1	24.8	29
2012 - 2	26.6	27
2012 - 3	28.8	31
2012 - 4	30.9	30
2012 - 5	32.4	31
2012 - 6	30.8	30
2012 - 7	—	—
2012 - 8	30.7	31
2012 - 9	30.6	29
2012 - 10	30.6	29
2012 - 11	28.5	30
2012 - 12	27.5	31

（续）

时间（年-月）	土壤温度（40cm）/℃	有效数据/条
2013 - 1	25.5	31
2013 - 2	27.4	28
2013 - 3	28.8	31
2013 - 4	31.2	30
2013 - 5	31.4	31
2013 - 6	30.4	27
2013 - 7	29.0	29
2013 - 8	—	—
2013 - 9	29.4	26
2013 - 10	27.2	31
2013 - 11	—	—
2013 - 12	—	—
2014 - 1	23.3	31
2014 - 2	24.8	28
2014 - 3	29.3	31
2014 - 4	34.0	30
2014 - 5	35.1	31
2014 - 6	37.6	30
2014 - 7	34.6	31
2014 - 8	32.0	31
2014 - 9	30.1	29
2014 - 10	29.2	31
2014 - 11	27.2	30
2014 - 12	24.6	31
2015 - 1	24.0	31
2015 - 2	27.3	28
2015 - 3	31.6	31
2015 - 4	—	—
2015 - 5	—	—
2015 - 6	35.5	29
2015 - 7	32.9	26
2015 - 8	33.5	31
2015 - 9	31.8	30

（续）

时间（年-月）	土壤温度（40cm）/℃	有效数据/条
2015 - 10	30.3	26
2015 - 11	30.2	29
2015 - 12	28.8	31

4.11 降水量

4.11.1 概述

本数据集包括 2005—2015 年三亚站位于三亚市鹿回头（109°28′30″E，18°13′1.2″N）的一个长期的海湾水体观测场的月尺度观测数据，原始数据观测频率 1 h/次，数据产品频率为月，数据单位为 mm。

4.11.2 数据采集和处理方法

数据由自动气象站采集和储存，由 RG13 h 型雨量计观测获取。每分钟计算出 1 min 降水量，正点时计算、存储 1 h 的累计降水量，每日 20：00 存储每日累计降水量，数据产品观测层次距地面70cm，数据取小数点后 1 位数。

4.11.3 数据质量控制和评估

（1）降雨强度超出气候学界限值域 0～400 mm/min 的数据为错误数据。

（2）降水量大于 0.0 mm 或者微量时，应有降水或者雪暴天气现象。

（3）一日中各时降水量缺测数小时但不是全天缺测时，按实有记录做日合计。全天缺测时，不做日合计，按缺测处理。1 个月中降水量缺测 6d 或以下时，按实有记录做月合计，缺测 7d 或以上时，该月不做月合计。

（4）缺失值用"—"表示。

4.11.4 数据

具体数据见表 4 - 11。

表 4 - 11 降水量数据表

时间（年-月）	月累计降水量/mm	有效数据/条
2005 - 1	0.0	31
2005 - 2	0.0	28
2005 - 3	5.6	31
2005 - 4	23.8	30
2005 - 5	49.2	31
2005 - 6	94.2	30
2005 - 7	430.4	31

（续）

时间（年-月）	月累计降水量/mm	有效数据/条
2005 – 8	279.8	31
2005 – 9	315.4	28
2005 – 10	87.8	30
2005 – 11	76.0	27
2005 – 12	2.4	31
2006 – 1	3.0	31
2006 – 2	2.4	28
2006 – 3	31.2	30
2006 – 4	193.0	28
2006 – 5	11.2	31
2006 – 6	191.8	30
2006 – 7	152.6	31
2006 – 8	296.6	31
2006 – 9	122.8	29
2006 – 10	42.0	31
2006 – 11	14.6	30
2006 – 12	0.2	31
2007 – 1	4.6	31
2007 – 2	1.0	28
2007 – 3	1.4	31
2007 – 4	22.2	30
2007 – 5	198.8	31
2007 – 6	79.4	28
2007 – 7	136.4	31
2007 – 8	219.0	31
2007 – 9	119.2	29
2007 – 10	157.6	30
2007 – 11	4.2	29
2007 – 12	1.8	31
2008 – 1	1.6	31
2008 – 2	15.4	29
2008 – 3	3.2	31
2008 – 4	14.4	30

（续）

时间（年-月）	月累计降水量/mm	有效数据/条
2008 - 5	101.8	31
2008 - 6	196.0	30
2008 - 7	108.0	31
2008 - 8	228.2	31
2008 - 9	215.2	30
2008 - 10	642.2	31
2008 - 11	2.8	30
2008 - 12	17.6	31
2009 - 1	3.6	31
2009 - 2	2.4	28
2009 - 3	22.0	31
2009 - 4	60.4	30
2009 - 5	193.6	31
2009 - 6	53.4	30
2009 - 7	297.6	31
2009 - 8	31.2	31
2009 - 9	164.8	28
2009 - 10	110.8	—
2009 - 11	0.0	27
2009 - 12	0.0	30
2010 - 1	16.4	31
2010 - 2	14.0	28
2010 - 3	0.4	31
2010 - 4	79.2	30
2010 - 5	16.0	31
2010 - 6	93.2	—
2010 - 7	106.0	31
2010 - 8	308.8	31
2010 - 9	7.2	28
2010 - 10	548.2	31
2010 - 11	1.4	30
2010 - 12	0.0	31
2011 - 1	0.0	31

（续）

时间（年-月）	月累计降水量/mm	有效数据/条
2011 - 2	2.0	28
2011 - 3	5.4	31
2011 - 4	37.4	30
2011 - 5	60.4	31
2011 - 6	82.0	30
2011 - 7	125.6	31
2011 - 8	251.4	31
2011 - 9	403.6	28
2011 - 10	219.2	31
2011 - 11	82.4	28
2011 - 12	39.6	31
2012 - 1	3.6	29
2012 - 2	5.6	27
2012 - 3	8.8	31
2012 - 4	88.0	30
2012 - 5	104.2	31
2012 - 6	254.6	30
2012 - 7	320.8	—
2012 - 8	187.4	31
2012 - 9	153.4	29
2012 - 10	225.0	30
2012 - 11	39.0	30
2012 - 12	3.6	31
2013 - 1	2.6	31
2013 - 2	10.4	28
2013 - 3	31.4	31
2013 - 4	114.8	30
2013 - 5	88.4	31
2013 - 6	194.2	27
2013 - 7	336.8	29
2013 - 8	97.0	—
2013 - 9	147.4	26
2013 - 10	108.4	31

（续）

时间（年-月）	月累计降水量/mm	有效数据/条
2013 - 11	264.6	—
2013 - 12	0.0	—
2014 - 1	0.0	31
2014 - 2	3.6	28
2014 - 3	6.6	31
2014 - 4	0.2	30
2014 - 5	58.8	31
2014 - 6	9.0	30
2014 - 7	27.0	31
2014 - 8	9.2	31
2014 - 9	122.4	30
2014 - 10	121.2	31
2014 - 11	20.2	30
2014 - 12	42.6	31
2015 - 1	0.8	31
2015 - 2	0.0	28
2015 - 3	0.0	31
2015 - 4	0.0	30
2015 - 5	0.4	31
2015 - 6	90.2	29
2015 - 7	168.6	26
2015 - 8	56.4	31
2015 - 9	235.8	30
2015 - 10	125.4	26
2015 - 11	47.8	29
2015 - 12	3.4	31

4.12 太阳辐射

4.12.1 概述

　　本部分数据包括 2005—2015 年三亚站位于三亚市鹿回头（109°28′30″E，18°13′1.2″N）的一个长期的海湾水体观测场的月尺度观测数据，原始数据观测频率 1 h/次，数据产品频率为月，数据单位为 MJ/m^2、W/m^2。

4.12.2　数据采集和处理方法

数据由自动气象站采集和储存，数据由总辐射表观测获取，建议指标：总辐射量、净辐射、反射辐射、光合有效辐射。每 10 s 采测 1 次，每分钟采测 6 次辐照度（瞬时值），去除 1 个最大值和 1 个最小值后取平均值。正点（地方平均太阳时）采集存储辐照度，同时计存储曝辐量（累积值），取小数点后 3 位数，数据产品观测层次距地面 1.5 m 处。

4.12.3　数据质量控制和评估

（1）总辐射最大值不能超过气候学界限值 2 000 W/m²。

（2）当前瞬时值与前一次值的差异小于最大变幅 800 W/m²。

（3）小时总辐射量大于等于小时净辐射、反射辐射和紫外辐射；除阴天、雨天和雪天外总辐射一般在中午前后出现极大值。

（4）小时总辐射累积值应小于同一地理位置大气层顶的辐射总量，小时总辐射累积值可以稍微大于同一地理位置在大气具有很大透过率和非常晴朗天空状态下的小时总辐射累积值，所有夜间观测的小时总辐射累积值小于 0 时用 0 代替。

（5）辐射曝辐量缺测数小时但不是全天缺测时，按实有记录做日合计，全天缺测时，不做日合计。1 个月中辐射曝辐量日总量缺测 9 d 或以下时，月平均日合计等于实有记录之和除以实有记录天数。缺测 10 d 或以上时，该月不做月统计，按缺测处理。

（6）缺失值用"—"表示。

4.12.4　数据

具体数据见表 4-12～表 4-15。

表 4-12　太阳辐射数据

时间（年-月）	日累计总辐射/（MJ/m²）	有效数据/条
2005-1	14.961	30
2005-2	13.131	28
2005-3	15.653	31
2005-4	16.632	30
2005-5	20.638	31
2005-6	18.463	30
2005-7	18.858	31
2005-8	18.142	31
2005-9	18.264	29
2005-10	16.854	31
2005-11	15.321	29
2005-12	11.364	31
2006-1	13.687	31
2006-2	18.101	28

（续）

时间（年-月）	日累计总辐射/（MJ/m²）	有效数据/条
2006 – 3	15.072	31
2006 – 4	19.576	30
2006 – 5	22.453	31
2006 – 6	21.605	30
2006 – 7	20.296	31
2006 – 8	17.367	31
2006 – 9	17.316	30
2006 – 10	19.102	31
2006 – 11	16.553	30
2006 – 12	14.005	31
2007 – 1	14.372	31
2007 – 2	17.149	28
2007 – 3	17.345	31
2007 – 4	17.963	30
2007 – 5	21.866	31
2007 – 6	21.177	30
2007 – 7	22.936	31
2007 – 8	19.107	31
2007 – 9	16.086	30
2007 – 10	14.554	31
2007 – 11	14.070	30
2007 – 12	14.835	31
2008 – 1	13.761	31
2008 – 2	9.268	29
2008 – 3	18.043	31
2008 – 4	20.517	30
2008 – 5	22.195	31
2008 – 6	17.821	30
2008 – 7	19.295	31
2008 – 8	18.501	31
2008 – 9	17.578	30
2008 – 10	14.508	31
2008 – 11	15.963	30

（续）

时间（年-月）	日累计总辐射/（MJ/m²）	有效数据/条
2008 - 12	12.155	31
2009 - 1	15.427	31
2009 - 2	17.609	28
2009 - 3	16.777	31
2009 - 4	19.244	30
2009 - 5	21.047	31
2009 - 6	20.557	30
2009 - 7	19.773	31
2009 - 8	19.648	31
2009 - 9	17.081	28
2009 - 10	—	—
2009 - 11	15.467	28
2009 - 12	14.530	31
2010 - 1	14.115	31
2010 - 2	13.494	28
2010 - 3	15.528	31
2010 - 4	17.444	30
2010 - 5	21.031	31
2010 - 6	19.608	25
2010 - 7	21.410	31
2010 - 8	17.078	31
2010 - 9	17.805	30
2010 - 10	12.732	31
2010 - 11	14.277	30
2010 - 12	14.631	31
2011 - 1	12.386	31
2011 - 2	16.390	28
2011 - 3	18.892	26
2011 - 4	20.242	30
2011 - 5	20.872	31
2011 - 6	19.901	30
2011 - 7	20.404	31
2011 - 8	21.936	31

（续）

时间（年-月）	日累计总辐射/（MJ/m²）	有效数据/条
2011 - 9	13.745	30
2011 - 10	15.879	31
2011 - 11	14.042	29
2011 - 12	12.574	31
2012 - 1	13.205	29
2012 - 2	14.613	28
2012 - 3	16.407	31
2012 - 4	19.584	30
2012 - 5	20.812	31
2012 - 6	17.385	30
2012 - 7	26.593	24
2012 - 8	19.862	31
2012 - 9	19.270	29
2012 - 10	17.362	30
2012 - 11	15.720	30
2012 - 12	15.561	31
2013 - 1	15.279	31
2013 - 2	17.720	28
2013 - 3	16.820	31
2013 - 4	19.390	30
2013 - 5	21.457	31
2013 - 6	20.542	28
2013 - 7	17.510	30
2013 - 8	22.192	26
2013 - 9	17.256	27
2013 - 10	16.893	31
2013 - 11	—	—
2013 - 12	—	—
2014 - 1	15.487	31
2014 - 2	13.876	28
2014 - 3	17.729	31
2014 - 4	20.171	30
2014 - 5	22.294	31

（续）

时间（年-月）	日累计总辐射/（MJ/m²）	有效数据/条
2014 - 6	21.536	30
2014 - 7	22.117	31
2014 - 8	19.899	31
2014 - 9	17.054	30
2014 - 10	12.981	31
2014 - 11	12.189	30
2014 - 12	8.478	31
2015 - 1	11.580	31
2015 - 2	12.381	28
2015 - 3	14.031	31
2015 - 4	15.390	30
2015 - 5	15.607	30
2015 - 6	16.659	30
2015 - 7	14.306	29
2015 - 8	17.113	31
2015 - 9	14.616	30
2015 - 10	13.891	28
2015 - 11	13.586	29
2015 - 12	11.106	31

表 4 - 13　净辐射数据

时间（年-月）	日累计净辐射/（W/m²）	有效数据/条
2005 - 1	3.786	30
2005 - 2	3.776	28
2005 - 3	5.272	31
2005 - 4	5.956	30
2005 - 5	8.281	31
2005 - 6	8.138	30
2005 - 7	8.918	31
2005 - 8	8.954	31
2005 - 9	8.314	29
2005 - 10	7.425	31

（续）

时间（年-月）	日累计净辐射/（W/m²）	有效数据/条
2005 - 11	6.102	29
2005 - 12	3.774	31
2006 - 1	4.991	31
2006 - 2	7.197	28
2006 - 3	6.125	31
2006 - 4	9.695	30
2006 - 5	11.061	31
2006 - 6	10.431	30
2006 - 7	10.513	31
2006 - 8	9.171	31
2006 - 9	9.203	30
2006 - 10	10.298	31
2006 - 11	7.842	30
2006 - 12	5.595	31
2007 - 1	5.591	31
2007 - 2	7.247	28
2007 - 3	7.813	31
2007 - 4	8.014	30
2007 - 5	11.810	31
2007 - 6	11.673	30
2007 - 7	12.732	31
2007 - 8	10.196	31
2007 - 9	8.034	30
2007 - 10	7.190	31
2007 - 11	5.357	30
2007 - 12	5.865	31
2008 - 1	5.408	31
2008 - 2	3.960	29
2008 - 3	8.558	31
2008 - 4	10.121	30
2008 - 5	11.222	31
2008 - 6	9.184	30
2008 - 7	10.285	31

（续）

时间（年-月）	日累计净辐射/（W/m²）	有效数据/条
2008 - 8	9.874	31
2008 - 9	8.861	30
2008 - 10	7.135	31
2008 - 11	7.636	30
2008 - 12	4.572	31
2009 - 1	6.705	31
2009 - 2	8.809	28
2009 - 3	8.490	31
2009 - 4	10.546	30
2009 - 5	11.035	31
2009 - 6	12.189	30
2009 - 7	11.270	31
2009 - 8	11.389	31
2009 - 9	9.130	28
2009 - 10	—	—
2009 - 11	8.043	28
2009 - 12	6.417	31
2010 - 1	6.858	31
2010 - 2	6.543	28
2010 - 3	7.044	31
2010 - 4	8.648	30
2010 - 5	11.625	31
2010 - 6	10.543	25
2010 - 7	12.104	31
2010 - 8	9.011	31
2010 - 9	9.940	30
2010 - 10	5.944	31
2010 - 11	6.543	30
2010 - 12	6.174	31
2011 - 1	4.758	31
2011 - 2	6.929	28
2011 - 3	7.880	26
2011 - 4	9.509	30

（续）

时间（年-月）	日累计净辐射/（W/m²）	有效数据/条
2011 - 5	9.844	31
2011 - 6	9.683	30
2011 - 7	10.402	31
2011 - 8	11.935	31
2011 - 9	6.194	30
2011 - 10	7.825	31
2011 - 11	6.285	30
2011 - 12	5.346	31
2012 - 1	5.802	31
2012 - 2	6.220	29
2012 - 3	8.044	31
2012 - 4	9.964	30
2012 - 5	10.727	31
2012 - 6	8.857	30
2012 - 7	—	—
2012 - 8	10.309	31
2012 - 9	9.241	30
2012 - 10	6.614	30
2012 - 11	6.816	29
2012 - 12	5.957	31
2013 - 1	5.217	31
2013 - 2	7.195	28
2013 - 3	6.957	31
2013 - 4	9.284	30
2013 - 5	11.037	31
2013 - 6	11.088	30
2013 - 7	9.602	31
2013 - 8	12.594	26
2013 - 9	9.294	27
2013 - 10	9.102	31
2013 - 11	—	—
2013 - 12	—	—
2014 - 1	6.203	31

（续）

时间（年-月）	日累计净辐射/（W/m²）	有效数据/条
2014 - 2	6.292	28
2014 - 3	8.911	31
2014 - 4	9.976	30
2014 - 5	12.035	31
2014 - 6	10.448	30
2014 - 7	12.074	31
2014 - 8	11.221	31
2014 - 9	12.017	28
2014 - 10	9.538	26
2014 - 11	8.391	30
2014 - 12	4.731	31
2015 - 1	6.195	31
2015 - 2	7.519	28
2015 - 3	8.952	31
2015 - 4	9.060	30
2015 - 5	8.868	30
2015 - 6	10.256	29
2015 - 7	8.370	29
2015 - 8	11.087	31
2015 - 9	9.558	30
2015 - 10	8.368	29
2015 - 11	8.840	29
2015 - 12	6.275	31

表 4 - 14　反射辐射数据

时间（年-月）	日累计反射辐射/（W/m²）	有效数据/条
2005 - 1	4.634	30
2005 - 2	4.241	28
2005 - 3	4.933	31
2005 - 4	5.161	30
2005 - 5	6.215	31
2005 - 6	5.168	30

（续）

时间（年-月）	日累计反射辐射/（W/m²）	有效数据/条
2005 - 7	4.938	31
2005 - 8	4.367	31
2005 - 9	4.215	29
2005 - 10	4.240	31
2005 - 11	3.865	29
2005 - 12	2.932	31
2006 - 1	3.382	31
2006 - 2	4.252	28
2006 - 3	3.564	31
2006 - 4	4.257	30
2006 - 5	5.125	31
2006 - 6	4.929	30
2006 - 7	4.790	31
2006 - 8	3.501	31
2006 - 9	3.534	30
2006 - 10	3.732	31
2006 - 11	3.026	30
2006 - 12	2.710	31
2007 - 1	2.910	31
2007 - 2	3.270	28
2007 - 3	3.307	31
2007 - 4	3.592	30
2007 - 5	3.987	31
2007 - 6	4.393	30
2007 - 7	4.676	31
2007 - 8	3.359	31
2007 - 9	3.190	30
2007 - 10	3.046	31
2007 - 11	3.361	30
2007 - 12	2.950	31

（续）

时间（年-月）	日累计反射辐射/（W/m²）	有效数据/条
2008 - 1	2.278	31
2008 - 2	1.275	29
2008 - 3	2.561	31
2008 - 4	3.074	30
2008 - 5	3.945	31
2008 - 6	3.459	30
2008 - 7	3.714	31
2008 - 8	3.723	31
2008 - 9	3.219	30
2008 - 10	2.953	31
2008 - 11	3.114	30
2008 - 12	2.251	31
2009 - 1	2.756	31
2009 - 2	2.799	28
2009 - 3	2.570	31
2009 - 4	3.130	30
2009 - 5	3.640	31
2009 - 6	3.778	30
2009 - 7	3.624	31
2009 - 8	3.683	31
2009 - 9	3.201	28
2009 - 10	—	—
2009 - 11	2.948	28
2009 - 12	2.672	31
2010 - 1	2.339	31
2010 - 2	2.180	28
2010 - 3	2.669	31
2010 - 4	3.045	30
2010 - 5	3.762	31
2010 - 6	3.655	25

（续）

时间（年-月）	日累计反射辐射/（W/m²）	有效数据/条
2010 - 7	4.012	31
2010 - 8	3.346	31
2010 - 9	3.872	30
2010 - 10	2.704	31
2010 - 11	2.753	30
2010 - 12	2.621	31
2011 - 1	2.150	31
2011 - 2	2.976	28
2011 - 3	3.335	26
2011 - 4	3.531	30
2011 - 5	3.718	31
2011 - 6	3.673	30
2011 - 7	3.649	31
2011 - 8	4.130	31
2011 - 9	2.520	30
2011 - 10	3.033	31
2011 - 11	2.652	29
2011 - 12	2.364	31
2012 - 1	2.237	31
2012 - 2	2.672	26
2012 - 3	2.553	31
2012 - 4	3.197	30
2012 - 5	3.650	31
2012 - 6	3.144	30
2012 - 7	4.703	24
2012 - 8	3.531	31
2012 - 9	3.834	29
2012 - 10	4.092	30
2012 - 11	4.087	30
2012 - 12	4.129	31

（续）

时间（年-月）	日累计反射辐射/（W/m²）	有效数据/条
2013 - 1	4.132	31
2013 - 2	4.497	28
2013 - 3	4.212	31
2013 - 4	4.592	30
2013 - 5	4.782	31
2013 - 6	4.253	28
2013 - 7	3.677	30
2013 - 8	4.260	26
2013 - 9	3.136	27
2013 - 10	3.471	31
2013 - 11	—	—
2013 - 12	—	—
2014 - 1	3.077	31
2014 - 2	2.386	28
2014 - 3	2.913	31
2014 - 4	3.572	30
2014 - 5	3.839	31
2014 - 6	3.905	30
2014 - 7	3.545	31
2014 - 8	3.511	31
2014 - 9	3.765	30
2014 - 10	3.163	31
2014 - 11	2.935	30
2014 - 12	2.071	31
2015 - 1	2.415	31
2015 - 2	2.448	28
2015 - 3	2.903	31
2015 - 4	3.524	30
2015 - 5	4.024	30
2015 - 6	4.667	29

（续）

时间（年-月）	日累计反射辐射/（W/m²）	有效数据/条
2015 - 7	3.799	29
2015 - 8	4.456	31
2015 - 9	3.669	30
2015 - 10	3.453	28
2015 - 11	3.252	29
2015 - 12	2.617	31

表 4 - 15　光合有效辐射数据

时间（年-月）	日累计光合有效辐射/[mol/（m²·s）]	有效数据/条
2005 - 1	28.964	30
2005 - 2	26.912	28
2005 - 3	31.350	31
2005 - 4	33.412	30
2005 - 5	42.779	31
2005 - 6	38.830	30
2005 - 7	39.381	31
2005 - 8	38.651	31
2005 - 9	49.042	29
2005 - 10	48.158	31
2005 - 11	45.329	29
2005 - 12	23.806	31
2006 - 1	27.781	31
2006 - 2	2.273	28
2006 - 3	−30.572	31
2006 - 4	−40.094	30
2006 - 5	−45.693	31
2006 - 6	25.484	30
2006 - 7	43.385	31
2006 - 8	37.144	31
2006 - 9	36.100	30

（续）

时间（年-月）	日累计光合有效辐射/［mol/（m²·s）］	有效数据/条
2006－10	37.883	31
2006－11	32.608	30
2006－12	27.503	31
2007－1	27.880	31
2007－2	32.453	28
2007－3	33.404	31
2007－4	35.380	30
2007－5	46.173	31
2007－6	45.280	30
2007－7	51.797	31
2007－8	22.510	31
2007－9	13.858	30
2007－10	29.423	31
2007－11	24.402	30
2007－12	25.411	31
2008－1	23.477	31
2008－2	17.166	29
2008－3	28.846	31
2008－4	34.035	30
2008－5	37.869	31
2008－6	31.063	30
2008－7	33.585	31
2008－8	32.233	31
2008－9	30.109	30
2008－10	28.683	31
2008－11	31.929	30
2008－12	22.988	31
2009－1	25.920	31
2009－2	32.870	28
2009－3	27.068	31
2009－4	30.241	30
2009－5	36.571	31
2009－6	36.143	30
2009－7	38.881	31
2009－8	38.515	31

（续）

时间（年-月）	日累计光合有效辐射/［mol/（m²·s）］	有效数据/条
2009 - 9	32.784	28
2009 - 10	—	—
2009 - 11	29.110	28
2009 - 12	27.403	31
2010 - 1	27.753	31
2010 - 2	26.360	28
2010 - 3	28.854	31
2010 - 4	32.053	30
2010 - 5	38.417	31
2010 - 6	35.188	25
2010 - 7	40.299	31
2010 - 8	31.549	31
2010 - 9	33.205	30
2010 - 10	24.667	31
2010 - 11	26.377	30
2010 - 12	24.938	31
2011 - 1	21.239	31
2011 - 2	28.137	28
2011 - 3	32.653	26
2011 - 4	34.672	30
2011 - 5	36.298	31
2011 - 6	35.103	30
2011 - 7	35.709	31
2011 - 8	38.188	31
2011 - 9	24.311	30
2011 - 10	27.190	31
2011 - 11	24.251	29
2011 - 12	21.443	31
2012 - 1	22.815	29
2012 - 2	24.794	28
2012 - 3	27.230	31
2012 - 4	33.094	30
2012 - 5	35.326	31
2012 - 6	29.595	30
2012 - 7	44.984	24

（续）

时间（年-月）	日累计光合有效辐射/ [mol/ (m² · s)]	有效数据/条
2012 - 8	33.663	31
2012 - 9	32.033	29
2012 - 10	29.025	30
2012 - 11	31.270	30
2012 - 12	30.728	31
2013 - 1	30.362	31
2013 - 2	35.013	28
2013 - 3	32.249	31
2013 - 4	36.938	30
2013 - 5	41.406	31
2013 - 6	33.493	28
2013 - 7	29.601	30
2013 - 8	39.140	26
2013 - 9	30.231	27
2013 - 10	29.358	31
2013 - 11	—	—
2013 - 12	—	—
2014 - 1	25.799	31
2014 - 2	25.478	28
2014 - 3	30.126	31
2014 - 4	31.544	30
2014 - 5	35.164	31
2014 - 6	34.506	30
2014 - 7	34.989	31
2014 - 8	31.853	31
2014 - 9	—	—
2014 - 10	—	—
2014 - 11	31.751	30
2014 - 12	22.409	31
2015 - 1	29.272	31
2015 - 2	31.163	28
2015 - 3	35.307	31
2015 - 4	39.052	28
2015 - 5	40.927	31
2015 - 6	45.440	30

（续）

时间（年-月）	日累计光合有效辐射/ [mol/（m²·s）]	有效数据/条
2015 - 7	38.237	30
2015 - 8	45.095	29
2015 - 9	38.731	29
2015 - 10	36.557	31
2015 - 11	34.681	30
2015 - 12	29.244	28